分子光谱技术

在烟草分析检测中的应用

主　编　彭丽娟　何　亮　魏　佳

副主编　刘宇晨　刘秀明　吴丽君　顾健龙　蔡洁云　李　郸

西南交通大学出版社

·成　都·

图书在版编目（CIP）数据

分子光谱技术在烟草分析检测中的应用 / 彭丽娟，何亮，魏佳主编. -- 成都 : 西南交通大学出版社，2025. 6. -- ISBN 978-7-5774-0563-6

Ⅰ. TS424

中国国家版本馆 CIP 数据核字第 2025LT3022 号

Fenzi Guangpu Jishu zai Yancao Fenxi Jiance zhong de Yingyong

分子光谱技术在烟草分析检测中的应用

主编 彭丽娟 何 亮 魏 佳

策划编辑	李芳芳　张少华
责任编辑	赵永铭
封面设计	墨创文化
出版发行	西南交通大学出版社 （四川省成都市金牛区二环路北一段 111 号 西南交通大学创新大厦 21 楼）
营销部电话	028-87600564　028-87600533
邮政编码	610031
网　　址	https://www.xnjdcbs.com
印　　刷	四川煤田地质制图印务有限责任公司
成品尺寸	185 mm × 260 mm
印　　张	14.75
字　　数	294 千
版　　次	2025 年 6 月第 1 版
印　　次	2025 年 6 月第 1 次
书　　号	ISBN 978-7-5774-0563-6
定　　价	88.00 元

图书如有印装质量问题　本社负责退换

编委会

前 言

在浩瀚的科学探索与应用实践中，分子光谱分析技术如同一束穿透迷雾的光，以其独特的非破坏性、高灵敏度及快速响应能力，在众多领域展现出非凡的价值。尤其在烟草这一古老而又充满现代挑战的行业中，分子光谱分析技术的应用不仅深化了我们对烟草化学成分的理解，更为烟草制品的质量控制、原料筛选、添加剂检测及健康风险评估提供了强有力的技术支撑。在这样的背景下，《分子光谱技术在烟草分析检测中的应用》一书应运而生，本书旨在系统梳理并深入探讨这一前沿技术在烟草科学研究与工业生产中的最新进展与广阔前景。

烟草作为一种特殊的经济作物，其品质与安全性直接关系到消费者的健康体验与市场接受度。传统上，烟草品质的评估依赖于感官评定与化学分析方法。这些方法虽有其独到之处，但往往耗时费力，且难以全面准确地反映烟草复杂的化学成分及其相互作用。分子光谱分析技术的飞速发展，特别是紫外-可见（UV-Vis）与近红外（NIR）光谱技术的崛起，为烟草行业的质量控制与产品研发开辟了新的路径。

紫外-可见光谱分析技术，凭借其对分子结构中特定官能团的敏感响应，成为鉴别烟草中酚类、醛类、酮类等重要化学成分的有效手段。通过紫外-可见光谱的指纹特征，科研人员能够迅速识别不同产地、品种及处理方式下烟草的化学成分差异，为烟草原料的精准分类与品质分级提供了科学依据。此外，紫外-可见光谱技术在烟草添加剂的合规性检测中也展现出巨大潜力，有助于保障烟草制品的安全性与合法性。

近红外光谱分析技术，则以其覆盖广、信息量大、无需预处理等优点，在烟草行业的质量控制体系中占据越来越重要的位置。该技术通过测量烟草样品在近红外区域的吸收或漫反射光谱，结合先进的化学计量学方法，能够实现对烟草中水分、总糖、尼古丁、烟碱等多种关键指标的快速准确测定。这一技术的应用，不仅显著提高了检测效率，降低了成本，还促进了烟草制品生产过程的智能化与精细化管理。

本书内容涵盖了紫外与近红外光谱分析技术的基本原理、仪器设备、数据处理方法及其在烟草领域的具体应用案例。我们特别邀请了该领域具有深厚学术造诣与实践经验的专家学者，从理论到实践，从基础研究到应用开发，全方位、多层次地剖析了这一技术的最新进展与未来趋势。书中既有对传统方法的深度剖析，也有对新兴技术与创新应用的展望，力求为读者呈现一个既系统又前沿的知识体系。

我们坚信，《分子光谱技术在烟草分析检测中的应用》一书的出版，可为烟草行业的科研人员、质量控制人员、产品开发工程师以及相关领域的学生提供宝贵的参考资料，促进光谱分析技术在烟草领域的深入应用与持续发展，共同推动烟草行业的科技进步与健康转型。

在此，我们对所有参与本书编写、审阅及出版工作的同仁表示衷心的感谢，并期待本书能为烟草行业的未来发展贡献一份力量。

由于编者水平有限，书中难免存在疏漏之处，敬请广大读者批评指正。

编　者

2025 年 4 月

目 录

上篇 紫外-可见光谱法及其在烟草行业中的应用

下篇 近红外光谱分析技术在烟草检测中的应用

上篇

紫外-可见光谱法及其在烟草行业中的应用

1 概　述

1.1　紫外-可见光谱分析技术简介

紫外-可见光谱（Ultraviolet-Visible Spectroscopy，UV-Vis Spectroscopy）分析技术是一种基于分子的外层价电子经紫外、可见光辐照、激发后在不同能级之间跃迁产生的电子光谱信号而进行分子浓度、种类鉴别的光谱分析方法。它与核磁共振波谱（NMR）、质谱（MS）和红外光谱（IR）等分析方法并称为当今化学四大谱学方法，是常见表征有机化合物的组成及结构、确定其浓度的重要手段之一[1]。

与使用核磁共振波谱和红外光谱分析技术时相比，尽管有机物分子的官能团在紫外-可见光谱中没有明显特征吸收，进而不能单独依靠其对有机物的结构进行指认。那么，为什么我们还要学习以及利用紫外-可见光谱呢？这是因为[2]：首先，它对含有共轭电子结构的有机分子非常敏感，在特定条件下确定具有不同共轭结构的异构体分子结构时，其灵敏度、可靠性远远优于核磁共振和红外光谱分析技术；其次，紫外-可见光谱具有较高灵敏度和快速响应性，并且，该方法对应的检测设备组成简单、操作便捷，可广泛应用于化学及生物化学反应的现场动力学测试；最后，由于多数有机化合物分子在紫外或可见光谱范围内有吸收，且此吸收不易受环境温度、大气压力等因素的影响，因此也被广泛地用于有机和无机化合物的鉴定和定量分析中。当然，这也是为什么高效液相色谱（HPLC）分析中常采用紫外光谱检测器的原因之一。

在进行紫外-可见吸收光谱分析时，由于光谱信号直接是由成键原子的分子轨道中的电子跃迁产生的，全光谱吸收带（100 ~ 800 nm）各区域显示的信号直接决定于分子的电子结构。根据在不同波长下的信号响应情况，紫外-可见光谱区又可细分为：① 100 ~ 200 nm——远紫外光区；② 200 ~ 400 nm——近紫外光区；③ 400 ~ 800 nm——可见光区[3]。由于真空操作条件的困难性，远紫外光区（也叫作真空紫外）对应的谱学分析技术并不常见。与之相比，近紫外光区（又称石英紫外）的信号响应情况对分子结构的研究十分重要。在常规的近紫外-可见光谱中，最大吸收峰的波长（λ_{max}）和对应的摩尔吸光系数（ε_{max}）则反映了构成有机物分子部分结构的发色基团特征。

在近紫外图谱区域，根据助色团取代、电子效应、共轭效应、溶剂效应等对 λ_{max}（红移和蓝移）和 ε_{max}（浓色或浅色效应）的影响规律，不仅可以得到组成有机化合物的骨架结构信息，甚至还能进行同分异构体的鉴别等操作。而对于可见光谱区域来说，虽然其与紫外区的波长范围相似，但它们的光谱特性有很大的不同。在可见区，物质分子常常表现出颜色，因为它们可以吸收特定波长的光，而反射出其他波长的光，从而呈现出不同的颜色。由于可见区和紫外区对物质的影响不同，因此它们被广泛应用于不同的实验中。一般来说，可见区更常用于颜色定量分析，如检测食品中的色素、染料等；而紫外区则更常用于分析有机物和生物分子，如检测核酸、蛋白质、药物等。总体来说，现阶段针对有机物分子、金属-有机配合物分子等物质的紫外-可见光谱分析主要集中于此波长范围（200～800 nm）下分子的信号表达及其变化行为等方面的研究上。

1.2 紫外-可见光谱分析技术发展史[4]

作为发展最早的分子光谱分析方法，紫外-可见光谱分析技术已经有数十年的应用历史，也是目前应用最为广泛的分析方法之一。紫外-可见光谱带的发现起源于牛顿（Newton）在 1665 年的棱镜分光实验。首先，他让太阳光透过暗室壁上的小圆孔后，在暗室内获得了一条较细的太阳光束；然后，经三棱镜色散后，他发现该光束可分离并在墙壁上呈现出红、橙、黄、绿、蓝、靛、紫依次排列的色谱带（图 1-1）。

图 1-1　太阳光的三棱镜透射效果示意图

因此，牛顿也证实了太阳光是复合光的事实。但是，关于物质和光吸收之间的关系在当时还并未被发现。直至皮埃尔·布格（Pierre Bouguer）和约翰·海因里希·朗伯（Johann Heinrich Lambert）首先在 1729 年和 1760 年分别阐明了物质对光的吸收程度与吸收介质的厚度之间的关系（朗伯定律），并结合奥古斯特·比尔（August Beer）

于 1852 年发现的等液层厚度时物质表现出的颜色强度（光吸收程度）与其浓度成正比例关系（即比尔定律）的两个关于物质与光吸收之间的重大定律后，人们才得到了物质浓度与光谱吸收之间的准确定量关系（朗伯-比尔定律）。

基于以上理论研究与实验发现，杜包斯克（Duboscq）和奈斯勒（Nessler）等人于 1854 年期间设计出了历史上第一台分光光度计，并将朗伯-比尔定律应用于定量分析化学领域。1862 年，密勒（Miller）首次利用石英摄谱仪将光谱分析区域从可见区拓展到了近紫外区，并成功测定了 100 多种物质的紫外吸收光谱。此外，他还指出了物质的吸收光谱不仅与其组成基因有关，还可能与其分子和原子的性质有关。因此，哈托莱（Hartolay）和贝利（Bailey）等人又继续对各种溶液在不同波段的截止波长进行了深入研究。结果发现，结构相似的有机化合物表现出相似的吸收光谱。基于此发现，他们初步构建了利用紫外-可见光谱分析技术鉴别分子结构的理论基础。

随后，人们逐渐开始重视物质对光的吸收行为特性，并开始研究以比尔定律为理论基础的仪器装置，以试图在物质的定性、定量分析方面予以使用。从 1918 年美国国家标准局成功研制出第一台紫外-可见光谱分析仪器之后，又经过 Beckman 公司、Agilent 公司以及 Varian 公司等分析仪器研发机构对分光元器件及技术、检测器件及技术的不断改进、微机硬件及控制系统随时代的升级换代，现代化的紫外-可见光谱分析仪器不仅在测试性能的指标方面得到了极大提高，而且向高速化、智能化、小型化等方向快速发展。在分光元器件的发展历程中，其经历了从棱镜到机刻光栅，再到全息光栅的演进。如今，商品化的全息闪耀光栅以其卓越的性能，已经迅速取代了传统的刻画光栅，成为了市场的主流选择。此外，在构型方面，紫外-可见光谱仪器也从原始的单光束型发展为普遍采用的双光束型甚至更为高级的双单色器，进而在分辨率和杂散光等方面表现出卓越的性能，如 Varian 公司的 Cary1/3/400。在紫外-可见光谱检测器开发领域，最早期的检测器是依赖于光电池与光电管。随着时间的推移，光电倍增管以及光电二极管阵列检测器逐渐占据主导地位。特别地，当阵列型检测器与凹面光栅创新性结合应用后，紫外-可见光谱仪器对物质的测量速度实现了质的飞跃，并表现出了更加稳定、可靠的性能。在光谱仪器控制与信号记录方面，随着单片机、微处理器的发展及软硬件融合，仪器早已实现了从人工到自动的飞跃，显示记录的方式也从表头指示、绘图仪绘图、数字电压表显示演进至现今更普遍采用的液晶或计算机屏幕显示。随着集成电路和光纤技术的不断发展，结合小型凹面全息光栅、阵列探测器以及 USB 串口等先进软硬件的使用，目前已经有少量便携且多功能的小型化甚至是掌上型紫外-可见光谱仪被开发出来。在追求准确、快速、可靠的同时，紫外-可见光谱仪的小型化、智能化、在线化、网络化也成为了该领域目前新的增长点。

1.3 紫外-可见光谱产生原理

如上所述，基于物质分子对紫外光和可见光（波长范围为 190 ~ 800 nm）的吸收特性，通过测量样品对光的吸收程度（吸光度）与波长的关系（即吸收光谱）可以来推断物质的组成、结构和浓度等信息。那么，物质的组成结构以及浓度信息与光信号之间的相关关系之间到底源于什么呢？下面，我们将从光的本质、物质与光的相互作用、紫外-可见光谱形成理论等方面，详细阐述紫外-可见光谱的产生原理。

1.3.1 光的本质[5]

光，作为一种自然现象，自古以来就引起了人们的极大兴趣。17 世纪初，牛顿通过棱镜实验提出了光的粒子说，认为光是由微小粒子（光子）组成的。然而，随后托马斯·杨的双缝干涉实验以及菲涅尔、阿拉戈的偏振实验，则强有力地支持了光的波动理论，揭示了光具有波动性质，能够发生干涉、衍射和偏振等现象。直到 20 世纪初，量子力学的建立才最终统一了光的粒子性与波动性，认为光的本质是电磁辐射，既是粒子也是波，具有波粒二象性。

光粒子（光子）的能量与波长的关系符合普朗克（Planck）定律：

$$E = h\nu = h\frac{c}{\lambda} \tag{1-1}$$

式中，E 为光子能量（J）；ν 为光辐射频率（Hz）；λ 为光辐射波长（m），c 为光速（真空中为 $2.998\times10^{8}\,\mathrm{m\cdot s^{-1}}$）；$h$ 为普朗克常量（$6.26\times10^{-34}\,\mathrm{J\cdot s}$）。

按照电磁辐射波波长大小排序，电磁波谱可分为 γ 射线区、X 射线区、紫外光区、可见光区、红外光区、微波区和无线电波区，它们的波长与对应的光子能量见表 1-1。不同波长的电磁波具有不同的能量和穿透能力。因此，当物质被不同波长的电磁波辐照时，可发生核能级、电子能级、分子振动和转动能级、电子或核自旋能级等多种类型的能级跃迁。表 1-1 也列出了与各光谱区电磁辐射能量相对应的物质能级跃迁的类型。其中，紫外（200 ~ 400 nm）、可见（400 ~ 750 nm）及其近、中红外（0.75 ~ 50 μm）区域光因其能够激发物质内部的电子跃迁或振动，成为研究物质结构和性质的重要工具。

表 1-1　电磁辐射波谱的相关参数

电磁辐射	波长	跃迁类型	能量/eV
γ 射线区	< 0.005 nm	核能级	$> 2.5\times10^{5}$
X 射线区	0.005 ~ 10 nm	内层电子级	$2.5\times10^{5} \sim 1.2\times10^{2}$

续表

电磁辐射	波长	跃迁类型	能量/eV
远紫外光区	100 ~ 200 nm	内层电子级	$1.2\times10^{2}\sim6.2$
近紫外光区	200 ~ 00 nm	外层电子级	6.2 ~ 3.1
可见光区	400 ~ 50 nm	外层电子级	3.1 ~ 1.6
近红外光区	0.75 ~ 2.5 μm	分子振动能级	1.6 ~ 0.5
中红外光区		分子振动能级	$0.5\sim2.5\times10^{-2}$
远红外光区	50 ~ 1000 μm	分子振动能级	$2.5\times10^{-2}\sim1.2\times10^{-3}$
微波区	1 ~ 300 mm	分子振动能级	$1.2\times10^{-3}\sim4.1\times10^{-6}$
无线电波区	> 300 mm	电子和核自旋能级	$<4.1\times10^{-6}$

1.3.2　物质与光的相互作用[6]

当光照射到物质表面时，会发生反射、透射、散射和吸收等现象。其中，吸收光谱是指物质吸收特定波长的光后，其光强度随波长变化而产生的分子光谱。如果物质在吸收光能后能够重新发射出光能，则形成发射光谱。在紫外-可见光谱分析中，我们主要关注的是涉及分子内原子的电子能级跃迁、分子内原子间的振动能级跃迁和分子整体的转动能级跃迁的分子光谱，如图 1-2 所示。

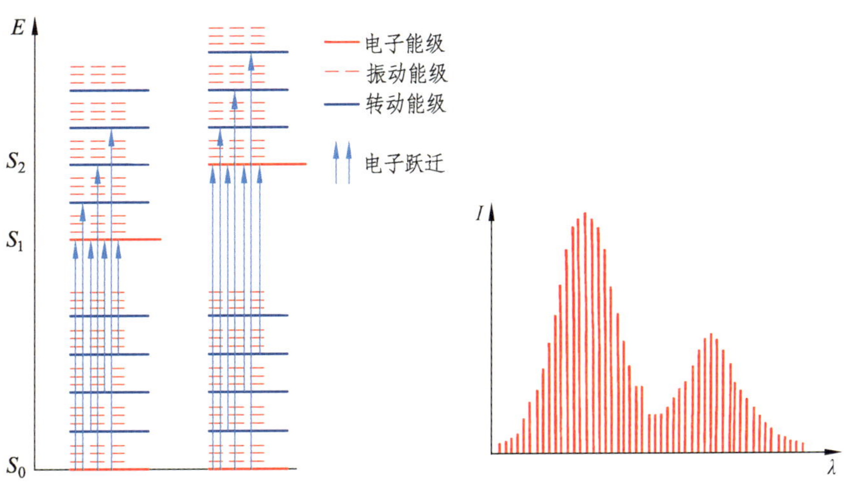

图 1-2　与分子光谱相关的能量变化能级

图 1-2 中，物质分子中的电子处于不同的能级状态，这些能级之间的跃迁是导致光谱产生的根本原因。根据分子轨道理论，与紫外-可见光谱有关的电子主要有三种，即形成单键的 σ 电子、形成双键的 π 电子以及未参与成键的 n 电子（孤对电子）。

根据轨道能级高低排序为 $\sigma<\pi<n<\pi^*<\sigma^*$。其中，$\pi^*$、$\sigma^*$表示反键分子轨道。当受到外来辐射的激发时，处在较低能级的电子可以跃迁到较高的能级。由于各个分子轨道之间的能量差不同，因此各类跃迁所需要吸收外来辐射的能量也各不相同。根据吸收辐射能大小，在紫外-可见光谱范围内主要涉及的电子跃迁类型依次为 $\sigma\rightarrow\sigma^*$跃迁、$\pi\rightarrow\pi^*$跃迁、$n\rightarrow\sigma^*$跃迁、$n\rightarrow\pi^*$跃迁，如图 1-3 所示。下面将针对这 4 种跃迁的谱学特点进行介绍。

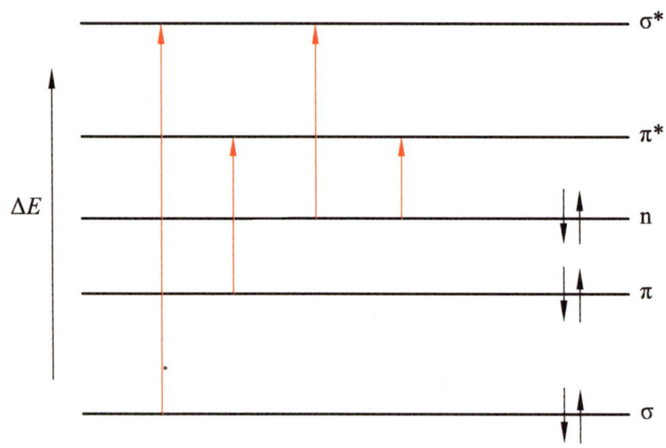

$n\rightarrow\pi^*$；$\pi\rightarrow\pi^*$；$n\rightarrow\sigma^*$；$\sigma\rightarrow\sigma^*$

图 1-3　UV-Vis 光谱电子能级和跃迁示意图

$\sigma\rightarrow\sigma^*$跃迁：涉及成键 σ 电子由基态跃迁到 σ^*轨道的跃迁类型，所需能量最大。因此，通常出现在远紫外区，吸收波长较短。这种跃迁在紫外-可见光谱范围内较难直接观察到，因为大部分吸收发生在远紫外区。

$\pi\rightarrow\pi^*$跃迁：涉及形成双键的 π 电子由基态跃迁到 π^*反键轨道的跃迁，所需能量适中，吸收波长位于紫外-可见光谱的较短波长端。这种跃迁在含有共轭双键（如 C=C、C=O 等）的化合物中尤为显著，常形成 K 带（强吸收带）和 E 带（较弱但特征明显的吸收带）。

$n\rightarrow\sigma^*$跃迁：涉及非键的 n 电子（如氧、氮、硫等杂原子上的孤对电子）从非键轨道向 σ^*反键轨道的跃迁，所需能量相对较小。因此，吸收波长相对较长，但仍主要发生在紫外区。这种跃迁在某些含有 n 电子的化合物中较为常见，其吸收带常称为 $n\rightarrow\sigma^*$吸收带或端吸收带。

$n\rightarrow\pi^*$跃迁：涉及非键的 n 电子向 π^*反键轨道的跃迁，所需能量较小。因此，吸收波长较长，可进入可见光区。这种跃迁在某些含有杂原子且与双键相连的化合物中较为常见，其吸收带常称为 R 带（近紫外及可见区的弱吸收带）。

基于对上述电子跃迁形式的理解以及量子力学理论的快速发展，科学家们也逐渐认识到了分子内部的电子排布和能级结构决定了其对光的吸收特性。当光子的能量与电子跃迁所需的能量相匹配时，电子吸收光子并跃迁到更高的能级，形成吸收光谱中的特定吸收峰。吸收峰的强度、位置和形状反映了物质的分子结构、化学键类型及所处的化学环境等信息，进而构成了紫外光谱分析物质化学结构与组成信息的理论基础[6]。

1.3.3　紫外-可见光谱形成理论

分子的内在运动活动可以细分为三种形式：分子内部价电子（即外层电子）的运动、分子内部原子间的振动以及分子围绕其质量中心的转动[7]。依据量子力学根本原理，每一种分子运动模式都对应着特定的能级，且这些能级是量子化的。这也意味着分子的能量状态可被划分为电子能级、振动能级和转动能级，并可以通过特定的量子数来精确描述。具体地，电子量子数（n）用于标识不同的电子能级，振动量子数（v）则对应振动能级，而转动量子数（j）则代表转动能级。在任一给定状态下，分子的总内部能量是由其电子能量（E_e）、振动能量（E_v）和转动能量（E_r）这三部分能量相加而得，即

$$E = E_e + E_v + E_r \tag{1-2}$$

当分子从一个状态 E_1 变化到另一个状态 E_2 时，必然伴随有能级（量子数 n，v，j）的变化，且这两个状态的能级能量差为

$$\Delta E = E_2 - E_1 \tag{1-3}$$

在吸收光谱中，只有照射光的能量 $E = hv$ 等于两个能级间的能量差 ΔE 时，分子才能由低能态 E_1 跃迁到高能态 E_2，即能被分子吸收的光的频率为

$$v = \Delta E / h \tag{1-4}$$

转换为波长为

$$\lambda = c / v = hc / \Delta E \tag{1-5}$$

式中，h 是普朗克常量，c 是光速，ΔE 是分子中的电子从低能量状态（基态）跃迁到高能量状态（激发态）时吸收的能量。

鉴于不同分子在能级跃迁过程中展现的能量变化ΔE 各异，这直接导致了它们各自吸收光的频率（或波长）的不同。因此，通过观察光谱中谱峰所处的位置，并结合其与分子结构之间的特定关系，我们能够识别并区分出不同的化合物。能量的吸收过程紧密依赖于分子从基态到激发态所需跨越的能量门槛，这一能量差愈小，则对应的吸收波长会相应增长。下面以双原子分子为例讨论紫外-可见吸收光谱的产生。

如图 1-4 所示，A 与 B 分别代表两个不同的电子能级。当分子获得足够的能量输入，比如通过钨灯或氘灯的光照，就会触发从 A 电子能级向 B 电子能级的跃迁。与此同时，此过程中还伴随着振动能级的变迁，甚至在某些情况下，转动能级也会

发生相应变化。这意味着，在紫外光谱范围内观察到的电子能级跃迁，必然是与振动和转动能级变化的复合现象。因此，分子光谱的结构远比仅由单一电子跃迁决定的原子光谱（线光谱）复杂得多，展现为带状光谱的形态。紫外光谱中呈现的吸收峰均为宽峰，这是由于电子跃迁过程与振动和转动次能级变化的叠加效应共同作用的结果。

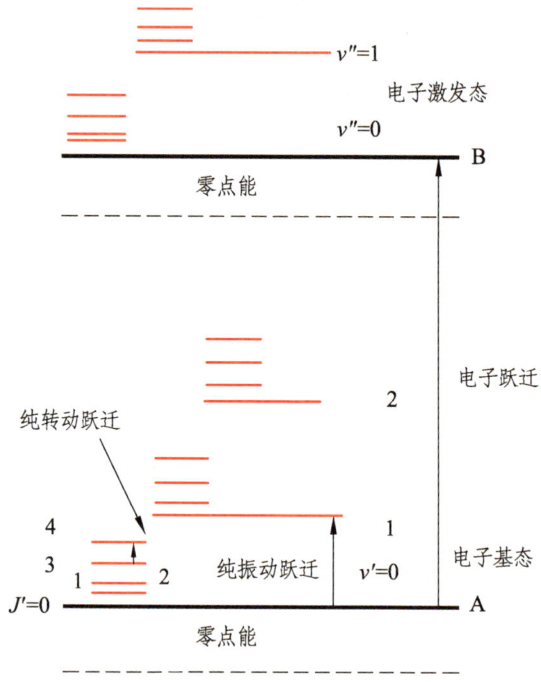

图 1-4　双原子分子能级

通常情况下，电子能级跃迁所需的能量范围在 1 至 20 电子伏特（eV）之间。利用公式（1-5）进行计算，可以得出与这一能量范围相对应的波长范围为 1 240 nm 至 62 nm。由此可见，由电子能级跃迁所引发的吸收光谱主要落在紫外光区至可见光区（波长范围 100 ~ 800 nm）内。这类分子光谱也被广泛称为电子光谱或紫外-可见吸收光谱。

1.4　紫外-可见光谱分析基本原理[8]

如上所述，紫外-可见光谱分析的基本原理是通过测量样品对紫外光和可见光的吸收特性，利用物质分子中电子能级跃迁的量子力学原理以及Lambert-Beer关系式，获得样品的紫外-可见吸收光谱，从而实现对样品中特定基团或结构的定性和定量分析的。常规的分析方法主要包括比色法和分子吸收分光光度法两种。

1.4.1　比色法

比色法是一种基于特定显色反应将待测组分转化为有色化合物后，通过视觉比较或仪器测量这些有色物质溶液的颜色深浅来推断该待分析组分含量的技术。在此方法中，溶液的颜色深浅直接反映了其内含物的浓度水平。浓度增加，溶液对光的吸收能力增强，颜色随之加深；反之，浓度减少，则颜色变淡。基于这一原理，首先需要进行显色预处理操作，随后将待测溶液与已知浓度的标准溶液进行颜色比对，以此估算出待测物质的含量。为了确保比色法的准确性和可靠性，对显色反应提出了几点基本要求：首先，显色反应必须展现出高度的灵敏性，能够精确反映出微量组分的变化；其次，反应需具备良好的选择性，避免其他非目标组分的干扰；再次，反应产物应为组成稳定或相对恒定的有色化合物，且其颜色与显色剂的颜色差异明显。因此，精心挑选适合的显色反应并严格控制反应条件，成为了比色分析法成功的关键要素。

常用的比色技术主要分为目视比色法与光电比色法两大类。其中，目视比色法主要是采用自然日光或模拟日光照射待分析溶液，随后依赖人眼直接观察并比较溶液颜色的深浅程度。在此过程中，确保试样溶液在完全相同的条件下进行显色反应，随后将其与一系列精心制备的标准色阶进行对比。通过目视判断，选取出与试样溶液色泽最为接近的标准色阶，再依据该标准色阶中所含标准溶液的量，推算出试样中待测组分的具体含量。该方法误差较大，即使是针对同一待测液，不同测量人员或在不同场所下得到的结果差别也很大。

为了提升测量的精确度和客观性，光电比色法采用了稳定的白炽灯作为光源，替代了传统的日光。光源发出的光线首先经过精心挑选的滤光片，这些滤光片能够筛选出待测溶液吸收最为显著的特定波段光线。随后，该光线穿过待测试的溶液，其吸收程度则由光电池这一精密仪器来检测并记录。与目视比色法相比，光电比色法显著减少了人为判断带来的主观误差，从而提高了测量的准确度。此外，通过灵活调整滤光片的选择，光电比色法还能有效消除其他干扰因素，进一步增强了分析的选择性和准确性。如将两种颜色的光按照一定比例混合就能得到白光，这两种颜色的单色光称为互补色光（见图 1-5）。例如，硫酸铜溶液，它倾向于选择性吸收黄色光，这导致剩余的光线中蓝色成分相对突出，从而使得溶液呈现出蓝色（互补色）。综上所述，由于溶液对特定波长光线的选择性吸收特性，其最终展现的颜色即为被吸收光波长的互补色。

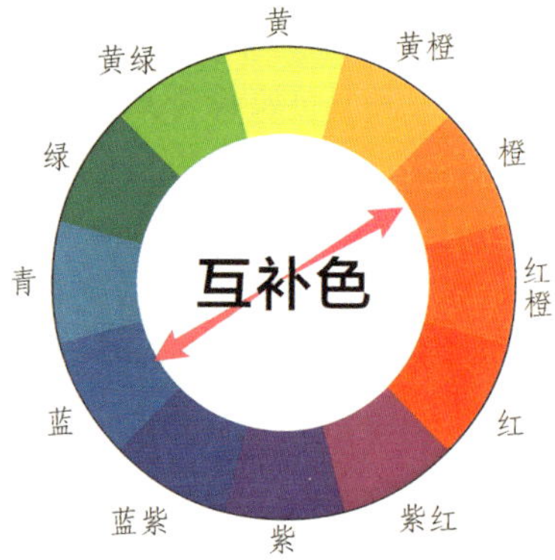

图 1-5　互补色光示意图

1.4.2　分子吸收分光光度法

若采用具备更强分光能力的棱镜或光栅来替代光电比色法中的滤光片，以此手段分离出纯度更高的单色光，将能显著提升测定的灵敏度和精确度。这种依赖棱镜与光栅分光系统来分析分子吸光特性的方法，被称为分子吸收分光光度法。

分子吸收分光光度法的理论基础是光的吸收定律，即朗伯-比尔（Lambert-Beer）定律，适用于单色光和稀溶液的实验条件下溶液对光线的吸收。数学表达式为：

$$A = \varepsilon cL \tag{1-6}$$

式中，A 为吸光度；ε 为摩尔吸光系数，$L \cdot mol^{-1} \cdot cm^{-1}$；$c$ 为浓度，$mol \cdot L^{-1}$；L 为液层厚度，cm。

其物理意义可以阐述为：在平行单色光穿透均匀且稀薄的溶液时，该溶液所展现的吸光度 A 与溶液中吸光物质的浓度 c 以及光通过溶液的液层厚度 L（光程）的乘积呈正比例关系。简而言之，溶液的浓度越高、光通过的路径越长，其吸光度也就越大。其中，摩尔吸光系数 ε 是某一温度下光吸收物质的一个特征常数，是物质对光吸收能力的量度。ε 值取决于入射光的波长和吸光物质的吸光特性，亦受溶剂和温度的影响。显然，吸光物质的 ε 值愈大，采用光度法测量时的灵敏度就愈高。

上述分析过程主要是针对单一物质分子的光度测量过程的。但是，在实际测量过程中，溶液中可能存在两种或两种以上的吸光物质。如果进行紫外-可见光谱进行分析时，需要满足光吸收的加和性原理，即当溶液体系内包含两种或更多种吸光物质，且这些物质之间不产生相互作用以改变其各自的吸光系数时，它们各自对光的吸收作用具有可加和性。具体表现为，若溶液中同时存在浓度为 c_1 的物质和浓度为 c_2 的物质，则整个溶液对光的总吸光度 A 等于这两种物质各自吸光度之和。数学表达式为：

$$A = A_1 + A_2 = \varepsilon_1 c_1 L + \varepsilon_2 c_2 L \tag{1-7}$$

其中，A_1 和 A_2 分别为物质 1（浓度为 c_1）和物质 2（浓度为 c_2）单独存在时的吸光度。ε_1 和 ε_2 分别为物质 1 和物质 2 在某一波长下的摩尔吸光系数。

由公式（1-7）（即朗伯-比尔定律）可知，溶液的吸光度 A 与浓度 c 成正比，即 A 与 c 应该是呈线性关系的。但是在实际分析过程中，物质的 A－c 标准曲线往往不在一条直线上，这种现象称为偏离朗伯-比尔定律，如图 1-6 中的虚线所示。如果选择的吸光度范围不合理，导致定量分析是在弯曲部分进行，则必将带来测量结果的巨大偏差。

偏离朗伯-比尔定律的原因可以归结为多个方面，除因仪器精度和稳定性外引起的仪器误差外，主要原因还包括非单色光的影响、化学因素、物理因素以及溶液本身的特性等。具体如下。

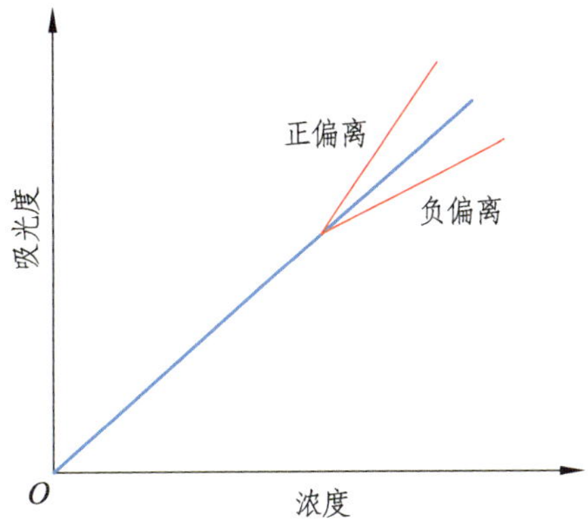

图 1-6　偏离朗伯-比尔定律的情况

（1）非单色光的影响。

朗伯-比尔定律严格来说只适用于单色光测量。然而，在实际应用中，由于技术和设备的限制，所使用的入射光往往不是纯的单色光，而是由一定波长范围的复合光组成。物质对不同波长的光吸收程度不同，使用复合光作为入射光会导致测量结果的偏离。因此，在进行分析时，应尽量使用波长范围较窄的单色光作为入射光，或者通过光谱仪等设备对复合光进行分光和筛选，以减小非单色光对测量结果的影响。

（2）化学因素。

被测组分在溶液中可能发生离解、缔合、配合、互变异构等反应，这些反应会改变物质的吸收特性，从而导致吸收曲线的改变和朗伯-比尔定律的偏离。此外，在浓溶液中，由于各吸光质点间的距离缩小，彼此之间的相互作用也会增强。这种相互作用会改变物质的吸收系数，从而也可导致朗伯-比尔定律的偏离。浓度越大，偏离程度越严重。

因此，在进行吸光分析时，应尽量选择稀溶液，以减少质点间的相互作用；同时，要注意控制溶液的 pH、温度等条件，以避免或减小化学反应的发生。

（3）物理因素。

主要包括光源和测试液带来的物理因素。首先，若入射光源为非平行光，可能导致光束的平均光程大于吸收池的厚度，因此产生正偏离。此外，如果被测试液不均匀，为胶体溶液、乳浊液或悬浮液等，则入射光通过溶液后，除了被试液吸收外，还会有反射、散射等损失，导致透光率减小、吸光度增加，从而也会产生正偏离。为了消除物理因素带来的干扰，需要：① 确保入射光为平行光；② 避免使用不均匀的介质进行测试；在分析条件选择时，可以考虑加入适量的表面活性剂等来改善溶质的均匀度。

可见，采用分光光度法测量时，测量结果偏离朗伯-比尔定律的原因是多方面的，包括非单色光的影响、化学因素、物理因素以及仪器误差等。为了减小这种偏离，需要在实际应用中采取相应的减免措施和方法。

1.5 紫外-可见光谱分析常用术语

在紫外-可见光谱分析中，存在一系列常用术语，这些术语对于理解和应用该技术至关重要。以下是对这些常用术语的详细解释[9]。

吸收光谱（absorption spectrum）：又称吸收曲线，是以波长 λ（nm）为横坐标、以吸光度（absorbance，A）或透射比（transmittance，T）为纵坐标所绘的曲线。

波长：是指在两个连续波峰（或波谷）之间的距离，通常以纳米（nm）为单位表示。吸收光谱曲线中的波长表示了不同颜色的光对物质的吸收程度，波长越短，光的能量越高。

强度：表示物质对特定波长光的吸收量。通常，吸收光谱曲线的纵轴表示吸收强度，单位可以是吸光度（Absorbance）或透过率（Transmittance）。

透光率（T%或 Transmittance%）：一束单色光通过样品后，入射光光强 I_0 减弱为 I，则透光率 $T = I/I_0$，或用百分透光率表示：$T\% = I/I_0 \times 100\%$。

吸光度（A 或 Abs、Absorbance、Absorption）：表示物质对光的吸收程度。在紫外-可见光谱中，吸光度 A 与入射光强度 I_0 和透射光强度 I 有关，具体关系为 $A = \log(I_0/I)$。因此，吸光度和透过率的转换公式为 $A = -\log T$。

摩尔消光系数（ε）：表示物质对光的吸收能力的一个物理量，与入射光波长、溶液的性质及温度有关。

朗伯-比尔定律：描述吸光度与物质浓度关系的定律，即 $A = \varepsilon cL$，其中 A 为吸光度，ε 为摩尔消光系数，c 为溶液浓度，L 为光程长。

吸收带：在紫外-可见光谱中，吸收峰在吸收光谱上的波带位置称为吸收带。主要类型可分为 R 吸收带、K 吸收带、B 吸收带和 E 吸收带等。每种吸收带对应不同的电子跃迁类型和物质结构特征。

R 吸收带：由 $n\rightarrow\pi^*$跃迁引起，是含杂原子的不饱和化合物的吸收带，位于 200～400 nm，吸收强度弱。

K 吸收带：由共轭体系的 $\pi\rightarrow\pi^*$跃迁引起，是共轭不饱和化合物的吸收带，位于 210～280 nm，吸收强度强。

B 吸收带：由闭合环状共轭双键 $\pi\rightarrow\pi^*$跃迁所产生的吸收带，是芳环、杂芳环化合物的特征吸收带。

E 吸收带：也是芳香化合物的特征吸收峰，分为 E1 和 E2 带，由 $\pi\rightarrow\pi^*$跃迁产生。

吸收峰（absorption peak）：又称波峰，是吸收曲线上吸光度最大的地方，它所对应的波长称为最大吸收波长（λ_{max}）。

波谷（valley）：是峰与峰之间的最低部位，其对应的波长称最小吸收波长（λ_{min}）。

肩峰：在一个峰旁边产生的曲折，称为肩峰（shoulder peak）。

末端吸收：在光谱短波端呈现强吸收但不成峰形的部分，称为末端吸收（end absorption）。

生色团（chromophore）：又叫发色团，是指有机化合物分子中含有能产生 $\pi\rightarrow\pi^*$ 或 $n\rightarrow\pi^*$跃迁的，可在紫外-可见光范围内产生吸收的含有 π 电子的基团，如 C=C、C=O、—C=S、—NO_2、—N=N—等。生色团是紫外-可见光谱分析中识别物质结构的重要特征。

助色团（auxochrome）：是含有非键电子对的杂原子饱和基团。本身在紫外和可见光区无吸收，但是当它们与生色团相连时，可形成多电子的较大共轭体系，从而降低 $\pi\rightarrow\pi^*$跃迁能量，能使生色团的吸收峰向长波方向移动（红移），并使吸收强度增加的基团，如—OH、—NH_2、—SH、—X（卤素）、—OR 等。

红移（red shift）：是指由于化合物的结构改变，如引入助色团、发生共轭作用以及改变溶剂等，使吸收峰向长波方向移动。

蓝（紫）移（blue shift）：是指当化合物的结构改变或受溶剂影响，使吸收峰向短波方向移动。

增色效应和减色效应：由于化合物结构改变或其他原因，使吸收强度增强，称为增色效应（hyperchromic effect）；使吸收强度减弱，称为减色效应（hypochromic effect）。

1.6 紫外-可见光谱分析技术特点

作为一种历史悠久且应用广泛的光学分析方法，紫外-可见光谱分析技术的分析范围广泛、仪器响应性好且操作方法简便[9]。

具体来说，紫外-可见光谱分析技术的测定波长范围一般为 200 ~ 800 nm，涵盖了紫外和可见光区域，可用于分析医药、化工、冶金、环境保护、地质等多个领域中的关键药物及化工中间体、金属离子浸出率、环境水体新污染物以及土壤及岩石结构中的关键矿物组分等，因而成为这些领域中必不可少的测试手段之一。

而且，紫外-可见光谱分析技术具有较好的仪器相应性，主要包括高的灵敏度、准确度、精密度以及好的选择性。其最低检出浓度可达到 10^{-6} g/mL（微克甚至纳克级），这使得它非常适合于药物或环境中微量活性组分或新污染物的测定。相对误差一般可控制在 1% ~ 2%之内，准确度较高，也可为一般的科研及工业生产过程提供可靠的数据支持。而且，其精密度和选择性也好，能够区分出不同物质在特定波长下的吸收特性，可对复杂混合物中各组分进行定性或定量分析。可满足大多数物质分析、产品认证甚至司法鉴定方面的需求。

此外，相对于其他光谱分析方法来说，紫外-可见光谱分析技术的仪器设备和操作都比较简单，费用少，分析速度较快。这也是为什么该技术成为了实验室和工业生产中最常用的分析方法之一。

当然，除了上述优点之外，还需要注意紫外-可见光谱分析技术的结果可能受到多种因素的影响，包括非单色光的影响、化学因素（如解离、缔合等反应）、物理因素（如非平行入射光、介质不均匀等）以及仪器误差等。因此，在实际应用中需要采取相应的措施来减小这些因素的影响。

1.7 紫外-可见吸收光谱分析技术在烟草行业中的应用

作为一种成熟且广泛应用的分析技术，紫外-可见吸收光谱法凭借其高灵敏度、快速响应、操作简便以及非破坏性测试等优势，在卷烟加工过程、烟草化学与叶组配方研究及烟气测量与毒理学分析等多个卷烟加工及烟草化学领域展现出了巨大的应用潜力和价值[10]。

在卷烟加工全过程中，紫外-可见吸收光谱法首先可用于快速检测烟草原料中的关键成分含量，如尼古丁、焦油前驱物、多酚类化合物等，以确保原料质量的一致性和稳定性。而且，该技术还能有效识别并剔除含有过多杂质或不良成分的原料批次，从而从源头上提升卷烟产品的整体品质。紫外-可见吸收光谱法还可用于实时监控烟草加工过程中烟草物料的化学变化，如添加剂的均匀混合程度、特定成分的转化效率等。通过在线监测系统，技术人员可以及时调整工艺参数，确保加工过程的稳定性和可控性，减少废品率，提高生产效率。而且，在卷烟成品出厂前，紫外-可见吸收光谱法也可用于检测卷烟中的尼古丁、焦油、一氧化碳等有害物质的含量，为产品的安全性评估提供科学依据。同时，该技术还能分析卷烟的吸味特性，如香气成分的种类和含量，帮助生产者优化配方，提升产品的市场竞争力。最后，紫外-可见光谱分析技术也常用于烟用材料，如卷烟纸、接装纸、烟盒纸以及香精香料产品成分分析、品质鉴定，以及烟草及烟用材料加工过程废水处理指标监测等操作单元，成为了烟草及烟用材料加工业必不可少的现代仪器分析技术之一。

在烟草化学与叶组配方研究领域，紫外-可见吸收光谱法首先可以结合适当的样品前处理技术（如萃取、纯化、衍生化等）分析、测定烟草中的复杂成分（生物碱、多酚、糖类、有机酸等）。通过多元线性回归、主成分分析等数据处理方法，可以进一步解析各成分之间的相互作用关系，为烟草化学研究提供丰富的信息。而且，随着消费者对健康意识的提升，其也被用于筛选和评价烟草中的功能性成分，如抗氧化剂、抗炎因子等，有利于功能性烟草产品的开发。通过对比不同品种、不同产地烟草中功能性成分的含量和活性，可以为功能性烟草产品的配方设计提供科学依据。同时，该技术还能评估加工过程中功能性成分的保留率和稳定性，确保产品的功能特性不受影响。最后，紫外-可见吸收光谱法可以通过分析在不同叶组配方下制备的烟草特征性成分和指纹图谱，对烟草进行快速、准确的品质鉴定。该方法具有高度的特异性和重复性，能够区分不同品种、不同等级烟草之间的差异，为烟草贸易和质量控制提供有力支持。

在烟气测量与毒理学分析领域，紫外-可见吸收光谱法可用于分析主流烟气（指的是吸烟者吸入并呼出的烟气部分）中的多种有害成分，如尼古丁、焦油、一氧化碳、挥发性有机化合物等。通过构建合适的检测系统和数据处理模型，可以实现对这些成分的实时在线监测和定量分析。该技术为评估卷烟产品的健康风险、指导产品改进提供了重要手段。此外，紫外-可见吸收光谱法还可用于监测侧流烟气（指卷烟燃烧时未被吸烟者吸入而直接释放到环境中的烟气部分）中的有害成分含量和排放规律，为制定相关环保政策和标准提供依据。另外，该技术还能评估卷烟燃烧性能对侧流烟气排放的影响，为卷烟燃烧技术的改进提供指导。在烟气毒理学研究中，紫外-可见吸收光谱法可用于分析烟气中的毒性成分及其代谢产物。通过构建毒理学评价模型，可以评估烟气对生物体的潜在危害和毒性机制，为卷烟产品的安全性评价和减害技术研究提供了重要的实验数据和理论支持。

基于紫外-可见光谱分析技术在现阶段拥有极大的优越性，后续章节将从仪器组成、通用方法以及具体应用实例角度出发，全面论述现代紫外-可见光谱分析仪器、技术及其在烟草行业中的应用。

2 仪　器

2.1　仪器基本构成

尽管目前生产的紫外-可见分光光度计类型很多,但就其结构而言,都是由光源、分光系统(单色器)、吸收池、检测器和显示系统五个主要部件组成的，如图 2-1 所示。在光谱仪器工作时，每个部件都扮演着不可或缺的角色[11]。

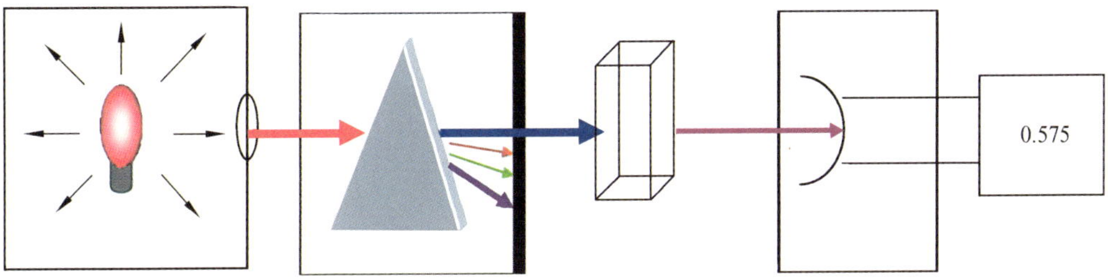

图 2-1　仪器基本构成

1. 光　源

光源是一种具有光谱特性的器件。为了保证测定结果的精密度和准确性，理想的光源必须满足以下 2 个条件。首先，在使用波长范围内有足够的辐射强度和良好的稳定性；其次，辐射光必须是连续的，且强度不随波长的变化而发生明显改变。为此，可配备性能良好的稳压电源。在紫外-可见光谱仪中，常用的光源有热辐射光源和气体放电光源两类。热辐射光源（主要是卤钨灯）用于可见光区，使用范围在 350 ~ 1 000 nm。气体放电光源（主要是氘灯）则用于紫外光区（160 ~ 375 nm）。

2. 单色器

单色器是能从光源辐射的复合光中分出单色光的光学装置，其主要功能是产生光谱纯度高的波长，且波长在紫外-可见区域内任意可调。单色器一般由入射狭缝、准光器(透镜或凹面反射镜使入射光成平行光)、色散组件、聚焦组件和出射狭缝等几部分组成。其核心部分是色散组件，起分光作用。紫外-可见分光光度计中常用的色散元件分棱镜和光栅两种。目前的商品仪器多选用光栅，其可在整个波长区提供均匀一致的分辨能力，且成本低，便于保存。

值得注意的是，无论何种单色器，出射光束常混有少量与仪器所指示波长有显著差异的光波，即“杂散光”，这会影响到吸光度的准确测量。杂散光产生的原因主要是光学部件和单色器的内、外壁反射和大气或光学部件表面尘埃的散射等。为了减少杂散光，单色器一般以黑色的罩壳封起来，通常不允许随意打开罩壳。

3. 吸收池

吸收池用于盛放分析试样，材质一般为石英或普通玻璃。石英池适用于紫外-可见全光谱区（200 ~ 800 nm），玻璃池只适用于可见光区（400 ~ 800 nm）。吸收池也称比色皿，其厚度（光程）有 5、10、20、30 mm 等规格。

4. 检测器

检测器的作用是检测信号、测量单色光通过溶液后光强度变化，并将光信号转变成电信号。常用的检测器有光电池、光电管、光电倍增管和光电二极管阵列检测器。

5. 信号指示系统

其作用是放大信号并以适当方式指示或记录下来。常用的环境检测信号指示装置有直读检流计、电位调节指零装置以及数字显示或自动记录装置等。很多型号的分光光度计装配有微处理机，可对分光光度计进行操作控制和数据处理。

2.2 仪器分光类型

按照仪器的光路系统，紫外-可见分光光度计一般可分为单光束、双光束、双波长和光电二极管阵列等几种[12]。

对于单光束分光光度计来说，光源发出的光经单色器分光后得到的为一束单色光，通过吸收池且照射到检测器上的仍为一束光。该分光光度计结构简单、价格便宜，但是杂散光多、光源波动大，因此准确度偏低。与之相比，双光束分光光度计光源发出的复合光经单色器分光后就被切光镜分为强度相等的两束光，分别同时通过参比溶液和样品溶液后即可消除因光源强度变化引起的仪器误差，因此灵敏度较高。

双波长分光光度计中，光首先被分成两束后分别通过 2 个单色器得到 2 束不同波长的单色光，再利用切光镜使这 2 束单色光以一定频率交替照射同一溶液后，经光电倍增管、电子控制以及信息处理系统后可得到两波长处的吸光度差值，进而消除溶液背景及共存物质的干扰。因此，该光度计不仅可分析浑浊液体，也能分析多组分混合试样（如烟草提取液）。至于光电二极管阵列（PDA）来说，它可在不到一秒钟内同时测量物质从紫外光区到可见光区的全部光谱，因此也是目前最为先进的紫外-可见光谱仪常用的分光元器件。

2.3　仪器性能指标

评价紫外-可见光谱分析仪器的测定性能好坏的指标主要有波长的测量范围、分辨率、准确性、重复性，吸光度的准确性与重复性、噪声等[13]。

一般来说，紫外-可见光谱仪的波长测量范围在 190 ~ 1 100 nm，可供分析的波长范围推荐为 190 ~ 800 nm。其对于紧密相邻的峰可分辨的最小波长间隔（即分辨率）与单色器输出的单色光光谱纯度、强度以及检测器的光谱灵敏度等息息相关。波长的准确度（精度）是指仪器显示与输出波长值之间的吻合度，其重复性是指对同一个吸收带或发射线进行多次测量时，峰值波长测量结果的一致程度。为了确保上述两个指标合规，仪器安装完毕或使用一段时间后需要检查校正。

吸光度准确性是指实际测量的光谱读数值与真实值之差。该偏差越小说明测量的数据越准确可靠，或者说光度准确度越高。绝大多数厂商都会向仪器使用方提供特定条件下的吸光度准确度或误差 AA（或 dA）。当然，除了仪器性能和操作条件之外，吸光度准确性取决于样品质量、制样技术以及吸收池质量等。重复性是在相同光谱仪上、相同条件下对同一样品进行多次重复测定（透光度或吸光度）后，计算得到的每次读数对平均值的偏差和这些偏差的平均值。

当光谱仪预热稳定后，在一定波长、缝宽下，扫描 100%线或 0%线数分钟，后测量的峰与峰之间的值即为绝对噪声水平。在实际使用过程中，一般用信噪比来描述仪器性能。例如，在 100%线扫描时，若测得噪声是 0.5%，则信噪比为 200∶1。

杂散光是指由检测器接收到的任何内仪器单色器分离的光谱范围以外的辐射，即不应该有光的地方所辐射的光。杂散光是紫外-可见分光光度计非常重要的关键技术指标，是仪器分析误差的主要来源，直接限制被分析测试样品浓度的上限。杂散光对紫外-可见分光光度计分析测试误差的影响主要有两种形式。一种形式是杂散光的波长与测试波长相同。它是由于测试波长的光线偏离正常的光路，在不通过测试样品的情况下，直接照射到光电转换器。这类杂散光大多数是由第一种光学元件、机械零件的反射和漫反射所引起的。第二种形式是测试波长以外的光偏离正常光路而到达光电转换器的光线。这类杂散光通常是由光学系统的某些缺陷，如光学元件的表面被擦伤、仪器的光学系统设计不好、机械零部件加工不良，使光路位置错移等所引起的。分光光度计杂散光强度的测量，通常采用在规定波长下几乎完全不透明的溶液或滤光片插入仪器，检测仪器给出的透射率值。紫外区可用 NaI 溶液测定波长为 220 nm 处的杂散光，在可见区可用各种有色玻璃截止滤光片。

2.4 仪器类型及应用

目前，紫外-可见光谱仪在实验室分析、工业过程分析、产品质量监测领域都有广泛的应用。首先，在实验室分析方面，最主要的还是利用朗伯-比尔定律开展试样组分定量分析；当然，其也可用于辅助分析物质的组成及热力学平衡常数、化学反应速率常数及活化能等。此外，得益于光纤、阵列检测器和化学计量学的发展，在线紫外-可见光谱分析技术在食品、制药、造纸、卷烟、废水处理等工业过程分析方面也得到了广泛应用。而且，随着便携式可见分光光度计的开发，目前，该技术被推广应用到了产品临检、质量抽查等市场监督管理过程中，也在野外科考及教学方面得到了广泛应用。

3　通用分析方法

紫外-可见分光光度法定量分析法的依据是朗伯-比尔定律，即物质在一定波长处的吸光度与它的浓度呈线性关系。它的数学表达式为 $A = \varepsilon bc$ 。其中，A 为吸光度，ε 为摩尔吸光系数，b 为吸收池厚度，c 为浓度。因此，通过测定溶液对一定波长入射光的吸光度，可求出溶液中物质的浓度和含量。几种常用的测定方法如下。

3.1　单组分样品的定量分析方法[13]

若溶液中仅有待分析物质时，可以采用吸光系数法（绝对法）、比吸收系数法、标准曲线法、标准比较法以及标准加入法和双峰双波长法等方法。其中，绝对法和比吸收系数均须提前知道待测物质的吸光系数或比吸收系数。目前，上述方法很少采用，较常用的为标准比较、标准加入以及标准曲线法，具体如下。

3.1.1　标准比较法

采用该方法的前提是必须使用固定仪器和测定条件，且标样与样品浓度相近，不可有数量级差异。其原理为，在完全相同条件下测得试样（未知浓度 c_x）和标准溶液（已知浓度 c_s）的吸光度 A_x 和 A_s，则可得到被测试样的浓度（c_x），为

$$c_x = c_s A_x / A_s \tag{3-1}$$

3.1.2 标准加入法

当遇到干扰不易消除，标准溶液配制麻烦，分析样品数量少时，可以采用标准加入法。采用该法时需先测样品吸光度 A_x，此时，

$$A_x = \varepsilon bc_x \tag{3-2}$$

然后，在待测样品的溶液中加入标准溶液，其浓度为 c_s，再测其吸光度 $A_{x+\Delta}$ 根据吸光度的加和性应有

$$A_{x+s} = A_x + A_\Delta = A_x + \varepsilon bc_\Delta \tag{3-3}$$

故

$$A_{x+s} - A_x = \varepsilon bc_\Delta \tag{3-4}$$

整理式（3-2）和（3-3）得

$$c_x = \left[A_x / (A_{x+s} - A_x)\right] c_\Delta \qquad (3\text{-}5)$$

显然，由式（3-5）可计算出待测样品的浓度 c_x。

3.1.3 校准曲线法

校准曲线法是最常用的定量检测方法。在建立定量测定方法时，需首先确定符合朗伯-比尔定律的线性浓度范围。具体做法是：配置一系列不同含量标准溶液，以空白溶液为参比，在相同条件下测定吸光度并绘制出 A-c 曲线（见图 3-1），并根据最小二乘法拟合出标准曲线方程，要求 $R^2>0.99$。最后，再测定未知样的吸光度，代入方程即可计算出对应浓度。

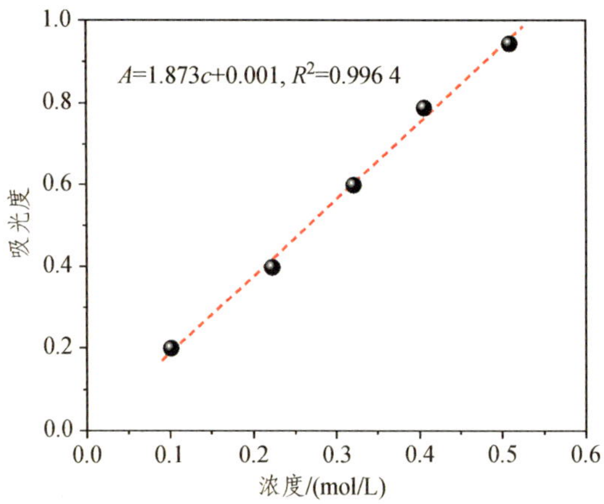

图 3-1　分光光度法的标准曲线

3.2 多组分样品的定量分析方法[14]

3.2.1 联立方程法

若溶液中的 a、b 两组分不产生相互作用时，其吸光度具有加和性。基于此原理，可以绘制其混合试样的吸收光谱，如图 3-2 所示。图 3-2（a）中，a、b 组分在各自最大吸收处（λ_1 和 λ_2）的吸光度互不干扰，可直接准确地读取各自吸光度后进行浓度换算。若出现图 3-2（b）中的情况时，说明 a 组分对 b 组分的吸光度测定有干扰，但 b 对 a 无干扰。此时，可先单独计算出溶液在 λ_1 处的吸光度 A_{λ_1} 以计算出 a 组分的浓度；然后，再分别测量溶液以及单一 a、b 组分在 λ_2 处的吸光度 $A_{\lambda_2}^{a+b}$、$\varepsilon_{\lambda_2}^{a}$ 和 $\varepsilon_{\lambda_2}^{b}$ 值。根据吸光度加和性原则，有

$$A_{\lambda_2}^{a+b}=\varepsilon_{\lambda_2}^{a}lc_a+\varepsilon_{\lambda_2}^{b}lc_b \tag{3-6}$$

式中，l 为吸收池厚度，cm。根据此式，即可求得组分 b 的浓度 c_b。

若 a、b 双组分在任意波长下均有吸收，如图 3-2（c）。此时，可分别测量待测混合溶液以及已知 a、b 浓度的纯溶液在 λ_1、λ_2 两处的混合物的吸光度 $A_{\lambda_1}^{a+b}$ 和 $A_{\lambda_2}^{a+b}$、纯 a、b 组分的 $\varepsilon_{\lambda_1}^{a}$ 和 $\varepsilon_{\lambda_1}^{b}$ 值、$\varepsilon_{\lambda_2}^{a}$ 和 $\varepsilon_{\lambda_2}^{b}$ 值。根据吸光度加和性原则，有

$$A_{\lambda_1}^{a+b}=\varepsilon_{\lambda_1}^{a}lc_a+\varepsilon_{\lambda_1}^{b}lc_b \tag{3-7}$$

$$A_{\lambda_2}^{a+b}=\varepsilon_{\lambda_2}^{a}lc_a+\varepsilon_{\lambda_2}^{b}lc_b \tag{3-8}$$

显然，联立方程（3-7）和（3-8）后，即可求得 c_a 和 c_b 值。

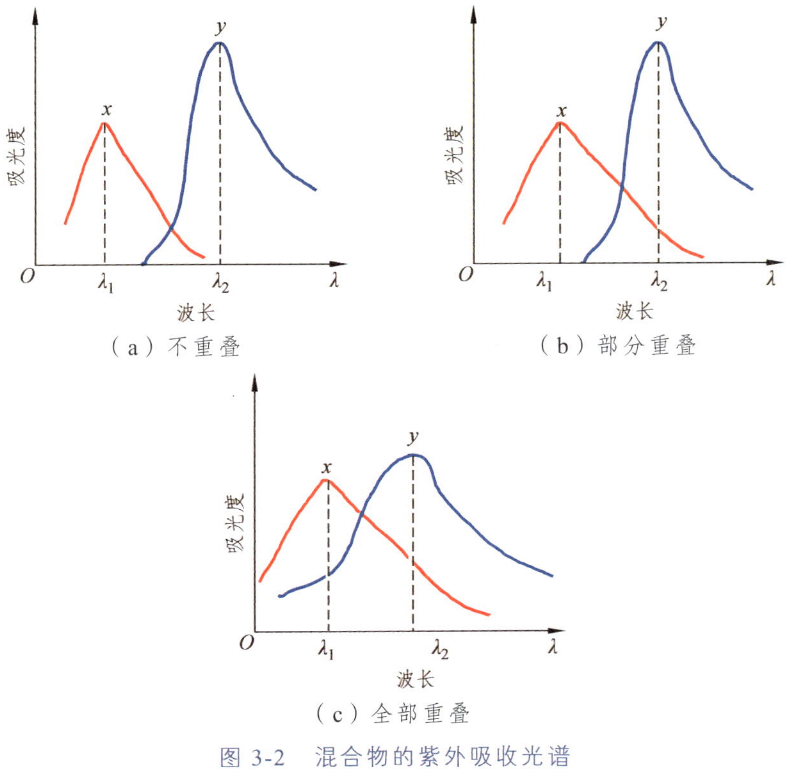

图 3-2　混合物的紫外吸收光谱

3.2.3　双波长分光光度法

当仪器光源不稳定、吸收池的位置或污染情况存在差异、待测试样与空白样品间存在其他差别时，采用单波长分析可能造成结果不准确。此时，只要选择两个适

当的波长 λ_1 和 λ_2，就能消除背景吸收的影响，直接用于分析混浊试样，大大简化了混合试样同时测定的步骤和数据处理的难度，并保证了测量准确性。

采用双波长分光光度法时，根据比尔定律有

$$\Delta A = A_{\lambda_1} - A_{\lambda_2} = \varepsilon_{\lambda_1} bc_s - \varepsilon_{\lambda_2} bc_s = (\varepsilon_{\lambda_1} - \varepsilon_{\lambda_2}) bc_s \tag{3-9}$$

得到式（3-9）后，再根据标准曲线解出 ΔA 与 c_s 的关系表达式，然后即可根据样品溶液在两个波长处的吸光度差值求得待测溶液中样品的浓度 c_x。

在双波长吸光光度法测量中，最主要的是要选择合适的测量波长 λ_1 和参比波长 λ_2。在不同样品溶液情况的测定中，选择的原则有所不同。针对具有背景吸收的单组分混浊试样进行分析时，理论上 ΔA 仅与溶液中待测物质浓度成正比，而和存在的背景吸收（即光散射）无关。但是，有研究表明，光散射的相对强度随波长的增加而下降（紫外区降幅最大，可见区趋于平稳）。因此，测定混浊试样时的测量波长最好在可见光区选择，和参比光的波长差 $\Delta\lambda$ 也要小（40 ~ 60 nm）。

不考虑背景噪声、仅对 a、b 双组分样品进行分析时，根据两组分的吸收光谱形状及重叠情况，可选择等吸收点法或吸收系数倍率法。若在 a 组分的吸收光谱上能找到一对或几对等吸收点时，且 a、b 混合试样的吸收曲线重叠时，即可采用等吸收法。如图 3-3 所示，a 组分在波长 λ_1 和 λ_2 处存在等吸收效应（即 $A_{1a} = A_{2a}$），在不考虑两波长处的背景噪声差异时，那么混合试样在波长 λ_1 和 λ_2 处的吸光度差值为

$$\Delta A = (A_{2a} - A_{1a}) + (A_{2b} - A_{1b}) = (\varepsilon_{2b} - \varepsilon_{1b}) \cdot l \cdot c_b \tag{3-10}$$

显然，根据上式即可算出 c_b。同理，亦可求出 c_a。

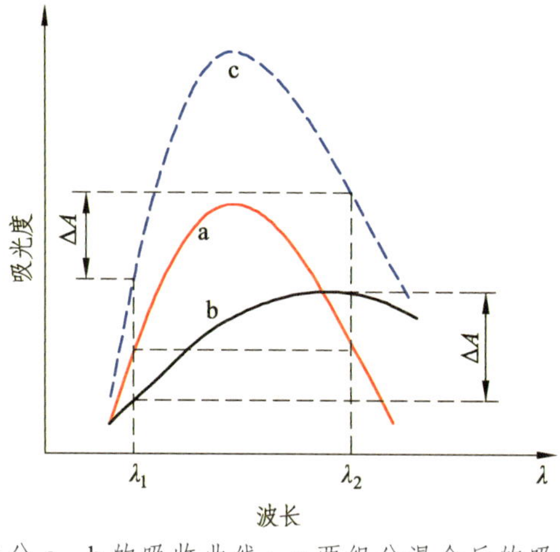

a，b—组分 a，b 的吸收曲线；c 两组分混合后的吸收曲线。

图 3-3　双波长法测定示意图

此外，如果在测量波长范围内 a 或 b 其中一组分无吸收峰时（即无等吸收点），可采用吸收系数倍率法。该方法在烟草化学领域一般不常用，这里不做过多介绍。

3.3　差示分光光度法[15]

研究表明，溶液吸光度 A 的值在 0.2 ~ 0.8 时的测量误差最小。因此，针对高浓或低浓溶液进行直接测量时，A 值很可能超出此范围，造成过高的测定误差（尤其对于高浓溶液来说）。此时，为了减少测量误差，应选用差示分光光度法。虽然用差示法进行定量分析时也是采用上节介绍的标准曲线法和标准加入法，但是与普通光度法相比，差示法选用的是已知浓度 c_s 的溶液作参比，而不是空白溶液。因此，该法能实现测量误差消减的实质相当于将透光率的标度放大。此时，测得的吸光度相当于普通法（即吸光度 A 在 0.2 ~ 0.8 的正常范围内）中浓度为 c_x 的待测溶液与标准溶液的吸光度之差 ΔA，为

$$\Delta A = A_x - A_s = \varepsilon b(c_x - c_s) = \Delta c\varepsilon b \tag{3-11}$$

按照使用参比溶液份数和参比溶液浓度高于或低于待测溶液，又可分为 4 种操作方法：高吸光度差示法（最为常用）、低吸光度差示法、最高精密度差示光度法和全差示光度法。

当采用高吸光度差示法测定高浓度试样时，需使用一个浓度稍低于待测溶液的参比溶液；先在检测器未受光照时，调节透射比为 0%，然后打开光路用参比溶液调节透射比为 100%，之后测定试样的吸光度值。需要强调的是，这里选用的参比溶液的浓度要尽可能大一些，即其调百参比标准溶液（c_s）的普通透射比 T_S（即在原标尺上的读数）要尽可能小一些，而所测样品的差示透射比 T_D（即标尺放大后的读数）至少要大于 36.8%，以降低测量误差。

对于超低浓度溶液来说，可以采用低吸收差示光度法进行分析。过程中，需先选用两种参比溶液——空白溶液和浓度稍高于待测液的标准溶液，并以空白溶液调节透射比为 100%、以标准溶液调节透射比为 0%，再测定试样的吸光度值。当然，低吸收差示光度法并未能改善高差示透射比部分的测量准确度，最小相对浓度误差出现在差示透射比 T_D 为 36.8% ~ 0%范围内。随着参比溶液浓度的减小，即调零参比标准溶液的普通透射比 T_2 的增大，相对浓度误差也就减小。因此，在采用低吸收差示光度法时，参比溶液的浓度要尽可能的小一些，即 T_2 要尽可能低，而所测样品的 T_D 要小于 36.8%，以使测量误差为最小。

采用最高精密度差示光度法时，则需以一个浓度稍低于待测液的参比溶液调节透射比为 100%，再以另一个浓度稍高于待测液的参比溶液调节透射比为 0%，之后测定试样的吸光度值。如果两个参比溶液的浓度选择合适而且两者浓度差值愈小，

则待测溶液的吸光度可以控制在 0.434 3 左右，此时相对误差最小。而且，该方法的测量误差在整个标尺内是近乎均匀分布的，即在全标尺范围内都能提高测量准确度。显然，最精密差示光度法需要调零、调百的协同操作，过程需反复调节。另外，双参比下，待测液浓度 c 与吸光度之间关系十分复杂，且也常因两个参比的变动而超出精度要求。为解决上述问题，可采用全差示光度法。该方法规定以某一特定值的反向微电流 i 向左（透射比为 0%的一端）扩展一恒定值，再用一参比溶液调节透射比为 100%，结果同样可达到在标尺左右两个方向上放大标尺的目的，收到最高精密度差示光度法的效果，同时又克服了最高精密度差示光度法的缺点。

3.4 导数光谱法[16]

当普通紫外-可见光谱上的吸收峰信号微弱或吸收带重叠、胶体散射强等而造成难以直接获取有效信息时，采用一阶或多阶导数光谱法可提高光谱分辨率。导数光谱法（简称导数光谱）是吸收光谱对波长的一阶或多阶导数对波长的函数曲线（见图 3-4）。由图可知，原始透光度曲线光谱中的峰值在奇数阶的导数光谱中为零点、在偶数阶的导数光谱中为极小或极大值；随着阶数增加，光谱吸收波形变窄但数目增加；在第 n 阶时可产生 $n+1$ 个极值。显然，导数光谱法具有放大微弱吸收峰、分辨重叠吸收带、识别肩峰、消除背景干扰和确定宽阔吸收带的最大峰位等能力。目前生产的先进紫外-可见分光光度计一般都能直接得到一至四阶导数光谱，大大降低了计算工作量，故而该方法也得以广泛应用。

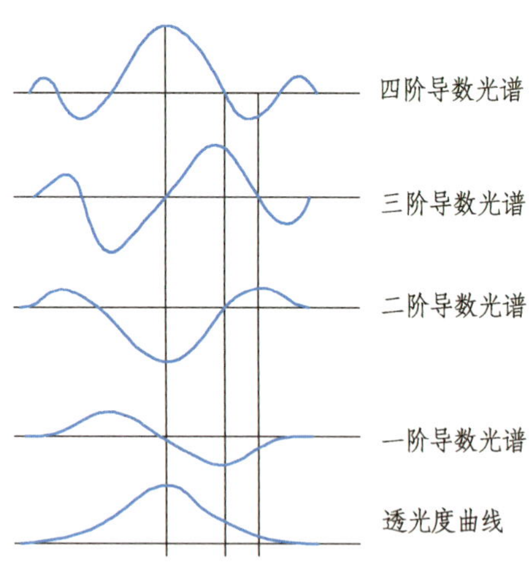

图 3-4　物质的吸收光谱及其一至四阶导数光谱示意图

根据朗伯-比尔定律，对波长 λ 求 n 阶导可得

$$d^n A / d\lambda^n = d^n \varepsilon / d\lambda^n cb \qquad (3\text{-}12)$$

可知，在一定条件下，n 阶导数值 $d^n A / d\lambda^n$ 仍与溶液中待测组分的浓度 c 成正比，这就是导数分光光度法定量测定的原理，测定的灵敏度与 $d\varepsilon / d\lambda$ 有关。具体操作时，仅需绘制导数值与组分浓度标准曲线，测得待测组分导数值后带入即可求出待测组分浓度。除了能提高灵敏度，放大微弱吸收峰（利于痕量分析）外，导数光谱法还具有以下特点：分辨重叠谱带、提高方法选择性（利于多组分同时测定），识别、放大肩峰，消除背景干扰，确定吸收峰位置等等。虽然，一至四阶导数或多或少地可以消除线性、抛物线等光谱噪声干扰，但是实际选用几阶导数光谱时既要考虑到干扰物的吸收光谱，又要考虑被测组分的吸收光谱以及二者的相似、重叠度情况。此外，导数光谱法还受仪器参数及测量方式的影响。因此，必须在综合分析各种因素影响的基础上，通过实验分析选取合适的导数阶数。

3.5　化学计量学与建模[17]

作为分析化学的新分支学科，化学计量学（Chemometrics）是结合化学、数学、统计学以及计算机分析工具和手段对数据进行数学处理，以最大限度地获取隐藏化学成分和相关信息、实现对相关成分的定量和定性分析的纯数学技术。由于分析对象的不可预测性，选择合适的计量学方法进行光谱数据处理至关重要。化学计量学方法对光谱数据进行定性和定量分析的过程包括以下步骤：原始光谱数据收集、数据预处理，选择合适定性/定量分析方法、输出分析结果。

3.5.1　光谱预处理

被测光谱数据中不仅包含被测样品的组成和结构信息，还包含一些与被测样品性质无关的干扰信息，如仪器或人为操作引起的系统噪声或随机噪声等。这些干扰信号可能会掩盖有关被测试组件的信息。为了降低甚至消除各种噪声对光谱信息的影响、提高模型鲁棒性、适应性和预测能力，需对特定样品光谱进行适当预处理，以去除异常值、降低噪声、净化频谱、减弱非目标元素的影响。一般来说，不同预处理方法具有不同的数据优化能力和应用方向。在进行光谱大数据分析时，需根据待测物质的物化特性以及测试目标，选择 1 种或多种光谱数据预处理方法。目前来说，平滑、求导、归一化（SNV）、多元散射校正（MSC）、分段散射校正、变量标准化等预处理方法在光谱分析中被广泛应用。

3.5.2 多元校正方法

多元校正技术是化学计量学的一个重要分支领域，广泛应用于紫外光谱的检测。常见的多元校正方法可以分为线性校正和非线性校正，包括多元线性回归（Multivariate Linear Regression，MLR）、主成分回归（Principal Component Regression，PCR）、偏最小二乘法（Partial Least Squares，PLS）、人工神经网络（Artificial Neural Networks，ANN）、支持向量机（Support Vector Machine，SVM）、极限学习机（Extreme Learning Machine，ELM）等。基于光谱测量数据，采用多元校正技术可以建立分析预测模型，并通过参数估计接收分析光谱数据的相关信息，为创建模型提供有效框架，并足够准确和精确地预测未来样本的输出变量。这些光谱数据处理方法可根据建模实际需求灵活选择。在某种程度上，主成分回归的优势是可以解决诸如共线性、变量数据使用限制和噪声滤波等困难，缺点是不能确保被测组分的性质与参与回归主成分一定相关。偏最小二乘法的优点则是将数据分解与回归相结合，使得到的特征值向量直接与被测组分或特征有关。人工神经网络则可用于表示具有重叠峰值、可用信号差和大量噪声的光谱。总之，每种计量学方法都有独特的优点和缺点。进行光谱数据预处理或者建模时，需要提前学习并选择合适的方法。

3.6 结合流动注射技术的光谱分析[18] [19]

流动注射分析技术是一种半自动化的溶液处理技术，它通过连续的流体系统可以将样品溶液以一定的流速注入到流动相中，并与流动相中的试剂发生反应。将流动注射分析技术与紫外-可见光谱分析技术相结合，可以充分发挥两者的优势。在结合技术中，样品溶液通过流动注射系统被连续注入到流动相中，并与流动相中的试剂发生反应；随后，产物进入流动泵注入检测池，再利用紫外-可见光谱仪直接测定吸光度来确定目标物质的含量。上述两种技术的结合使得整个分析过程具有以下几个显著优点：

① 自动化程度高：整个分析过程从样品注入到结果输出都是自动化的，减少了人为操作带来的误差。

② 分析速度快：由于样品和试剂的混合、反应以及产物的检测都是在线进行的，因此分析速度得到了显著提高。

③ 灵敏度和选择性好：紫外-可见光谱分析技术本身具有较高的灵敏度和选择

性，结合流动注射技术后，可以进一步提高分析的灵敏度和选择性。

④ 适应性强：该技术对流动相的要求不高，受操作条件变化和外界环境影响较小，因此具有较强的适应性。

4 烟草化学成分的紫外-可见光谱法分析

烟草常规化学成分一般包括烟碱(以总生物碱代替)、还原糖、总糖、总氮、钾、氯等。烟碱为烟草的特征化学成分，其与总氮含量呈正相关关系，烟碱和总氮含量过低，烟气劲头低，吃味平淡，过高则增加刺激性。糖含量是决定烟气醇和度的主要因素。一般认为，糖含量低能引起刺呛的吃味，含量高则产生酸的吃味。钾含量高低主要影响烟叶的燃烧性好坏，并还会影响烟叶的颜色和香味品质。少量的氯对提高烟叶质量是必需的，氯含量过高会降低烟叶的持火性，甚至会使烟叶出现截火现象。烟草常规化学成分的派生值-糖碱比、氮碱比、钾氯比、两糖比，分别从不同的角度反映了烟草香吃味品质的协调性，也是目前评价烟叶品质的重要因素[20]。本章将从常规烟草化学成分的紫外-可见光谱法分析过程进行详细介绍，具体如下。

4.1 连续流动法分析烟草及其制品中的水溶性糖含量[21]

烟草及其制品中的水溶性糖含量的高低会影响到烟叶理化特性，尤其是在参与卷烟燃烧时。若水溶性糖含量高，烟叶的物理特性就会好，烟叶较柔软，且富有弹性、色泽好。而且，水溶性糖在卷烟燃烧时会发生酸性反应，产物会抑制烟气中的部分碱性物质形成，使卷烟烟气酸碱更为平衡、吸味更加柔顺。但是，当烟草及制品中的水溶性糖含量过高时，燃烧产生的烟气焦油释放量就会偏高，严重影响抽烟者安全。因此，在烟草种植、调质与加工过程中需要严格、准确测定烟草及制品中的水溶性糖含量。目前来说，烟草中水溶性糖含量的测定方法主要依据烟草行业标准YC/T 159—2019《烟草及烟草制品 水溶性糖的测定 连续流动法》，具体内容如下。

4.1.1 测量范围

本方法适用于烟草及烟草制品中水溶性糖(包括水溶性总糖和水溶性还原糖)的测定。方法检出限为0.006 3%，定量限为0.021 0%。分析过程中，所用水的规格和试验方法遵循GB/T 6682—2008《分析实验室用水规格和试验方法》，烟草及制品试样制备及水分测定方式依据YC/T 31—1996《烟草及烟草制品 试样的制备和水分

测定 烘箱法》，其他涉及的相关步骤按照烟草及制品分析具体标准执行。

4.1.2　测量原理

用 5%乙酸水溶液萃取样品，萃取液中的糖与对羟基苯甲酸酰肼反应，在 85 ℃的碱性介质中产生黄色的偶氮化合物，其最大吸收波长为 410 nm，用比色计测定。

4.1.3　试剂及配置方法

除特别要求外，本分析过程所有药品，如 D-葡萄糖（纯度≥99.5%）等均为分析纯试剂；试验用水需符合 GB/T 6682—2008《分析实验室用水规格和试验方法》中一级水的规定。所用溶液及配置方法如表 4-1 所示。

表 4-1　所用溶液及配置方法

编号	溶液名称	配置方法
1	250 g/L 聚氧乙烯月桂醚（Brii35 溶液）	取 250 g 聚氧乙烯月桂醚加入到 1 L 水中，加热搅拌至溶解
2	0.4 mol/L NaOH 溶液	取 16g NaOH 溶于 0.8 L 水中，冷却后加入 0.5 mL Bri35 溶液，并用水稀释至 1 L
3	8 mmol/L $CaCl_2$ 溶液	取 1.75 g $CaCl_2 \cdot 6H_2O$ 溶于水，加入 0.5 mL Bri35 溶液并用水稀释至 1 L。若溶液有沉淀，使用前需用快速定性滤纸过滤
4	萃取液（5%乙酸溶液）	取 50 mL 冰乙酸用水稀释至 1 L，用于样品萃取或工作标准溶液的配制
5	冲洗液（活化的 5%乙酸溶液）	取 1L 5%乙酸溶液，加入 0.5 mL Bri35 溶液，用于连续流动分析仪管路冲洗
6	0.2 mol/L HCl 溶液	于通风橱中取 16.8 mL 发烟盐酸（37wt.%）缓慢加入到 500 mL 水中，再加入 0.5 mL Bri35 溶液后用水定容至 1 L
7	0.5 mol/L HCl 溶液	于通风橱中取 42 mL 发烟盐酸（37wt.%）缓慢加入到 500 mL 水中，用水稀释至 1 L
8	1.0 mol/L HCl 溶液	于通风橱中取 84 mL 发烟盐酸（37wt.%）缓慢加入到 500 mL 水中，再加入 0.5 mL Bri35 溶液后用水定容至 1 L
9	5%对羟基苯甲酸酰肼溶液（PAHBAH）	将 25 g PAHBAH、10.5 g 柠檬酸（$C_6H_8O_7 \cdot H_2O$）先后溶于装有 250 mL 0.5 mol/L HCl 溶液的烧杯中，然后再移至 500 mL 容量瓶中，用 0.5 mol/L HCl 溶液定容后于 0～4 ℃冰箱贮存

续表

编号	溶液名称	配置方法
10	标准储备液	取 20.0±0.000 1 g D-葡萄糖溶于带水烧杯中后转移至 500 mL 容量瓶定容，再贮存于 0～4 ℃冰箱中（有效期 1 个月）
11	系列标准工作溶液	用 5%乙酸溶液稀释标准储备液制备不少 5 个浓度（范围覆盖待测样品）的系列溶液（0～4 ℃保存，有效期 2 周）

注：分析用 PAHBAH 纯度应大于 97%。如有杂质，将会在管路中形成沉淀，可进行水重结晶法纯化。有下列情形则表明对羟基苯甲酸酰肼药品不纯：（a）白色结晶药品中有黑色颗粒，（b）5%该溶液呈黄色或有悬浮颗粒，（c）药品在 0.5 mol/L NaOH 溶液中溶解困难；（d）测试基线呈波浪形。

4.1.4 仪器及耗材

本实验所用连续流动分析仪由下述各部分组成：取样器、比例泵、渗析器、加热槽、螺旋管、比色计（配 410 nm 滤光片）、数据处理器、散热片（或等效降温器）。此外，实验还会用到万分位天平、振荡器、移液管、具塞三角瓶、快速定性滤纸等。

4.1.5 分析步骤

待测试样的制备方法参考标准 YC/T 31—1996《烟草及烟草制品 试样的制备和水分测定 烘箱法》。分析前，还需测定水分含量。分析时，首先称取（0.25±0.000 1）g 试样于 50 mL 具塞三角瓶中，加入 25 mL 5%乙酸溶液后盖上盖子放入振荡器（>150 r/min）上萃取 30 min。然后，用快速定性滤纸过滤，弃去初始 2～3 mL 滤液，收集后续滤液待上机分析。

上级运行系列标准工作溶液和样品处理后续滤液。具体分析流程如图 4-1（a）和（b）。若样品浓度超出标准工作溶液浓度范围，应稀释后再测定。

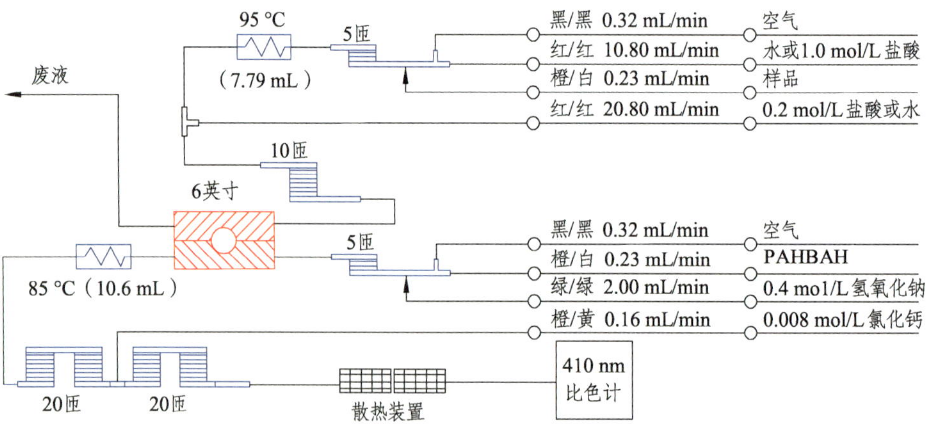

（a）大流量

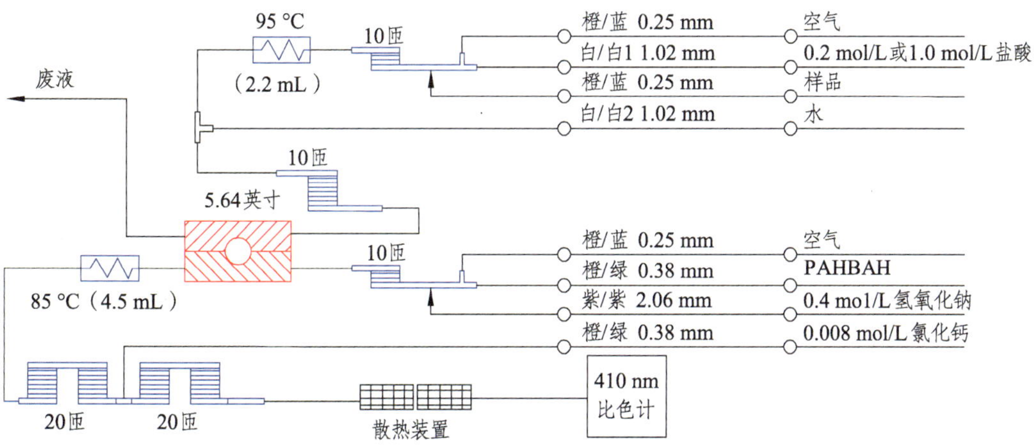

（b）小流量

图 4-1　水溶性糖的连续流动法分析流程

[利用（a）图：测定总糖时，红/红 1 管路为 1.0 mol/盐酸，红/红 2 管路为活化水，95 ℃加热槽打开；测定还原糖时，红/红 1 管路为活化水，红/红 2 管路为 0.2 mol/L 盐酸，95 ℃加热槽关闭。利用（b）图：测定总糖时，白/白 1 管路为 1.0 mol/L 盐酸，95 ℃加热槽打开；测定还原糖时，白/白 1 管路为 0.2 mol/L 盐酸，95 ℃加热槽关闭。]

4.1.6　结果计算与表述

水溶性糖含量由式（4-1）得出：

$$\alpha = \frac{n \times c \times V}{m \times (1-W) \times 1000} \times 100 \tag{4-1}$$

式中，α 为以干基计的水溶性总/还原糖含量（以葡萄糖计），%；n 为稀释倍数；c 为萃取液水溶性总/还原糖的仪器测定值，mg/mL；V 为萃取液体积，mL；m 为试样质量，g；W 为试样水分，wt.%。

以两次平行测定结果的平均值作为测定结果，若测得的水溶性糖含量大于或等于 10.0%，结果精确至 0.1%；若小于 10.0%，结果精确至 0.01%。两次平行测定结果绝对值之差不应大于 0.50%。

4.1.7　方法精密度和加标回收率

本方法的精密度和加标回收率分别见表 4-2 和表 4-3。

表 4-2　方法的精密度

样品	指标	RSD/%	
		日内重复性（r）	日间重复性（R）
烤烟	水溶性还原糖	2.6	3.2
	水溶性总糖	1.8	2.6
香料烟	水溶性还原糖	3.2	3.3
	水溶性总糖	2.6	3.4
烤烟型卷烟	水溶性还原糖	2.6	2.8
	水溶性总糖	3.1	3.4
混合型卷烟	水溶性还原糖	3.3	3.9
	水溶性总糖	3.7	4.1

表 4-3　方法的加标回收率

样品	指标	样品含量/%	加标量/%	回收率/%
烤烟	水溶性还原糖	27.1	21.5	98.40
		27.1	27.0	100.07
		27.1	32.5	99.23
	水溶性总糖	31.2	25.5	99.52
		31.2	31.0	100.21
		31.2	37.5	98.49
香料烟	水溶性还原糖	8.21	6.50	99.59
		8.21	8.20	99.51
		8.21	9.90	98.01
	水溶性总糖	9.45	7.50	98.47
		9.45	9.50	101.42
		9.45	11.5	98.42
烤烟型卷烟	水溶性还原糖	23.2	18.5	99.40
		23.2	23.5	98.59
		23.2	28.0	101.27
	水溶性总糖	24.7	20.0	98.05
		24.7	24.5	98.29
		24.7	29.5	100.85

续表

样品	指标	样品含量%	加标量%	回收率%
混合型卷烟	水溶性还原糖	13.0	10.5	102.04
		13.0	13.0	100.08
		13.0	15.5	101.61
	水溶性总糖	14.2	11.5	98.29
		14.2	14.0	101.60
		14.2	17.0	99.62

4.1.8　试验报告

试验报告应说明：试验对象、识别被测试样需要的所有信息、参照本标准所使用的试验方法、测定结果（包括各单次测定结果及其平均值）、与本标准规定的分析步骤的差异、在试验中观察到的异常现象、试验日期。

4.2　连续流动法分析烟草及其制品中的总植物碱含量[22]

烟草及其制品中的总植物碱含量，主要以烟碱（尼古丁）为主，其含量高低对烟草种植、卷烟加工及品吸过程均产生显著影响。烟碱含量过高会损害烟叶品质，降低其在卷烟配方中的可用性。因此，在烟草种植过程中需要控制烟碱含量，以提高烟叶的整体品质和市场竞争力。一般来说，种植时可通过氮肥施加量、种植密度、打顶抹杈等方式调节烟草烟碱含量。此外，在卷烟配方设计过程中，也会根据烟叶的烟碱含量来调整不同烟叶的比例，以调节和控制卷烟产品的整体口感和品质。这是因为高烟碱含量卷烟通常具有更强刺激性和更深的喉部感受，而低烟碱含量的卷烟则可能口感柔和、刺激性较小。当然，长期吸入高烟碱含量的卷烟可能会增加患心血管疾病、呼吸系统疾病等健康风险。因此，控制卷烟中的烟碱含量对于保障消费者健康具有重要意义。目前，烟草及制品中（烟叶、烟梗、再造烟叶和烟草混合物）中总植物碱（以烟碱计）含量的测定方法依据行业标准方法 YC/T 468—2021《烟草及烟草制品　总植物碱的测定　连续流动（硫氰酸钾）法》进行，具体如下。

4.2.1 测量范围

本方法适用于烟草及烟草制品中总植物碱（以烟碱计）的测定，方法检出限为0.048%，定量限为0.170%。分析过程中，所用水的规格和试验方法遵循GB/T 6682—2008《分析实验室用水规格和试验方法》；烟草及制品试样制备及水分测定方式依据YC/T 31—1996《烟草及烟草制品 试样的制备和水分测定 烘箱法》；烟碱纯度测定依据YC/T 247—2008《烟草及烟草制品 烟碱纯度的测定 硅钨酸重量法》进行；其他涉及的相关步骤按照烟草及制品分析具体标准执行。

4.2.2 测量原理

烟草试样经水萃取后所得萃取液中的总植物碱（以烟碱计）可与对氨基苯磺酸和氯化氰反应，生成的产物在460 nm处有最大吸收，可用紫外-可见光谱仪测定。其中，所用到的氯化氰由硫氰酸钾和二氯异氰尿酸钠在线反应产生。Ling'w用 5%乙酸溶液作为萃取液也可得到相同结果，如要同时进行总植物碱（以烟碱计）和还原糖（参见 YC/T 159—2019《烟草及烟草制品 水溶性糖的测定 连续流动法》）的测定，需使用5%乙酸提取。

4.2.3 试剂及配置方法

烟碱或二水二酒石酸烟碱[$C_{10}H_{14}N_2(C_4H_6O_6)_2\cdot 2H_2O$]需按 YC/T 247 检查纯度。除此之外，本分析过程所有试剂，如二氯异氰尿酸钠（$C_3Cl_2N_3NaO_3$）等均为分析纯试剂；试验用水需符合 GB/T 6682 中一级水的规定。所用溶液及配置方法如表 4-4 所示。

表 4-4 所用溶液及配置方法

编号	溶液名称	配置方法
1	Brii35 溶液	同 4.1.3
2	5%乙酸溶液	同 4.1.3
3	系统冲洗液	取 1 mL Bri35 溶液，用 5%乙酸溶液定容至 1 L，用于连续流动分析仪管路冲洗，有效期 1 周
4	硫氰酸钾溶液	取 2.88 g 硫氰酸钾（KSCN）并用水溶解、定容至 250 mL
5	$C_3Cl_2N_3NaO_3$ 溶液	取 2.20 g $C_3Cl_2N_3NaO_3$ 并用水溶解、定容至 250 mL，现配现用
6	缓冲溶液 A	分别取 71.6 g $Na_2HPO_4\cdot 12H_2O$、11.76g $C_6H_5Na_3O\cdot 2H_2O$ 于烧杯中用水溶解，然后转入 1 L 容量瓶中加水定容，然后加入 1m Brii 35 溶液，混匀备用

续表

编号	溶液名称	配置方法
7	缓冲溶液 B	分别取 71.6 g $Na_2HPO_4·12H_2O$、6.2 g $NaH_2PO_4·2H_2O$、11.76 g $C_6H_5Na_3O·2H_2O$、7.0g $NH_2C_6H_4SO_3H$ 至烧杯中，用水溶解后转入 1 000 mL 容量瓶中，用水定容后加入 1 mL Brii 35 溶液，混匀备用
8	解毒溶液	取 10 g Na_2CO_3 用水溶解后定容为 1 L 溶液
9	标准储备液	取适量烟碱标准物质于 250 mL 容量瓶中(精确至万分位，浓度约为 2.5 mg/mL)，用水溶解、定容后可贮存于 0～4 ℃冰箱中（有效期 1 个月，使用前需恢复至室温）
10	系列标准工作溶液	用 5%乙酸溶液稀释标准储备液制备不少 5 个浓度（范围覆盖待测样品）的系列溶液（0～4 ℃保存，有效期 2 周，使用前需恢复至室温）

4.2.4　仪器及耗材

同 4.1.4。

4.2.5　分析步骤

样品处理方法同 4.1.5。具体上机分析流程如图 4-2（a）和（b）。其他步骤同 4.1.5。

4.3　连续流动法分析烟草及其制品中的氯含量[23]

烟草及其制品中的氯和钾含量主要来源于烟草种植（土壤养分吸收、化肥与农药施用等）以及卷烟加工（含氯或钾添加剂）等过程中，其存在对于卷烟品吸的影响比较大。具体来说，氯元素在烟草燃烧过程中会生成氯化氢等有害物质，对呼吸系统和消化系统都有一定刺激和损害作用。同时，高氯含量还会使烟草燃烧不完全且产生异味，促进更多烟雾和有害物质产生并影响卷烟口感和品质。此外，高氯含量还会导致卷烟在燃烧过程中容易熄火，降低吸烟者体验。因此，氯含量也常作为烟草及制品的主要质量控制指标。

4.3.1　依据标准

目前，烟草及其制品中氯的测定依旧采用连续流动注射技术耦合可见光谱法进行测定，依据行业标准 YC/T 162—2011《烟草及烟草制品 氯的测定 连续流动法》。对于标准 YC/T 162—2011 来说，所述方法对氯的检出限和定量限分别为 0.92 mg/L、3.07 mg/L。

4.3.2 测量原理

与测定还原糖及植物碱相同，测定烟草及其制品中的氯含量时，首先需用水（或5%乙酸溶液）萃取样品。然后利用萃取液中的氯与硫氰酸汞反应，释放出硫氰酸根，进而与三价铁反应形成可在 460 nm 处显色的络合物，用可见光谱仪检测即可。

4.3.3 分析步骤与结果表述

所用检测仪器仍与 4.1、4.2 中的相同，虽然所用药剂不同，但操作步骤与结果表述方式基本相似，因此这里不再赘述。详细内容请参考标准 YC/T 162—2011。

4.4 偏最小二乘回归辅助紫外-可见光谱技术同时测定烟草中的六碳糖和五碳糖含量[24]

烟草中糖类化合物有很多种类，包括水溶性糖中的单糖（果糖和葡萄糖）、低聚糖（蔗糖），多糖中的纤维素和淀粉等。其中，单糖占水溶性糖总含量的 80%以上。烟草中的糖类物质在燃烧条件下可热裂解产生各种新生化合物，影响卷烟香气和口感，并不同组分还会产生不同影响。研究表明：葡萄糖（六碳糖）含量能够丰富卷烟香气，提高烟气圆润性；果糖含量有利于烟叶绵延性和甜度提高，并减少杂气；木糖含量有利于提高烟气润感与口感甜味，使香气质感更细腻柔滑。由此可见，对烟草中的单糖含量进行准确检测是实现烟草行业品控分析的重要前提。目前，烟草行业主要通过气相色谱法和高效液相色谱法对烟草中的不同单糖进行定量分析。然而，色谱法需要对糖类化合物进行衍生化或其他固相萃取预分离等前处理后才能分析，操作较麻烦，且仪器成本普遍较高。对于方法对于还原糖（五或六碳糖）来说，其在高温酸性条件下可水解为糠醛和羟甲基糠醛，很容易与显色物质络合并在可见光区域形成特征吸收峰，从而通过简单的紫外/可见光谱法实现快速定量检测。

4.4.1 测量原理

在酸性条件下，间苯三酚会与五碳糖和六碳糖的酸解产物——糠醛、五羟甲基糠醛发生显色反应（见图 4-2）。可知，一分子醛基和一分子间苯三酚会进行亲电取代，生成间苯三酚的糠醛衍生物（化合物 3），在过量酸作用下，化合物 3 中羟基上的氧会进攻缺电子的氢离子，从而形成使羟基变成一个易离去基团，羟基以水的形式脱离。此时，多余的间苯三酚上的富含电子区域就会进攻化合物 4 形成化合物 5。化合物 5 不稳定，容易被氧化使得氢离子被脱去形成碳氧双键，最终得到可供可见光谱仪检测的黄色醌型化合物（化合物 6）。

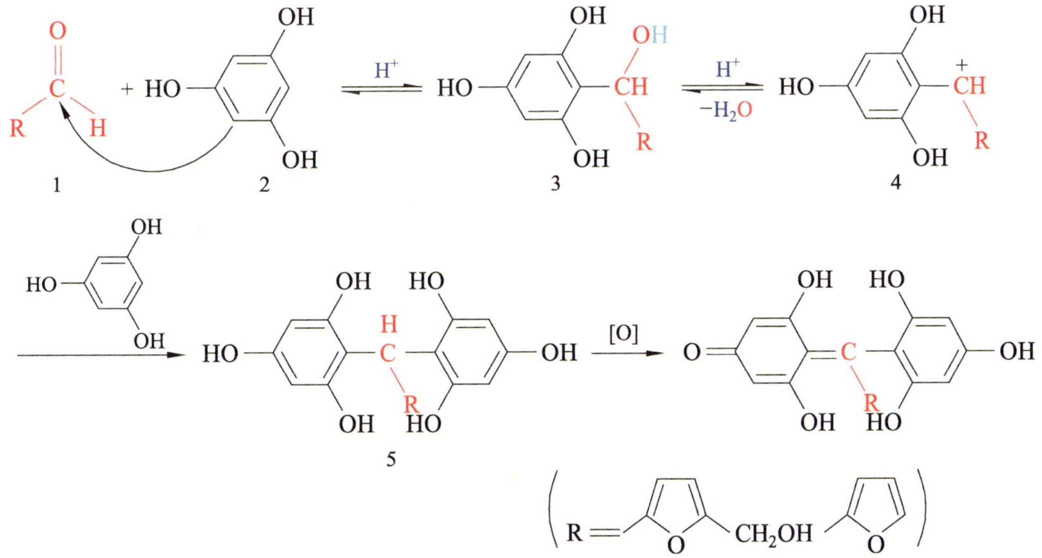

图 4-2　间苯三酚法显色机理

4.4.2　分析试剂

烟叶、烟梗原料与烟草制品 1-7#由云南省昆明市某烟草公司提供，烟草浸提液参考国家标准 YC/T31—1996 处理得到。

本文所使用的所有化学品，包括乙酸、盐酸、间苯三酚等都是分析级，均可由商业途径获得。标准糖样品 D-葡萄糖（99%）与 D-木糖（99%）为生化试剂，购自上海阿拉丁试剂有限公司。

标准糖溶液的配制：分别配制 10.00 mmol/L 的葡萄糖与木糖储备母液，然后稀释得到浓度范围为 0.01 ~ 2 mmol/L 的标准溶液。总糖溶液由上述两种糖液随机等体积混合得到。

4.4.3　实验方法与步骤

单糖水解反应：移取 1 mL 标准糖或样品溶液于 25 mL 具塞比色管中，加入 4 mL

浓盐酸与 1 mL 冰醋酸，摇匀后置入沸水浴中反应 40 min，反应完成后立即取出试管，放入冷水中冷却 5 min，以 1 mL 去离子水进行相同的水解反应为空白样。

制备间苯三酚/乙醇显色剂：准确称取 0.4 g 间苯三酚溶于 20 mL 无水乙醇中，混合均匀后静置，待溶解完全后备用，每次实验现配现用。

显色反应：移取 1 mL 显色剂溶液加入到冷却好的水解液中，迅速摇匀后置于 Agilent-8453 型紫外-可见分光光度计中进行全波长扫描，以空白样进行上述相同的反应过程作为参比。

HPLC 法对比：方法对比采用高效液相色谱法，仪器工作条件为采用 UV-Vis 检测器和岛津 C18 分析柱（Shimadzu，4.6 mm × 250 mm，5 μm），测量在 Dionex UltiMate 3000 系统（Thermo Scientific，Waltham，MA，USA）上进行；柱温 45 ℃；流动相为纯乙腈与 0.05 M 磷酸缓冲溶液（pH=6.8）；进样量 1 μL；紫外检测波长为 245 nm。

4.4.4 方法优化

将 0.1 mmol/L 木糖（代表五碳糖）与葡萄糖（代表六碳糖）溶液经 4.4.3 步骤后，以波长为横坐标，吸光度为纵坐标分别绘制在可见光区的吸收光谱，结果如图 4-3 所示。木糖和葡萄糖与间苯三酚显色剂反应后，分别在波长 478 nm、470 nm 处有最大吸收。木糖、葡萄糖与间苯三酚发生显色反应的官能团为脱水反应生成的醛基，二者由于结构差异导致特征吸收峰产生偏移。而相同浓度的木糖与葡萄糖溶液水解后，木糖表现出来的特征吸收比葡萄糖要高得多。因此，选择 478 nm 作为测定木糖的波长，470 nm 作为测定葡萄糖的波长。为使吸收峰强度适宜，在后续实验中选择 0.1 mmol/L 木糖、1.0 mmol/L 葡萄糖溶液进行优化。

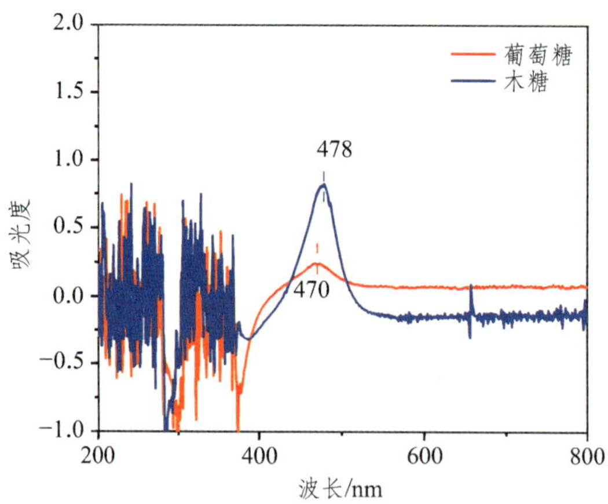

图 4-3 木糖和葡萄糖溶液的紫外-可见原始光谱

为对脱水过程参数进行优化，对浓酸用量、水解时间、水解温度三个参数进行最优条件探讨，实验结果如图 4-4 所示。浓盐酸用量在 3.5 mL 到 4 mL 之内葡萄糖和木糖溶液均有较高的吸光度，为了保证充分反应，选择 4 mL 作为浓盐酸的最佳添加量。当水解时间从 10 min 增加到 30 min 时，吸光度呈现快速的上升趋势并在 40 min 时达到顶点，这是由于浓盐酸所提供的温和反应环境导致反应时间延长所致。但是，当水解时间超过 40 min 后，吸光度呈下降趋势；这是由于糠醛与羟甲基糠醛在高温条件下稳定性较差，容易发生交叉聚合与自聚合反应。所以此方法对应的最佳水解时间为 40 min。随着温度从 60 ℃升到 100 ℃，糖组分样品溶液的吸光度也在不断升高。但是，当水解温度达到 110 ℃时，水解液的吸光度却显著下降，并且发现水解液变浑浊。据此，可以猜测在高压高温条件下部分糖组分可能发生了碳化反应。因此，100 ℃沸水浴为最优的水解温度。

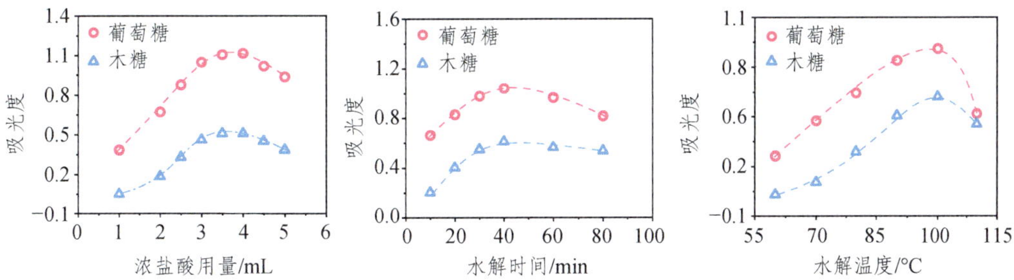

（a）浓盐酸用量　（b）水解时间　（c）水解温度对可见光谱分析的影响

图 4-4　实验结果

4.4.4　标准工作曲线绘制

分别配制浓度为 3、2.5、2、1.5、1.0、0.5、0.1、0.05、0.01 mmol/L 和 1.0、0.75、0.5、0.4、0.25、0.1、0.05、0.01 mmol/L 的葡萄糖与木糖的标准溶液（见图 4-5）。在葡萄糖浓度范围在 0.10 ~ 0.80 mmol/L 时标准曲线的线性关系良好，其方程为 $Y=1.4138x-0.0196$，决定系数 $R^2=0.9939$。在木糖浓度范围在 0.05 ~ 0.4 mmol/L 时标准曲线的线性关系良好，其方程为 $y=4.3425x+0.0191$，决定系数 $R^2=0.996$。由于该方法的灵敏度较高，当糖溶液的浓度较高时吸光度会偏离朗伯-比尔定律，可以进行适当的稀释后再进行检测。

4.4.5　偏最小二乘法回归分析建模及模型验证

如前所述，本方法可显著提高葡萄糖的检测灵敏度。然而，木糖也会在该条件下显色，且显色后的特征吸收峰位置十分接近，如图 4-6（a）所示。显然，测定上述两种糖组分时，其会相互影响彼此的测量准确性。图 4-6（b）为不同浓度的葡萄糖和木糖显色后的可见光谱，可以看出相同摩尔浓度的葡萄糖和木糖经显色反应后没有一个固定的等摩尔吸收波长，因此难以采用常用的双波长技术建立准确的量化关系。为了实现同时分析两种糖组分与显色结果的交互作用，需要采用多维数据分析方法进行校正。

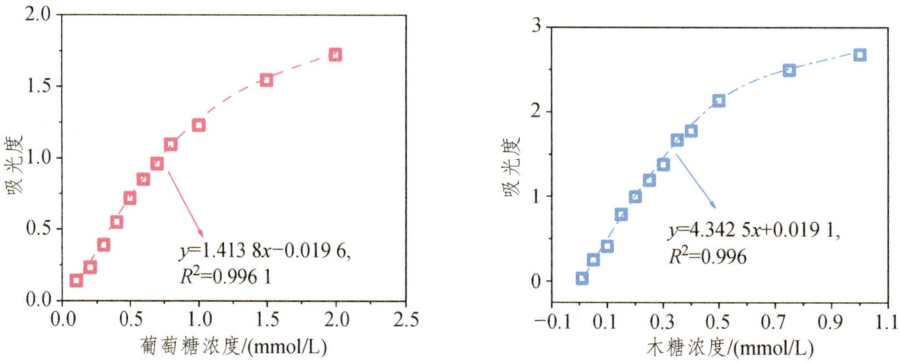

（a）葡萄糖　　（b）木糖

图 4-5　标准关系曲线

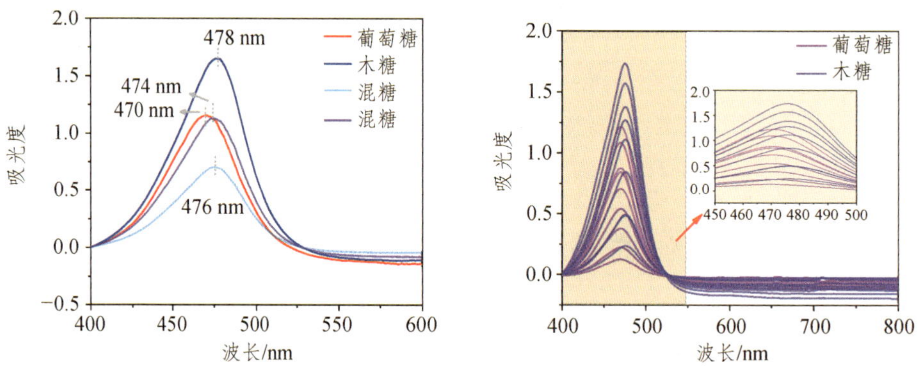

（a）单糖与混糖　　（b）0.1 ~ 1.0 mmol/L 葡萄糖（间隔 0.1）与 0.05 ~ 0.5 mmol/L 木糖（间隔 0.05）

图 4-6　紫外-可见原始光谱

本节使用偏最小二乘法回归（PLSR）对烟草样品中混合糖对应的紫外吸收光谱数据进行了分析，分析过程通过数据分析软件实现。设 20 组不同混糖溶液中木糖与葡萄糖的浓度构成的数据矩阵 X 为自变量，样品对应的紫外光谱吸光度信号值构成的数据矩阵 Y 为因变量。则自变量数据集．$X=\{x_1,x_2\}_{20\times2}$．和因变量数据集 $Y=\{y_1,y_2,\ldots,y_{20}\}_{20\times1}$ 可表示成如下所示的线性模型：

$$Y=X\cdot \boldsymbol{Z}+\boldsymbol{E}$$

式中，$\boldsymbol{Z}$ 为回归系数矩阵，$\boldsymbol{E}$ 为残差矩阵，则其最小二乘解为

$$Z=(XTX)^{-1}\cdot XT\cdot Y$$

将浓度数据矩阵 **X** 和吸光度信号值矩阵 **Y** 分别采用 NIPALS 算法做双线性分解，分解成的特征向量表达式为：

$$X=T\cdot PT+F$$

$$Y=U\cdot QT+E$$

式中，**T** 和 **U** 分别为矩阵 *X* 和 *Y* 的得分矢量，**P** 和 **Q** 则分别为它们的特征矢量，**F** 为残差矩阵。其中，**T** 和 **U** 需满足尽可能多地携带浓度数据矩阵、吸光度信号值矩阵中的变异信息，且其相关程度均达到最大的要求。

为了评价上述模型的精确度，本节通过相同实验条件下得到的预测数据和实际数据的内外部验证分析，如图 4-7（a）所示。可知经所建立的模型预测的数据与实际实验结果高度一致（R^2 为 0.994 7）。说明在本文选取的实验参数范围内，该模型可以有效地预测混糖中木糖与葡萄糖的含量。另外，为了进一步分析预测模型的稳健性，本节还研究了预测值和测量值之间的相对偏差（RD），如图 4-79（b）所示。可以看出，实际的实验数据模型预测的数值之间的相对偏差大多在 10%以内，且在零线附近随机分布。该检验结果说明了本节所建立的模型具有良好的稳健性，可以应用于改进后的间苯三酚法定量测量混糖溶液中五碳糖和六碳糖的含量。

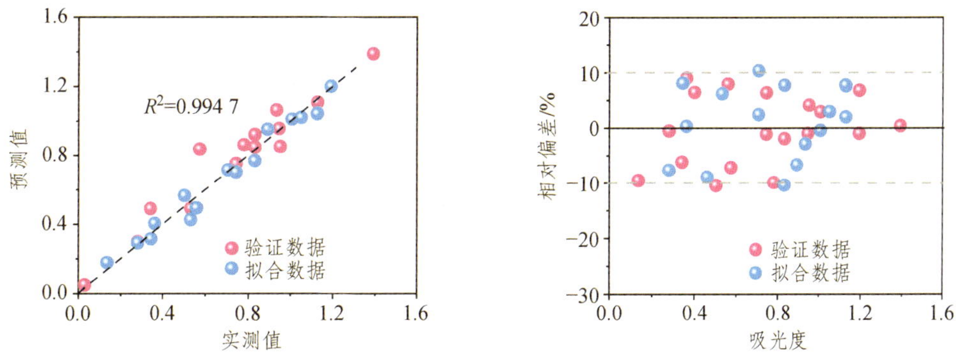

（a）PLSR 模型预测数据与实测数据的相关性分析　　（b）吸光度预测值与实测值之间的偏差值

图 4-7　评价模型的精确度

4.4.6　方法验证

对本分析方法的灵敏度、精密度和回收率进行了逐一验证。

方法的灵敏度测定方法如下：取最低浓度标准工作液，重复测定 10 次的标准偏差（SD），葡萄糖溶液为 0.000 6 mmol/L，木糖溶液为 0.002 4 mmol/L，按照 3 倍 SD、10 倍 SD 计算得出本方法对葡萄糖溶液的检出限和定量限分别为 0.001 7、0.005 7 mmol/L，对木糖溶液的检出限和定量限分别为 0.007 2、0.024 mmol/L，表明该方法的灵敏度令人满意。

精密度的测定将葡萄糖和木糖的三个样品分别连续检测 3 次，结果见表 4-5。可知，批内变异系数的范围为 0.69% ~ 3.03%，说明该方法的精密度高。

表 4-5　方法的精密性

样品编号	含量/（mmol/L）	平均值/（mmol/L）	批内变异系数/%
葡萄糖	0.145 4/0.144 4/0.142 5	0.144 1	1.04
	0.197 2/0.191 1/0.187 3	0.190 4	1.45
	0.245 4/0.240 9/0.235 2	0.240 5	2.13
木糖	0.128 6/0.126 7/0.124 0	0.126 4	1.81
	0.198 8/0.197 5/0.196 1	0.197 5	0.69
	0.236 8/0.248 9/0.250 3	0.245 4	3.03
混糖	0.316 7/0.325 4/0.325 8	0.322 6	1.59
	0.567 0/0.571 2/0.571 0	0.569 7	0.42
	0.911 6/0.901 9/0.888 9	0.900 8	1.26

回收率的检验通过在已知含量的样品溶液进行相同实验，比较实测值和理论值得到。实验结果见表 4-6，结果表明，采用本方法所测总糖、木糖和葡萄糖的回收率范围均在 95% ~ 105%内，说明该检测方法结果准确、可靠。

表 4-6　加标回收率

样品编号	总糖			葡萄糖			木糖		
	理论值/（mmol/L）	测定值/（mmol/L）	回收率/%	理论值/（mmol/L）	测定值/（mmol/L）	回收率/%	理论值/（mmol/L）	测定值/（mmol/L）	回收率/%
1	0.438	0.427	102.9	0.144	0.143	99.3	0.120	0.120	99.7
2	0.484	0.482	100.4	0.194	0.190	97.9	0.170	0.172	101.2
3	0.837	0.864	96.7	0.244	0.236	100.0	0.220	0.224	101.8

4.4.6　方法对比

为了验证本方法与其他方法的测量结果一致性，本节还采用了常规的 PMP 衍生化高效液相色谱（HPLC）法对 1 ~ 7 组不同烟草制品中的糖含量进行了测定和对比，结果见表 4-7。可知，两种方法测定的 9 个样品中葡萄糖与木糖含量相对偏差均在 10%以内，表明该方法可用于测定烟草制品中的葡萄糖含量。

表 4-7　两方法比较实验结果（n=3）

样品编号	本方法测糖/（mmol/L）		HPLC 法测糖/（mmol/L）		相对偏差/%	
	葡萄糖	木糖	葡萄糖	木糖	RD1	RD2
1	0.29	—*	0.28	—*	3.69	
2	0.53	—	0.54	—	-2.09	
3	0.49	—	0.47	—	3.11	
4	0.51	—	0.46	—	4.79	—
5	0.43	—	0.41	—	5.41	
6	0.75	0.10	0.67	0.08	9.96	4.13
7	0.46	0.05	0.44	0.05	4.33	2.41
8	0.48	0.09	0.45	0.07	5.69	8.85
9	0.21	0.18	0.15	0.16	6.44	5.17

注：*表示未检测到；样品编号所代表样品具体信息为：1～4 国内不同品牌的烟草薄片样品；5 国内某品牌卷烟烟丝样品；6 国内某烟梗原料；7 国内某品牌造纸法再造烟叶；8～9 自制混糖溶液。

4.5　紫外分光光度法测定转基因烟草叶片中白藜芦醇的含量[25]

植物在生长过程中不可避免地受到紫外线的照射，少量的紫外线不会影响植物的生长。但随着紫外线强度不断增加，会引起 DNA 分子不正常的结合，导致细胞分裂受阻，从而影响植物生理生化功能，抑制其生长，给农业生产带来危害。作为一种重要的植保素，白藜芦醇（Res）在紫外线伤害等因素诱导下可以在植物中大量积累，对 DNA 损伤有明显保护作用，可以提高植物抗紫外胁迫的能力。白藜芦醇合成酶（RS）的表达水平与 Res 的含量直接相关。因此，通过导入外源 RS 基因来提高作物在紫外照射及不良环境下白藜芦醇的含量，从而提高作物对紫外照射等环境胁迫的抵抗力及耐受性。因此建立一个简便而准确地测定转基因烟草叶片中痕量白藜芦醇的方法是十分需要的。下面介绍一种利用紫外分光光度计测定转基因烟草叶片中白藜芦醇含量的方法。

4.5.1 仪器与试剂

U-3000 紫外分光光度计（日本日立），SK82OH 超声波处理仪（上海科导），电子天平。

如无特殊要求，所用试剂均为分析纯，实验用水为去离子或蒸馏水。

4.5.3 测试步骤

0.108 mg/mL 对照品溶液制备：准确称取白藜芦醇对照品 5.4 mg 于 50 mL 容量瓶中，用色谱甲醇定容即可。

供试品溶液的制备：准确称取 1.0 g 新鲜烟草叶片经液氮研磨后，置于 10 mL 90% V/V 的乙醇溶液中，混匀后用超声振荡器处理 30 min；过滤一次后，所得残渣再次用上述乙醇溶液经超声萃取一次，条件完全相同。将两次滤液混合即为供试品溶液。

最大波长确定：将白藜芦醇对照品和供试品溶液在 200 ~ 500 nm 处进行波长扫描，并参照前人在 305 ~ 310 nm 波长范围内出现最高峰的测定结果，确定白藜芦醇的检测波长为 306 nm。

标准曲线绘制：准确吸取对照品溶液 0、0.3、0.6、0.9、1.2、1.5 mL 分别溶于 6 个 10 mL 容量瓶中，用色谱甲醇定容后可制成 0、3.24、6.84、9.72、12.96、16.20 g/mL 的系列对照品溶液。以甲醇作空白参比，分别测定各对照品溶液在 306 nm 处的吸光度值，并以吸光度对浓度进行线性回归，得到线性回归方程：

$$y=0.1469x-0.0009\ (R^2=0.9989) \tag{4-2}$$

4.5.4 白藜芦醇含量的计算

完全参照上述过程进行新鲜烟草叶片的前处理操作，将所得待分析溶液采用相同仪器、相同操作模式测定其在 306 nm 处的吸光度，代入式（4-2）后即可得到样品溶液中的白藜芦醇含量，乘以烟草质量对溶液稀释倍数之间的换算因子即可得到烟草样品中白藜芦醇的准确含量。

5　烟气化学成分的紫外-可见光谱法分析

卷烟烟气的化学成分极其复杂，包含了数千种化合物，既有烟草本身含有的成分，也有燃烧过程中产生的独特成分。这些化学成分对吸烟者产生了深远的影响，既有正面的短暂效应（尽管这些效应往往是误导性的），也有长期的负面影响。烟气的主要化学成分包括尼古丁、焦油、一氧化碳、挥发性化合物（包括短链烃类、酯类、呋喃类等），甚至放射性物质和有害金属等。尼古丁能刺激中枢神经系统，产生短暂的兴奋感和愉悦感，使吸烟者误以为吸烟能缓解压力或提神醒脑。然而，这种感觉是暂时的，且长期吸烟会导致耐受性增加，需要更多的尼古丁才能达到相同的效果，因此而使吸烟者难以戒除烟瘾。此外，焦油和一氧化碳等有害物质会损害呼吸道黏膜，导致慢性支气管炎、肺气肿等呼吸系统疾病，长期吸烟甚至还会增加患肺癌和喉癌风险。而且，烟气中的尼古丁和一氧化碳会导致血管收缩、血压升高、心跳加快等生理反应，长期吸烟会增加患高血压、冠心病、中风等心血管疾病的风险。最后，吸烟还会影响消化系统、生殖系统等多个系统的健康，如导致消化性溃疡、男性不育等问题。随着社会对吸烟与健康的关注，需要首先确定烟气化学成分的分析检测方法，这对于卷烟主流或侧流烟气成分与人体健康保障之间的相关关系研究至关重。上一章已对烟草及制品中烟碱（即尼古丁）含量的连续流动注射技术耦合紫外-可见光谱分析方法进行了介绍，这里将介绍基于电荷转移法的烟碱分析过程。下面将主要从焦油、烟碱含量的紫外光谱测定方法进行介绍，具体如下。

5.1　卷烟侧流烟气中焦油和烟碱测定的前处理过程[26]

5.1.1　依据标准

依据烟草行业标准 YC/T 185—2004《卷烟 侧流烟气中焦油和烟碱的测定》中的相关规定，在测定本指标前，需首先随机抽取样品、调节烟支。然后，采用常规分析吸烟机，按照国家标准 GB/T 16450—2004《常规分析用吸烟机 定义和标准条件》抽吸卷烟，但是不要采用有关烟支周围环境风速控制的规定，而是按照图 5-1 和图 5-2 进行通道改装，即在每通道各安装 1 个玻璃鱼尾罩、侧流烟气捕集器（装有 44 mm

玻璃纤维滤片）和 125 mL 吸收瓶。改装后，每个通道在鱼尾罩下方安装一块水平板。该水平板可遮住鱼尾罩整个下端开口部分，最小长度为 120 mm，最小宽度为 50 mm（参见图 5-2）。以此系统来收集侧流烟气冷凝在鱼尾罩内上和捕集在侧流烟气捕集器上的总粒目物以及在吸收瓶中的烟碱或焦油。

5.1.2 前处理仪器与耗材

前处理仪器与耗材主要包括：（1）符合 GB/T 16450—2004《常规分析用吸烟机定义和标准条件》规定的常规分析用吸烟机和配置有 5.1.1 所述的鱼尾罩、水平板以及吸收瓶的烟气捕获系统；（2）真空泵和流量控制装置（可使通过鱼尾罩和侧流烟气捕集装置的流量保持为 3 L/min）；（3）气体流量计（精度 0.2 L/min）；（4）初级流量计（精度 0.1 L/min），用于在抽烟之前测定流经鱼尾罩的空气流量；（5）测定抽吸持续时间和抽吸频率的仪器；（6）分析天平（精度 0.1 mg）；（6）调节箱，可保持 GB/T 16447 规定的条件；（7）长度测量仪（精度 0.5 mm）；（7）吸阻仪，满足 YC/T28.5—1996《卷烟物理性能的测定 第 5 部分：吸阻》的要求；（8）密封装置，由与捕集器相同材料制成的捕集器端帽；（9）小型振荡仪（200 r/min）；（10）棉质或无滑石粉手套等。

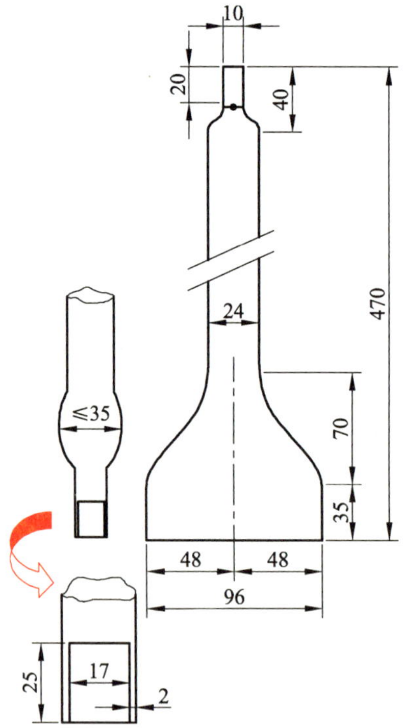

图 5-1 鱼尾罩尺寸

（注：玻璃厚度为 2 mm，图中数字单位均为 mm）

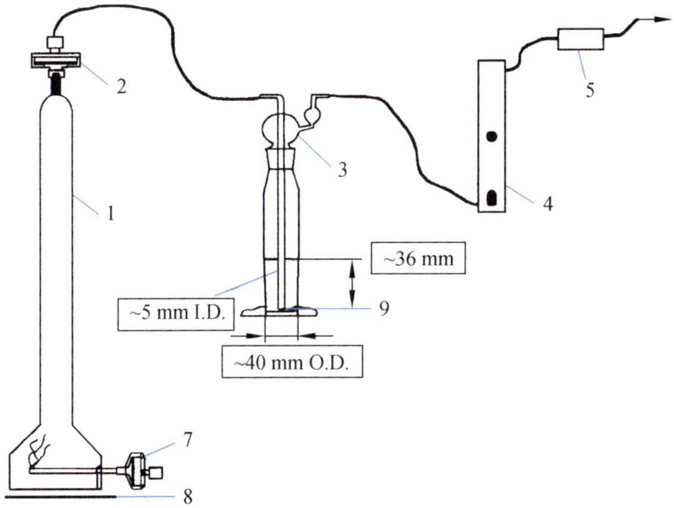

1—鱼尾罩；2—侧流烟气捕集器；3—吸收瓶；4—流量计；5—流量调节控制阀；6—接真空泵；
7—主流烟气捕集器，接吸烟机；8—水平板，接烟灰板，最小尺寸 120 mm × 50 mm；
9—吸收瓶中玻璃管，距瓶底 5 mm。

图 5-2　侧流烟气收集系统

5.1.3　前处理试剂

无特殊规定，使用试剂均为分析纯级别。

5.1.4　前处理步骤

（1）样品准备。

抽吸卷烟的准备：按 GB/T 5606.1—2004《卷烟　第 1 部分：抽样》随机从待测样品的每个包装中抽取尽量相等数量的卷烟，剔除有明显缺陷的烟支，抽取卷烟的总数应至少为抽吸烟支数的 2.5 倍。然后用相同方法再抽取 50 支卷烟用于物理参数的测试。

调节样品和标记烟支的烟蒂长度：按 GB/T 19609—2024《卷烟　用常规分析用吸烟机测定总粒相物和焦油》中指定的方法调节烟支和滤片水分，并确定和标记抽吸卷烟的烟蒂长度。调节和测试大气应符合 GB/T 16447—2004《烟草及烟草制品　调节和测试的大气环境》的规定。

烟支的挑选：根据分析研究的目的要求，若需对烟支进行质量或吸阻（或其他参数）的挑选，则挑选不应作为减少抽吸烟支数的理由。

吸烟前的预测试：测试报告可能需要数据：① 调节过卷烟的平均质量（50 支卷烟的平均值，g）；② 调节过卷烟的平均吸阻（按照 YC/T28.5—1996《卷烟物理性能

的测定 第 5 部分：吸阻》测定）。

（2）吸烟准备。

抽吸：对于常规测定，每个牌号抽吸 24 支卷烟。常规测试不必采用抽吸方案；非常规测试应根据测试目的要求不同，可以选择合适的抽吸方案进行抽吸（具体参见烟草行业标准 YC/T 185—2004《卷烟 侧流烟气中焦油和烟碱的测定》附录 C）。

吸烟机准备：按 GB/T 19609—2024《卷烟 用常规分析用吸烟机测定总粒相物和焦油》进行吸烟机准备，主要是称取装好滤片的侧流烟气捕集器的质量。由于烟气捕集器和溶剂吸收水分，应测定空白样品水分。按照准备捕集侧流烟气用捕集器的方法准备另外的捕集器用于水分空白测定。

安装侧流烟气捕集装置：将鱼尾罩安装在可调节高度的固定架上。该固定架能控制鱼尾罩上升到高位置（吸烟准备位位置）、下降到低位置（侧流烟气捕集位置）。高位置应足够高方便插入烟支和取下烟蒂。在低位置时，应用合适的尺子测量，并调节鱼尾罩距吸烟机上的水平板 6 mm。按照图 5-2 安装侧流烟气捕集装置。将侧流烟气捕集器通过合适的连接器或小段真空管连接在鱼尾罩上端。移取 40 m 萃取剂于吸收瓶中，将吸收瓶通过尽可能短的软管与侧流烟气捕集器连接。软管应采用聚氯乙烯管或聚乙烯管，不用橡胶管或硅化橡胶管。再将吸收瓶出口与相应的真空系统相连。

鱼尾望气体流量的设定：打开真空泵，将初级流量计连接于侧流烟气捕集器入口处，通过流量控制装置尽快调节流量至（3±0.1）L/min。如果用皂沫流量计作为初质量计，侧流烟气滤片可能在流量调节过程中吸收水分，应在吸烟开始前重新称取侧流烟气捕集器的质量。关闭真空泵。将侧流烟气捕集器与鱼尾罩重新连接好。

插入烟支：把卷烟插入主流烟气捕集器。插入时，应避免漏气或使烟支变形。有明显缺陷或插入时损伤的烟支均应弃去，并由调节好的备用烟支替代。确保卷烟位置正确。调整卷烟使燃烧锥到达烟蒂标记处时启动抽吸终止装置。如果用烧断纯棉线的方法终止抽吸。则棉线应在烟蒂标记处刚好接触到烟支而不改变其位置。调整卷烟，使卷烟水平地位于鱼尾罩的中央，而鱼尾罩尽可能多地盖住卷烟。烟支燃烧端与如果烟支超长，则应在抽吸过程中沿着卷烟纵轴移动鱼尾罩。烟支中鱼尾望前壁距离不少于 5 mm。心轴线应距鱼尾罩下缘至少 15 mm。

（3）抽吸卷烟。

打开真空泵，将抽吸口数计数器清零，从第一口开始计数，点燃烟支后马上将鱼尾罩下降至低位置。当卷烟燃至烟蒂标记处时，快速移开鱼尾罩，从烟支上取下燃烧锥并记录口数。为保证侧流烟气捕集完全，保持真空泵继续抽吸至少 30 s。避免人为移动烟灰，以免干扰卷烟燃烧,应让烟灰自然落到烟灰盘上。立即插入新的卷烟，重复抽吸过程，直至将预定数量的卷烟（一般为 3 支）抽吸完毕。立即按下一步骤规定测定总粒相物。

（4）侧流烟气捕集器的处理。

戴上手套，取下侧流烟气捕集器，按 GB/T19609—2024《卷烟　用常规分析用吸烟机测定总粒相物和焦油》测定总粒相物。检查每个滤片背后是否有因穿滤或破损造成的黄斑，若有应弃去。如果总粒相物质量超过玻璃纤维滤片承载量，则应减少抽吸烟支的数量，同时在计算时予以调整。

用镊子打开烟气捕集器，把滤片折成 1/4 大小，使有粒相物的一面朝内。把滤片移至干燥的三角瓶中。另取 1/4 张滤片擦拭烟气捕集器的内表面，放入三角瓶中，使有粒相物的一面朝上。

每个三角瓶中加 20 mL 萃取剂，立即加盖。在震荡机上轻轻震荡至少 20 min，确保不要将滤片振碎。可以调整震荡时间以保证总粒相物中的烟碱和水分萃取完全。按同样方法处理测定水分的空白烟气捕集器。

三角瓶中的溶液按 YC/T 156—2001《卷烟　总粒相物中烟碱的测定　气相色谱法》或其他具有参考价值的方式测定烟碱，按 YC/T 157—2001《卷烟　总粒相物中水分的测定　气相色谱法》测定水分，按下述相关步骤估算鱼尾罩中的焦油。值得说明的是，本方式也可同时进行主流烟气测定，但测定值仅用于检定抽吸过程，不作质量指标。

（5）鱼尾罩的淋洗以及鱼尾罩上焦油和烟碱的测定。

用萃取剂淋洗鱼尾罩，收集洗液于 50 mL 容量瓶中，定容。淋洗液按 YC/T 156—2001《卷烟　总粒相物中烟碱的测定　气相色谱法》或其他认可方式测定烟碱，按下一步骤规定估算鱼尾罩中的焦油。

吸完毕后应尽快淋洗，如冷凝在鱼尾里内壁上的总粒相物不能轻易洗脱，可用玻璃棒小心擦洗。

5.2　卷烟侧流烟气中焦油量的计算[26]

5.2.1　测算依据

估算原理：在 310 nm 波长处，烟碱和水基本不被吸收。测定适当稀释后的鱼尾罩淋洗液和侧流烟气玻璃纤维滤片萃取溶液在此波长处的紫外吸光度，通过吸光度的比值、初始体积和稀释倍数，来估算冷凝在鱼尾罩壁上的焦油。

5.2.2 测定步骤

侧流烟气滤片萃取溶液和鱼尾罩淋洗液的紫外光谱分析：打开紫外光谱仪预热60 min，设定波长为310 nm；用异丙醇校零，测定该波长下侧流烟气滤片萃取溶液和鱼尾罩淋洗液的吸光度。

必要时，用异丙醇稀释侧流烟气滤片萃取溶液和鱼尾罩淋洗液至一定范围，使测定时吸光度不超过0.75 AU。记录吸光度和稀释倍数，按式（5-1）计算鱼尾罩中侧流烟气焦油。对于不同卷烟，烟草行业标准 YC/T 185—2004《卷烟 侧流烟气中焦油和烟碱的测定》附录B中已给出了相应的稀释比例和换算因子。

鱼尾罩淋洗液和侧流烟气滤片萃取溶液应在抽完烟后36 h内测完。

5.2.3 测定结果分析

鱼尾罩中的焦油 G，以每支卷烟的毫克数表示，按式（5-1）计算：

$$G_{\mathrm{c}} = G_{\mathrm{p}} \times a_2 \times d_2 \times 50 / \left(a_1 \times d_1 \times 20\right) \tag{5-1}$$

式中：

a_1——侧流烟气滤片萃取液稀释后的吸光度；

a_2——鱼尾罩淋洗液稀释后的吸光度；

d_1——侧流烟气滤片萃取溶液的稀释倍数；

d_2——鱼尾罩淋洗液的稀释倍数；

50——鱼尾罩淋洗液的初始体积；

20——侧流烟气滤片萃取溶液的初始体积。

侧流烟气捕集器中的焦油 G，以每支卷烟的毫克数表示，按式（5-2）计算：

$$G_{\mathrm{p}} = T_{\mathrm{p}} - N_{\mathrm{p}} - W_{\mathrm{p}} \tag{5-2}$$

5.2.4 测试报告要求

测试报告应说明使用的方法和得到的结果，还应包括本方法未规定的或选择性的条件，以及可能影响结果的环境条件。测试报告应包括样品的唯一性资料。一般应有下述的内容：

（1）卷烟的唯一性资料。

应给出样品的唯一性资料。对于商品卷烟，应包括：制造商名称、产品名称、烟支规格。

（2）采样信息。

采样日期、采样地点、采样基数。

（3）测试说明。

依据本标准、测试日期、吸烟机型号、烟蒂长度。

（4）测试结果。

所有项目均以算术平均值为最终结果。试验结果的表述取决于测试目的和试验精度，数据修约前应计算并表述出置信区间。具体应包括：烟支平均质量和平均吸阻、接装纸平均长度（精确至 0.1 mm）、抽吸口数（精确至 0.1 puff）、侧流烟气总粒相物质量（精确至 0.1 mg）；侧流烟气总粒相物中水分（精确至 0.1 mg）、侧流烟气烟碱量（精确至 0.1 mg）、侧流烟气焦油量（精确至 0.1 mg）。

5.2.5　方法重复性与再现性

根据标准 YC/T 185—2004《卷烟 侧流烟气中焦油和烟碱的测定》描述，本方法测定了 7 种卷烟侧流烟气中焦油含量时的重复性值（*r*）和再现性值（*R*），如表 5-1 所示。对相应卷烟样品而言，正常使用该方法时，同一操作者采用相同仪器设备在最短的时间间隔内仍会导致两个结果上的差异，此差异也会出现超过重复性值（*r*）的情况。但是，平均每 20 次不可超过一次。而且，正常使用该方法时，对相应卷烟样品而言，两个实验室所得结果超过再现性值（*R*）的情况也是平均每 20 次不超过一次。

表 5-1　7 种卷烟的侧流烟气中焦油含量分析结果

卷烟样品	侧流烟气总焦油/（mg/支）		
	平均值	*r*	*R*
A	13.97	2.66	4.64
B	27.14	3.74	4.89
C	20.40	3.15	5.27
D	22.04	2.96	4.39
E	27.25	3.88	6.15
F	21.58	3.84	5.11
CM3	27.04	3.84	5.44

注：计算 *r* 和 *R* 时，一次测定结果指单次抽吸 3 支卷烟所得的结果。每种卷烟需由同一实验室测定 8 次。

5.3 卷烟侧流烟气中烟碱含量的计算[27]

根据 5.1.4 中前处理步骤进行卷烟侧流烟气中的烟碱捕获实验。前处理后，吸收瓶溶液中的烟碱测定步骤可依据以下步骤：首先，将吸收瓶溶液移入 50 mL 容量瓶。然后，用少量异丙醇清洗吸收瓶以及吸收瓶与侧流烟气捕集器之间的连接管，洗液需全部转入容量瓶中。定容后，所得溶液按 YC/T 156—2001《卷烟 总粒相物中烟碱的测定 气相色谱法》或其他认可方式测定烟碱。烟碱含量的计算按初始体积为 40 mL。这里将重点介绍测定烟碱用的基于电荷转移式的紫外-可见光谱法。具体如下。

5.3.1 测量原理

烟碱作为一种富电子物质（含有两个含氮杂环：吡啶环和吡咯环）容易与缺电子物质[如 2, 4—二硝基苯酚（2, 4-dinitrophenol, DNP）]发生电荷转移反应，形成稳定的 1∶1 n→π 荷移反应配合物，且在可见光区有独特的吸收峰和高摩尔吸收系数。

5.3.2 检测仪器与试剂配置方法

UV-Vis 8500 紫外/可见分光光度计（上海天美科学仪器有限公司）、AY120 型电子天平（SHIMADZU COOPERATION）。

所用试剂均为分析纯，包括但不限于烟碱（天津一方科技有限公司）、DNP（上海虹光化工厂）、无水乙醇（天津市大茂化学试剂厂）。分析用水均为二次蒸馏水。

烟碱标准溶液配置步骤如下：精确称取适量烟碱于小烧杯中，加少量乙醇溶解后再完全转移至 100 mL 容量瓶中，最后用乙醇定容即可配成烟碱标准储备溶液。使用时，移取一定量储备液，用乙醇稀释成系列标准工作液。

1.2 mg/mL 的 DNP 溶液的配置步骤如下：称取 0.12 g DNP，置于小烧杯中后用适量乙醇溶解，然后再完全转移至 100 mL 容量瓶中，最后用乙醇定容即可。

5.3.3 分析步骤

取一定量的烟碱标准溶液或样品溶液 1 mL 置于 10 mm 比色皿中，加入 1 mL 的 DNP 标准液后摇匀，使反应充分进行。然后，用紫外-可见光谱仪测定波长在 370 ~ 500 nm 范围的吸光度曲线，并以试剂空白为参比进行相同条件下的光谱扫描。逐渐加入水，每次加入 50 μL，混匀并扫描光谱一次。水的总加入量控制在 2 mL。记录

21 条光谱曲线，每条光谱曲线按 1 nm 的间隔取吸光度值。利用介质组成渐变二阶光谱数据矩阵，用数据分析软件编程计算可得到烟碱含量。

5.3.4 烟碱配合物的溶剂组成渐变光谱矩阵的双线性解析

用一系列具有不同体积比的乙醇-水混合溶剂配制了一系列同一浓度的烟碱配合物溶液，用这些溶液的吸收光谱可组成光谱矩阵 $\boldsymbol{A} = (a_1^t, a_2^t, \cdots, a_i^t, \cdots, a_I^t)t$。矩阵中的矢量 $a_i = (a_{i1}, a_{i2}, \cdots, a_{ij}, \cdots, a_{iJ})$是当混合溶剂中水的体积分数为 x_i 时的吸收光谱矢量，a_{ij} 是其在波长点 λ_j 的吸光系数，t 是转置符号。

对该光谱矩阵进行主成分分析可发现：此光谱矩阵的主成分数为 2（即秩为 2）。这说明烟碱配合物在任意混合溶剂中的光谱矢量 a 均可表达为某两个线性无关的光谱矢量 a_A、a_B 的线性组合，即：

$$a = \delta_A \cdot a_A + d_B \cdot a_B \tag{5-3}$$

式（5-3）中比例系数 δ_A 和 δ_B 与混合溶剂中乙醇和水的体积比有关，同时与矢量 a_A 和 a_B 的选取有关。进一步的研究表明，式（5-3）中的 a_A 和 a_B 可以分别是相同浓度的烟碱配合物在乙醇和水中的吸收光谱矢量。这就表明烟碱配合物在任意比例的混合溶剂中的吸收光谱矢量均可表示为烟碱配合物在纯乙醇和纯水中的吸收光谱矢量的线性组合，即在混合溶剂中的烟碱配合物相当于有两种型体（研究人员称之为乙醇型和水型）。此时，式（5-3）中比例系数 δ_A 和 δ_B 可分别看作是乙醇型烟碱配合物和水型烟碱配合物在混合溶剂中的分布系数，类似于弱酸或弱碱的酸型和碱型在一定 pH 溶液中的分布系数。由于烟碱配合物在任意比例的混合溶剂中的吸收光谱均符合式（5-3），应用光谱矩阵 A 可将式（5-3）扩展为如下矩阵方程：

$$a = \delta_A \cdot a_A + \delta_B \cdot a_B = (\delta_A, \delta_B) \cdot (a_A^t, a_B^t)^{\mathrm{t}} \tag{5-4}$$

式中，$\delta_A = (\delta_{A1}, \delta_{A2}, \cdots, \delta_{Ai}, \cdots, \delta_{AI})^{\mathrm{t}}$ 和 $\delta_B = (\delta_{B1}, \delta_{B2}, \cdots, \delta_{Bi}, \cdots, \delta_{BI})^{\mathrm{t}}$ 分别是乙醇型烟碱配合物和烟碱水型配合物的分布系数矢量，δ_{Ai} 和 δ_{Bi} 则是当混合溶剂中超纯水体积分数为 x_i 时的分布系数。

由式（5-4）可知，烟碱配合物的二阶光谱矩阵 $\boldsymbol{A}$ 可表示为两个双线性数据矩阵的加和。因此，利用介质组成渐变可见吸收光谱二阶数据矩阵，结合秩消失因子分析法和平行因子分析法可以定量检测出吸收液样品中的烟碱含量。

基于最小二乘法，将实验得到的光谱矩阵 $\boldsymbol{A}$ 及烟碱配合物在乙醇和水中的光谱矢量 a_A 和 a_B 带入下式，可以得到分布系数矢量：

$$(\delta_A, \delta_B) = A \cdot \left(a_A^t, a_B^t\right)^t \cdot \left(\left(a_A^t, a_B^t\right)^t \cdot \left(a_A^t, a_B^t\right)^t\right)^{-1} \tag{5-5}$$

将求得的分布系数 δ 对混合溶剂中水的体积分数 x 作图，得到的分布系数-体积分数曲线见图 5-3。

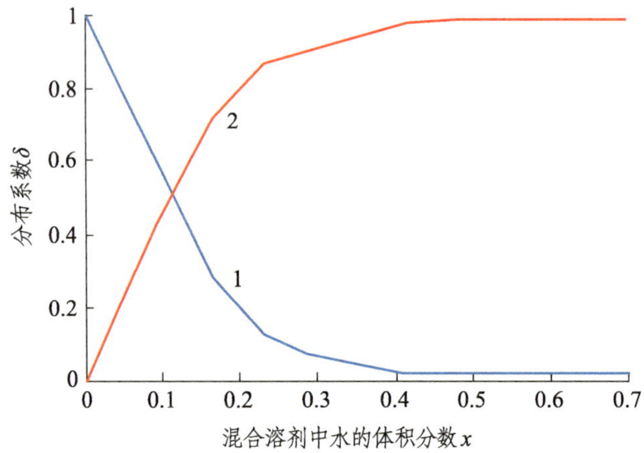

图 5-3 两种型体烟碱配合物的分布系数变化图

5.3.5 PARAFAC 算法校正

在应用 PARAFAC 算法时，常常需要先确定数阵的因子数，才能得满意的结果。因此，研究者提出可应用 Bro 等提出的核一致诊断法（The core consistency diagnostic），其函数式如下：

$$core-consistency=100\left[\left(1-\sum_{i=1}^{N}\sum_{j=1}^{N}\sum_{k=1}^{N}\left(g_{ijk}-t_{ijk}\right)^{2}\right)/\sum_{i=1}^{N}\sum_{j=1}^{N}\sum_{k=1}^{N}t_{ijk}^{2}\right] \quad (5\text{-}6)$$

式中，g_{ijk} 是用 Tucker3 模型得到的核数阵的元素，t 是三维数阵的单位超对角元素，N 是选择计算的因子数。当 N 小于或等于正确的因子数时，函数值接近 1，模型符合三线性；当 N 大于正确的因子数时，函数值接近零，或为负数，模型偏离三线性模型。

Tucker3 模型的分解形式如下：

$$x_{ijk}=\sum_{m=1}^{N}\sum_{p=1}^{N}\sum_{q=1}^{N}a_{im}b_{jp}c_{kq}g_{mpq}+e_{ijk}\left(i=1,\ldots,I;j=1,\ldots,J;k=1,\ldots,K\right) \quad (5\text{-}7)$$

式中，x_{ijk} 与式（5.3-4）中意义相同，a_{im}、b_{jp} 和 c_{kq} 分别是基于主成分分析的载荷矩阵 A、B 和 C 的元素，g_{mpq} 是三维核阵的 G 的元素。

5.3.6 方法评价

由于应用了数学分离代替化学分离，因此本方法无须过多考虑样品中的其他背景干扰物质，方法选择性相对可靠。具体来说，利用本方法测定烟碱标准品时，结果表明本方法的检测范围为 2.5 ~ 25 μg/mL，相对误差小于 5%。通过 11 个平行空白试验，按 3 倍标准偏差得到本方法的检出限为 2.4 μg/mL。

此外，对 4 种合成混合物样品中的烟碱含量也进行了预测，以判断本方法的准确度、精密度和重现性。合成样品是由烟碱和芦丁（背景干扰物）组成的混合物。芦丁是有色化合物，且在烟草中含量丰富。4 种混合样品中，烟碱和芦丁的加入量是随机的，且已知确定量。每种样品平行重复测定 6 次。用 PARAFAC 处理数据，结果见表 5-2。结果表明，本方法的准确性与精密度均很好，运用 PARAFAC 算法，相对标准偏差在 1.9% ~ 2.7%范围内，回收率在 96.3% ~ 104.7%范围内。

表 5-2　合成样品预测集中烟碱检测结果

样品	加入量/（μg/mL）	预测值[a]/（μg/mL）	回收率/%	相对标准偏差/%
1	2.48	2.44	98.4	2.5
2	4.96	4.91	99.0	2.7
3	7.44	7.79	104.7	1.9
4	7.44	7.16	96.3	2.0

注：[a] 六次平行测定的平均值。

利用表 5-2 中的结果，计算了 PARAFAC 算法的平均回收率（AR）、相对预测误差（RPEs）和均方根预测误差（RMSEP），结果分别为 99.6%，3.8%和 0.23。表明该算法适合本节研究的样本检测。三个指标的计算公式如下：

$$AR(\%) = 100 \times \sum_{i=1}^{n} (\hat{c}_i / c_i) / n \tag{5-8}$$

$$RPEs(\%) = 100 \times \left[\sum_{i=1}^{n} (\hat{c}_i - c_i)^2 / \sum_{i=1}^{n} (c_i)^2 \right]^{0.5} \tag{5-9}$$

$$RMSEP = \left[\sum_{i=1}^{n} (\hat{c}_i - c_i)^2 / n \right]^{0.5} \tag{5-10}$$

式中，n 表示预测集样本数，c_i 表示第个样本中烟碱的实际浓度，$\hat{c}_i$ 表示估算浓度。

此外，研究人员还应用本方法测定了 4 种不同烟叶提取液样品，并与高效液相色谱法测定结果进行了对比（表 5-3）。结果表明：本方法测定之结果与 HPLC 法的十分相近。而且，将本算法结果分别与国标法结果做了配对 t 检验，结果也十分满意。

表 5-3　烟叶中烟碱检测结果

样品	此法（PARAFAC）			HPLC 法	
	测定值[a]/（mg/g）	相对标准偏差/%	t 检验[b]	测定值/（mg/g）	相对标准偏差/%
1	8.74	2.2	0.68	8.86	4.3
2	13.17	3.2	0.47	13.03	4.6
3	7.09	2.9	1.13	6.95	3.2
4	9.67	2.2	1.19	9.49	2.9

注：[a] 六次平行测定的平均值；[b] 与 HPLC 法比较，$t_{(0.05,\ 5)}=2.57$

5.4　卷烟主流烟气中及烟蒂截留的焦油含量测定[28]

燃烧过程中，卷烟中的烟草和其他成分会产生焦油（主要产物），其包含多种复杂致癌物质，如苯并芘等，这些物质对人体健康构成严重威胁。此外，焦油还包括数百种有毒物质，这些物质在吸入后会对人体的呼吸系统、心血管系统等造成损害。为了降低主流烟气中焦油对人体的直接伤害，制备商品卷烟时一般会在入口端设置过滤嘴。但是，卷烟抽吸结束后，过滤嘴及未燃尽烟草部分（统称为烟蒂）也会随之丢弃。一般来说，被丢弃的烟蒂无法生物降解，其中的烟碱以及焦油等有毒有害物质仍会对环境造成污染。因此，评价主流烟气中的以及烟蒂截留的焦油成分，不仅对提升烟支感官品吸质量的研究有利，还有助于评价烟蒂废弃物对环境的持续性影响行为。

5.4.1　方法原理及特点

采用模拟卷烟抽吸、二氯甲烷萃取等手段制备得到烟蒂焦油萃取液。由于焦油的二氯甲烷溶液在紫外光谱区域内有 3 个较明显的吸收峰，分别在 228 ~ 232、252 和 284 nm 处[29]。其中，在波长 252 nm 处为最大吸收峰。因此，可利用紫外-可见光谱仪测定其在 252 nm 处的吸光度值，经标准工作曲线计算可得其焦油含量。本法的特点是简单准确、灵敏度高，最低检出极限为 0.02 ppm（百万分之一）。

5.4.2　所用仪器与药品

仪器：751 型分光光度计（其他型号也可）、石英比色皿（光程 10 mm）、分液漏斗（500 mL 和 1 L）、旋转蒸发仪（上海亚荣，RE-52AA）、转盘式吸烟机（德国 Borgwaldt KC，RM20H）以及其他小型常规化验仪器。

药品：若无特别说明，本实验所用商品化试剂均为分析纯。实验过程用水为蒸馏水。待测卷烟试样为：冬虫夏草（规格：54 mm 烟支、30 mm 醋纤滤嘴、圆周 24.3 mm），产自内蒙古昆明卷烟有限责任公司。

5.4.3　测试步骤

（1）烟蒂、主流烟气焦油试样的制备。

试样制备之前，首先将卷烟放置于恒温恒湿箱（温度 22±1 ℃、相对湿度 60%±3%）中 48 h 以平衡水分等烟支物理参数。待烟支平衡后，依据国家标准 GB/T 16450—2004《常规分析用吸烟机定义和标准条件》调整抽吸参数。具体为：在转盘型 20 孔道吸烟机（RM20H）上抽吸卷烟（要求：每轮次抽吸卷烟 20 支，每个孔道抽吸卷烟 1 支），用 ϕ92 mm 剑桥滤片捕集卷烟主流烟气粒相物，保留烟蒂。抽吸结束后，将剑桥滤片、烟蒂分别置于 2 个 150 mL 的三角瓶中，准确添加 60 mL 无水乙醇后，置于超声振荡仪上萃取 30 min。萃取结束后，将萃取液转移至梨形瓶中，再利用旋转蒸发仪旋干后即得到湿焦油，称重备用。

（2）烟气焦油的分离。

称取烟蒂、烟气湿焦油各 0.6 g，分别置于 2 个 150 mL 的三角瓶中，加入 60 mL 二氯甲烷后振荡萃取 30 min。萃取结束后，将萃取液转移至分液漏斗中，用 15 mL 5% HCl 溶液洗脱三次。合并下液层后，再用饱和 NaCl 溶液冲洗 1 次，即可得到烟气焦油的二氯甲烷萃取液。

（3）焦油二氯甲烷萃取液的光谱分析。

将按照上述步骤得到的烟蒂或主流烟气焦油的二氯甲烷萃取液置于紫外-可见光谱仪上，测定其在 252 nm 处的吸光度值，并由下述标准工作曲线计算出萃取液中的标准焦油含量（$V_{标}$）。

（4）标准曲线的绘制。

准确吸取 0、0.5、1.0、5.0、10.0、15.0、20.0 mL 的焦油标准溶液工作液，按照光谱分析步骤依次测定其在 252 nm 处的吸光度值，并绘制出标准工作曲线，计算出相应公式。

5.4.4　结果表达

烟蒂或主流烟气中焦油含量可利于下式计算：

$$C = \frac{V_{标} \times 0.01 \times 1000}{V_{溶}} \tag{5-11}$$

式中，C 为溶液中焦油含量，mg/L；$V_{标}$为标准焦油含量，mL；$V_{溶}$为溶液体积，mL；0.01 为标准焦油容量，mL/mL。

5.4.5 注意事项

二氯甲烷的用量可根据焦油的多寡来适当增减，但是考虑方法的系统误差，二氯甲烷用量及萃取次数必须与绘制标准曲线时的总用量相一致。当然，最后的稀释体积也要计算在内。

由于烟气或烟蒂截留的焦油量一般较少，采用二氯甲烷进行萃取时必须猛烈振荡足够时间，使其充分混合后以保证焦油尽可能地被萃取完全。

6 烟用材料的紫外-可见光谱法分析

烟用材料是指用于加工卷烟或包装卷烟过程中所使用的各种材料,包括卷烟纸、接装纸、滤棒成型纸、条包装纸、内衬纸、封签纸等纸基材料，二醋酸纤维素丝束(或滤棒)、聚丙烯丝束(滤棒)、特种滤棒等过滤嘴材料,增塑剂、胶黏剂、助燃剂、香精、香料、调味剂、保润剂、防霉剂以及其他烟用添加剂。烟用材料是生产卷烟产品不可缺少的重要组成部分，在开发新产品、进行产品结构调整、降焦减害等过程中起着重要的作用，并且还直接影响卷烟产品的质量和生产成本。因此，对于烟用材料质量指标的准确分析是原料采购、过程控制以及产品质量监测环节必不可少的环节。本章将着重介绍紫外-可见光谱分析方法在除烟用添加剂之外的烟用材料,即纸基材料、过滤嘴材料以及烟用爆珠等的质量分析、过程控制方面的应用；紫外-可见光谱技术在烟用添加剂方面的应用将在下一章着重介绍。

6.1 偏最小二乘回归耦合可见光谱法快速测定烟用纸基材料中的 α-纤维素含量[30]

卷烟纸是辅助卷烟材料“三纸一棒”中的重要、部分，承载着卷烟产品的关键形象和文化内涵。卷烟纸浆板是以植物纤维为原料，通过不同加工方法制得的纤维状物质，目前卷烟纸常用浆板是阔叶木纸浆、针叶木纸浆和亚麻纸浆。卷烟纸浆板中的植物纤维是一种天然复合物，主要由纤维素、半纤维素和木质素三种高分子聚合物组成。由于卷烟纸参与卷烟燃烧,这三类高分子化合物结构复杂、分子量较大,导致自身燃烧不充分，可能影响焦油和 CO 的释放量。因此，分析不同纸浆板中纤维素、半纤维素和木质素的质量分数具有重要意义。

漂白纸浆是卷烟纸以及其他烟用纸基材料最常见的纤维素纤维材料，其主要由三种类型的纤维素组分组成，即 α-、β-和 γ-纤维素，分别代表了纤维原料中未降解的纤维素、降解的纤维素，以及超低分子量的降解纤维素和半纤维素。因制备原材料、制浆以及漂白工艺及强度的不同，不同的纤维素纤维原料中三大纤维素组分的含量也各不相同。原料中三大纤维素含量的高低将直接导致其在后续制备纸产品制备过程及产品最终性能。因此，准确测定纤维素纤维中 α-、β-和 γ-纤维素对于判断纤维原料质量、控制及调整纤维素纤维原料制备过程工艺参数是至关重要的。因此，在相关生产企业或科研单位中，需要有一个快速且准确的测定方法来高效分析这些组分的含量。本小节将利用紫外-可见光谱分析技术建立快速且准确的纤维素纤维原料中 α-纤维素含量的检测方法。

6.1.1 测量依据

根据 1912 年 Cross 等学者的提议，α-纤维素含量的定义式可写成

$$C(\%)=\frac{W_\alpha}{W_\alpha+W_s+W_i}\times 100\% \tag{6-1}$$

式中，W_α，W_s，和 W_i 分别表示的是碱不溶性多糖含量，碱溶性多糖含量以及其他杂质含量。

由上述 α-纤维素含量的定义可知，纤维素纤维原料中不管是碱溶性组分，还是抗碱性组分，其基本组成单元都是多糖大分子。烟用漂白纸浆具有高纯度，其杂质含量基本可以忽略不计，因此，有

$$W_\alpha+W_s=100\% \tag{6-2}$$

从而，α-纤维素含量可以通过间接测定碱溶性组分的含量后，利用式（6-1）及式（6-2）计算得出。

此外，碱溶性组分具有在特殊溶剂体系中形成胶体或悬浊液的特性。因此，可以利用浊度分析原理，结合紫外/可见光谱检测技术测定碱溶性组分在特定溶剂中产生的胶体溶液或悬浊液的吸光度即可测得其含量，进而推算出 α-纤维素含量。基于此，本小节主要建立了一种基于可见光谱技术耦合化学统计学处理的快速准确测定纤维素纤维中 α-纤维素含量的方法。具体仪器、试剂耗材及操作步骤与方法优化及评价过程如下。

6.1.2 仪器与试剂

紫外-可见吸光光度计（Agilent，UV 8453，美国）、石英比色皿（光程 10 mm）；聚焦光束反射测定仪（梅特勒-托利多，S400A，瑞士）、蓝盖玻璃瓶（150 mL）、1G2 玻璃滤器（30 mL）、移液管（1 mL）、容量瓶（10 mL）、玻璃棒等。

氢氧化钠、无水乙醇等药品均为分析纯，购自天津科密欧试剂厂。氢氧化钠溶液（18 wt.%）用于纤维素纤维碱抽提（丝光化）处理。实验用水为实验室自制去离子水。本节中的 50 种不同来源的商品化漂白纸浆主要由国内各大纤维素纤维生产厂家提供，目前保存于昆明理工大学化学工程学院造纸化工与环保团队所在实验室。

6.1.3　测试步骤

如国际标准方法——ISO method, 1982 中所示，在给定的碱浓（18 wt.% NaOH）、温度（20℃）以及时间（1 h）下对纤维进行丝光化处理；丝光化结束后，将混合物转移至 30 mL 的 1G2 玻璃滤器中过滤；然后，用 150 mL 的蓝盖玻璃瓶收集滤液；用 1 mL 移液管准确移取 1 mL 滤液到 10 mL 容量瓶中；加 8 mL 无水乙醇形成悬浊液后，用去离子水稀释至刻度后混合、摇匀；然后将该悬浊液倒入比色皿中，置于紫外-可见光谱仪上测定紫外-可见全光谱范围内的吸光度谱图。光谱检测时的空白溶液为相同浓度的碱液和乙醇溶液组成的混合液。

6.1.4　光谱数据处理

由于全光谱数据量太大，本方法主要借助一种典型的大数据处理方法——偏最小二乘法[Partial least squares regression（PLSR）]来处理多维光谱数据，以建立波长在 400 ~ 800 nm 处对应的吸光度值与纤维素纤维样品的α-纤维素含量之间的对应关系。在进行 PLSR 分析之前，光谱数据进行了一阶导数预处理（FDC）和基于 Daubechies 4 法的小波变换预处理。在 PLSR 分析时，最优主成分（潜变量）数是通过全部数据交叉验证得出的。PLSR 预测模型的稳健性和精度则是由质量评价参数，如决定系数（R^2），交叉验证均方根误差（RMSECV），结果的相对预测误差（RPE），相对偏差（RD）进行评价。相关参数的计算方法如式（6-3a）至式（6-3d）所示。

$$R^2 = \frac{\sum_{i=1}^{n}(\widehat{y_i} - y_i)^2}{\sum_{i=1}^{n}(y_i - \overline{y_i})^2} \tag{6-3a}$$

$$\text{RMSECV} = \sqrt{\frac{\sum_{i=1}^{n}(\widehat{y_i} - y_i)^2}{n}} \tag{6-3b}$$

$$\text{RPE\%} = \sqrt{\frac{\sum_{i=1}^{n}(\widehat{y_i} - y_i)^2}{\sum_{i=1}^{n}(y_i)^2}} \times 100 \tag{6-3c}$$

$$\text{RD,\%} = (\frac{\left(\widehat{y_i} - y_i\right)}{y_i}) \times 100 \tag{6-3d}$$

式中，$\widehat{y_i}$，y_i 和 $\overline{y_i}$ 分别表示模型的预测值、实测值、n 组样品实测值的平均数。所有的统计学计算过程均在数据分析软件上完成。

6.1.5 基于单波长的检测方法建立与瓶颈分析

1. 吸光度与碱溶性组分含量之间的对应关系

图 6-1（a）和（b）所示均为乙醇体系下碱溶性组分形成的悬浊液在 500 nm 波长处产生的吸光度与其实际含量之间的对应关系。由图可知，碱溶性物质含量与透射光强度之间的对应关系为非线性关系，并不是严格遵循比尔定律。这是因为该体系为悬浊液体系，体系中的微小颗粒物质的光散射效应导致光在通过比色皿时的光路路径发生不确定性偏转，从而影响到了实际光程以及光学检测器接收到的光信号强度。虽然体系中颗粒性物质的这种漫透射效应对于测定结果可能造成干扰，但是当体系结构相对单一，内含物组成固定时，也能进行定量分析。如图 6-1（a）和（b）所示，对于不同来源（取自松木和桉木漂白浆）的碱溶性物质，其在醇体系下形成的浊液与 500 nm 波长处产生的吸光度之间分别存在很好的指数关系，该经验关系可以表达成

$$A^q = kw_s \tag{6-4}$$

式中，A 为 500 nm 波长处测得的吸光度，q 和 k 为该方程式的常数项。

联立上述方程，漂白浆样品中的 α-纤维素含量可用 500 nm 处实测吸光度表达，表达式如下：

$$C(\%) = (1 - w_s) \times 100 = 100 - \frac{A^q}{k} \tag{6-5}$$

式中，对于漂白松木和桉木浆样品，其 k 和 q 的值分别为 0.079 和 0.5，以及 0.092 和 0.8。

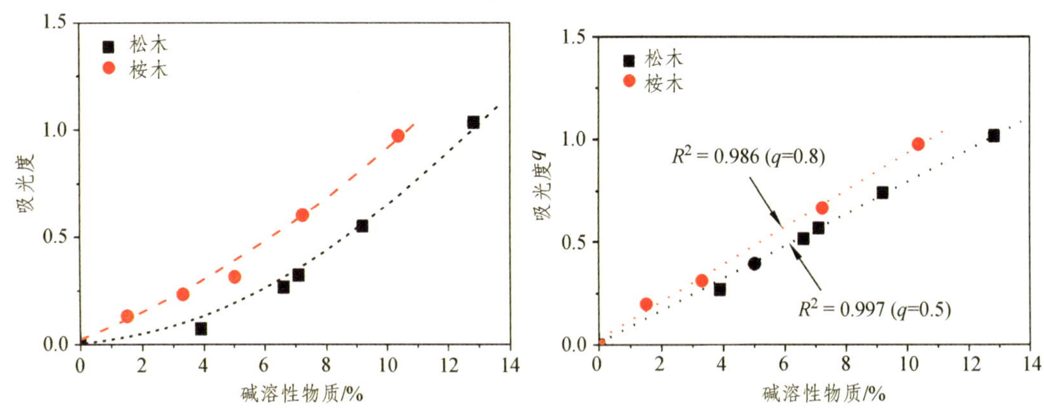

（a）实测吸光度　　（b）吸光度的变形值

图 6-1　碱溶性物质含量与 500 nm 波长处实测吸光度（a）以及其吸光度的变形值（b）之间的关系

为了考察上述单波长法对测定未知来源的不同纤维素纤维样品中α-纤维素含量的普适性，本方法分别采用重量法对 50 种未知来源的纤维素纤维样品中的碱溶性组分含量进行了检测，并建立了与生成的对应悬浊液在 500 nm 波长处的吸光度之间的数学关系，结果如图 6-2（a）和（b）所示。可知，吸光度及其变形值与碱溶性物质含量之间的数学关系的相关性较差（R^2=0.823），说明单波长光谱法不足以用于未知漂白纸浆样品中 α-纤维素含量的准确定量。

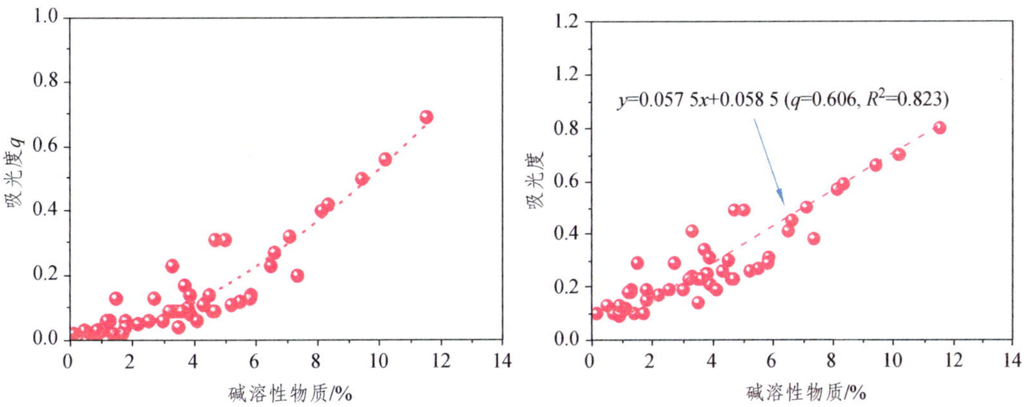

（a）实测吸光度　　（b）吸光度的变形值

图 6-2　50 种未知来源的纤维素纤维样品中的碱溶性物质含量与 500 nm 波长处实测的吸光度（a）及其变形值（b）之间的对应关系

2. 悬浊液中颗粒物尺寸分布的影响

如图 6-2 所示，尽管松木型和桉木型纤维素纤维样品中的 α-纤维素含量相同，但是其形成悬浊液产生的吸光度的大小却不一样。为了进一步查清该现象产生的原因，作者还利用聚焦光束反射测定仪（FBRM）对碱溶性物质含量相同时的不同纤维素纤维样品对应的悬浊液进行了颗粒粒径大小及分布进行了全面分析，结果如图 6-3 所示。由图可知，对比两种类型的纤维素纤维样品中碱溶性物质在醇体系下形成的微细颗粒物可知，桉木型的纤维样品产生的小尺寸的微细颗粒物数量比更多。基于光散射原理，小尺寸颗粒物的增多，会导致在光谱测定时实测的吸光度偏高。因此，对于来源不同的纤维素纤维样品，若通过上述单波长光谱法测定其 α-纤维素的准确含量，需要首先针对不同纤维样品建立起特定的标准曲线。然而，在现实研究中，往往纤维素纤维样品来源是不可知的或者多种原料混合的，因此对于纤维素纤维样品生产工厂或者相关科研单位来说，上述方法存在很大的局限性。

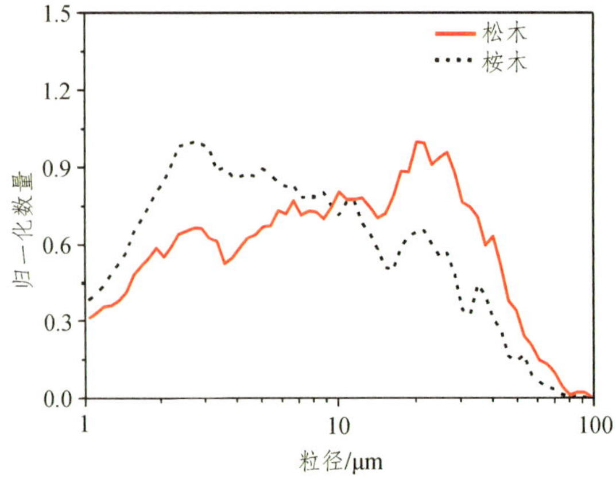

图 6-3 两类典型纤维素纤维对应的悬浊液中颗粒粒径分布图

6.1.6 耦合多维数据处理的可见光谱预测模型建立

通过以 400 nm 波长处的吸光度为标准对 400 ~ 800 nm 波长范围内的吸光度进行归一化处理后，因颗粒粒径分布不同造成的全光谱的变化趋势是可以观测到的（虽然改变量很小）。这也说明因悬浊液尺寸分布的差异性对于各波长下吸光度的增强作用是不可忽视的。因此，为了建立准确的光谱信号与α-纤维素含量之间的对应关系，光谱数据必须要首先剔除噪声（颗粒粒径分布差异、基线漂移等）干扰，增强潜变量（碱溶性物质含量）的有效信号。而偏最小二乘法（PLSR），其具有主成分分析（PCA）以及多元线性回归分析（MLR）两者共同的优点，可以很准确地得到限定条件来解释多波长下吸光度的变化趋势与α-纤维素含量之间的对应关系。因此，作者利用 PLSR 分析技术对从 50 种样品中得到的碱溶性物质的乙醇悬浊液在可见光全波长范围内的吸光度以及对应样品的α-纤维素含量进行分析，并建立预测模型。图 6-4（a）所示为 50 组不同来源漂白浆样品（包括松木、阔叶木以及非木材纤维原料）的对应悬浊液的可见光范围内的吸光度全光谱。为了减少或消除噪声干扰，原始光谱首先需要进行 Daubechies 4 型（Db4）小波变换和一阶导数处理（FDC），结果如图 6-4（b）所示。

在建模的过程中，从图 6-4（b）中的预处理光谱信号数据库（波长范围：400 ~ 800 nm）中随机选取 40 组数据进行 PLSR 建模，其中建模过程全都在数据分析软件上进行。图 6-4（b）中其他 10 组数据则作为外部验证数据集来评价预测模型的稳健性。通过软件分析，利用内部交互验证法推出预测模型的最优主成分数为 5。图 6-5 所示为建立的 PLSR 预测模型时得到的α-纤维素含量的建模实测值与预测值之间的对应关系。由图可知，R^2，RMSECV，RPE 值分别为 0.972，0.492，0.51%，说明该预测模型十分稳健。

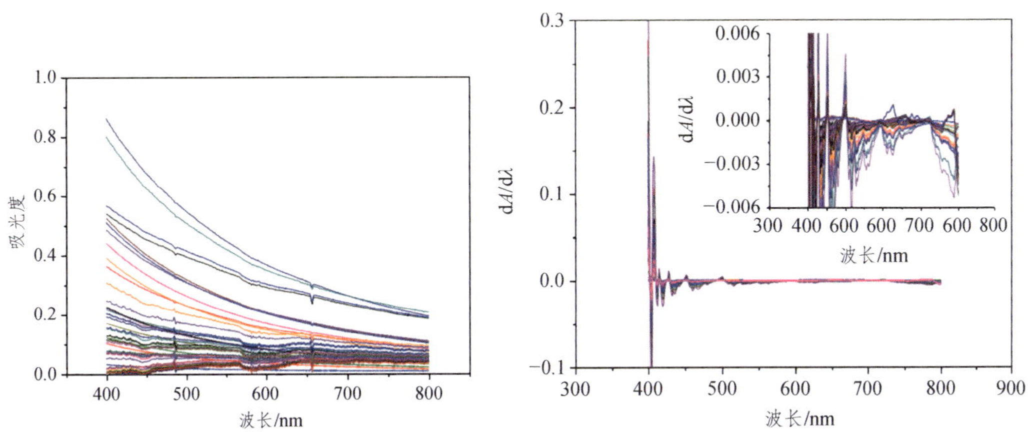

（a）可见光谱　　（b）小波去噪、一阶导数预处理后的光谱

图 6-4　50 组样品对应的乙醇悬浊液的可见光谱（a）和小波去噪、一阶导数预处理后的光谱（b）

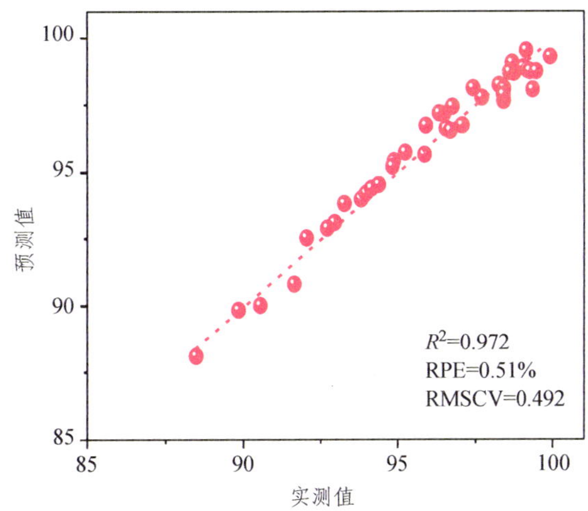

图 6-5　PLSR 建模过程中内部交互验证时得到的预测值与实测值之间的关系

6.1.7　方法普适性与准确性验证

利用未参与建模的 10 组数据对上述预测模型进行外部验证，结果如表 6-1 所示。可知，PLSR 预测模型得到的 α-纤维素含量的预测值与实际通过重量法测得的实测值具有很好的一致性。值得一提的是，其相对偏差小于 1.5%，说明该方法可用于替代重量法用于纤维素纤维制备或研发相关企业中来快速准确测定纤维素纤维中的 α-纤维素含量。

表 6-1 预测模型的外部验证结果

样品序号	α-纤维素含量/%		相对差异/%
	重量法	PSLR 法	
1	95.68	95.26	−0.44
2	96.17	97.03	0.89
3	96.18	97.58	1.46
4	95.86	96.34	0.50
5	96.72	97.32	0.62
6	97.10	98.45	1.39
7	98.28	99.44	1.18
8	96.12	96.67	0.57
9	95.35	96.31	1.00
10	95.87	96.91	1.09

6.2 显色处理结合可见光谱法测定卷烟纸中的淀粉含量[31]

淀粉是造纸工业重要的添加剂，以造纸原料消耗计，其用量居纤维、填料后的第三位。在北美与西欧的纸张增强剂中，淀粉占 95%左右。淀粉被作为助剂广泛应用于造纸工业中，湿部添加用于提高填料、细小纤维的留着率和改善纸张的强度，表面施胶用于改善纸张的表面性能及印刷适印性能等。我们近年来对国外卷烟用纸分析发现都有淀粉存在。但由于淀粉分离比较困难，长期以来被认为是较难进行定量检测的造纸添加剂之一，国内未见相关检测标准。目前纸中淀粉含量测试多采用传统的酸水解法。但此方法操作过程繁琐，测试时间较长，检出限差，难以满足卷烟用纸中淀粉含量检测的要求。徐嵘等利用碘与淀粉能产生蓝色络合物的原理，研究了分光光度法测定纸品中淀粉含量的方法。基于此，研究人员在其研究基础上，进一步地进行了萃取方法优化，并考虑了不同类型淀粉对测试的影响，最终建立了一种操作简便、分析快速、测试结果准确可靠的卷烟用纸中淀粉含量的测试方法，具体如下。

6.2.1 测量原理

淀粉与碘可形成具有螺旋状结构和特定颜色的淀粉-碘络合物，该络合物的色泽主要依赖于淀粉结构和成分。因此，可将淀粉按照不同浓度配置成一系列标准工作溶液，根据其颜色深浅与浓度在限定范围内的线性关系即可判断待分析试样中的淀粉浓度。

6.2.2　仪器与药品

T 6 紫外分光光度计（北京普析通用公司）、卤素水分测定仪（瑞士梅特勒公司）。

实验室用水为超纯水（18.2 MΩ·cm）。浓盐酸（优级纯，德国默克）、稀盐酸（1∶1 V/V）、碘显色剂（0.01 mol/L）、LS-2 氧化淀粉和 CS-8 型阳离子淀粉（广西明阳生物科技有限公司）。

6.2.3　测定步骤

（1）试样处理。

严格根据标准——TAPPI T419 OM-2002 的规定，利用热水、稀盐酸和浓盐酸从纸样中分级抽提出淀粉。具体试验步骤为：准确称取 1 g（精度 0.001 g）绝干纸样，剪成小块后放入装有 150 mL 蒸馏水的 500 mL 烧杯中，加热至微沸，保持 5 min。然后，将纸浆悬浮液用玻璃滤器（砂芯，容量 50 mL）过滤，加入 25 mL 稀盐酸（1∶1 V/V）再静置 3 min 后抽滤。在相同条件下进行第二次抽提，最后按同样操作，用 25 mL 浓盐酸抽提 10 ~ 30 s。抽滤后，摇动滤瓶使浓酸和全部滤液充分混合，再用 200 mL 的热水洗涤残渣。洗涤结束后，可向残渣滴加一滴碘液，如无颜色变化说明样品中淀粉已萃取完全。

（2）标准工作曲线建立。

准确称取 0.500 g（绝干重量）淀粉标准品置于装有 300 mL 蒸馏水的 500 mL 广口瓶中，超声震荡溶解均匀后置于烘箱中加热至 95 ℃。然后，将广口瓶放入水浴锅中进行淀粉糊化（15 min，过程需搅拌）。冷却至室温后，向广口瓶中加入 50 mL 稀盐酸（1∶1 V/V）和 25 mL 浓盐酸，再移入 500 mL 容量瓶中，摇匀、定容。所得溶液即为 1 mg/mL 的淀粉标准母液。

然后，用移液管分别移取 0 ~ 5 mL（至少 5 ~ 6 个梯度）的上述配制的淀粉标准母液于 50 mL 容量瓶中，分别加入 1 mL 碘显色剂、混匀、定容后，再测量系列溶液的吸光度值，并绘制出淀粉标准溶液工作曲线。由于造纸用淀粉类型有三种：阴离子型、阳离子型以及两性淀粉。如果可能，最好用纸样中添加的淀粉来制作标准工作曲线，不然用上述类型淀粉作为标准品时，需在测试结果中说明。

（3）吸光度测量及结果计算。

将吸滤瓶中的淀粉溶液移入 500 mL 容量瓶中，冷却至室温后用水定容、混匀。移取一定量该淀粉溶液于 50 mL 容量瓶中，加入 1 mL 碘显色剂，定容、摇匀。最后，用可见光度计测量该溶液在波长为 600 nm 处的吸光度，根据标准工作曲线，求得该溶液中的淀粉浓度 c，并按下式计算出纸张样品中的淀粉含量。

$$X=\left[c\times V\times n/\left(m\times 10^{6}\right)\right]\times 100\% \tag{6-6}$$

式中，X 为试样中淀粉含量，%；c 为测定样中淀粉的浓度，mg/L；V 为试样定容体积，mL；m 为试样质量，g；n 为稀释倍数。

6.2.4 分析方法建立与参数优化

（1）淀粉萃取方式确定。

纸试样中淀粉萃取的结果直接影响到最终分析结果的准确性。传统上，分析纸中淀粉施用量时，主要是利用淀粉在沸水中易溶解的特点，采用热水抽提的方式来完成淀粉萃取。但是，此方法很难萃取完全，容易造成方法加标回收率偏低。因此，研究人员结合热水抽提法，并参考国际通用的 TAPPI T419 OM-2002 标准中的相关步骤，即利用稀盐酸、浓盐酸从纸样中分级抽提出淀粉。结果表明，此法可将纸中淀粉完全萃取出来，加标回收率数据也证明了这一点。

（2）最佳测量波长的选择。

准确移取 10 mL LS-2 型氧化淀粉标准溶液、1 mL 0.1 mol/L 的 HCl 溶液、0.5 mL 碘显色剂于 50 mL 容量瓶中，用水定容后取一定量于玻璃比色皿中，再置于 T6 紫外-可见分光光度计上测定其在 540 ~ 640 nm 波长范围下的吸光度，测定结果如图 6-6（a）所示。从图中可以看出，LS-2 型氧化淀粉溶液的最大吸收波长在 600 nm 处，故选择 600 nm 作为最大入射波长。按同样方法同时实验，得出阳离子淀粉及两性淀粉的最大吸收波长均在 600 nm 处。因此，测量波长选择为 600 nm。

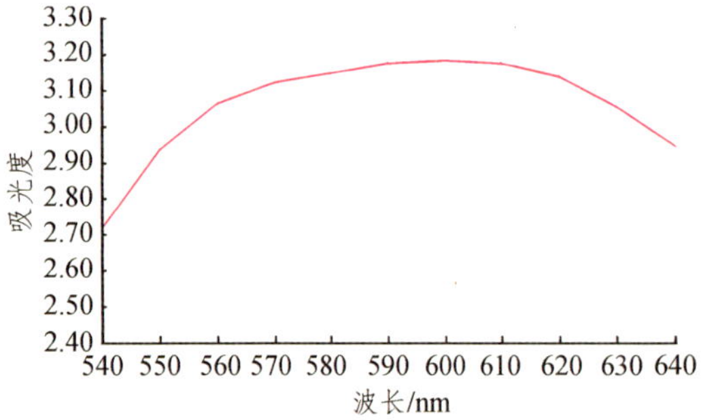

（a）

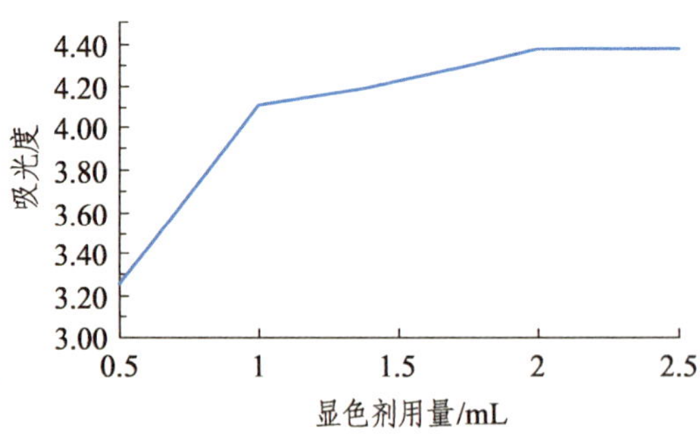

（b）

图 6-6　LS-2 型氧化淀粉标准溶液吸收曲线（a）和吸光度随显色剂用量变化曲线（b）

（3）显色条件确定。

在一定量淀粉溶液中加入 0.5 ~ 2.5 mL 的显色剂，用分光光度计测量其吸光度，结果如图 6-6（b）所示。结果表明：在显色剂浓度为 2.0 ~ 2.5 mL 时，淀粉溶液的吸光度出现稳定值。因此，可在此范围内选择显色剂的用量。

虽然，显色剂可立即与淀粉溶液生成稳定的蓝色配合物，原则上多长时间均可进行测量。但是，由于本方法中使用了盐酸溶液，长时间放置可能会造成淀粉水解，影响测量结果。因此，测量时间不宜过长，研究者建议在 30 min 内完成测量。

6.2.4　方法评价

（1）方法检出限及线性范围。

本方法检出限（φ）采用测定标准空白液 20 次的标准偏差及工作曲线斜率进行计算，计算公式如下：

$$\varphi(\text{mg / L}) = 3S_A / b \tag{6-7}$$

式中，S_A 为标准空白标准偏差，b 为工作曲线斜率。

方法检出限及线性范围如表 6-2 所示。

表 6-2　本方法的线性范围、相关系数及检出限

线性范围/（mg/L）	相关系数	检出限/%	定量检出限/%	工作曲线方程
0 ~ 100	0.9997	0,03	0.10	$y = 108.8x - 6.132$

（2）方法加标回收率。

称取样品同时加入一定量的待测物质进行样品前处理后，用紫外分光光度计测试，结果见表 6-3。可知，本方法的加标回收率为 90% ~ 110%，说明测试结果准确、可靠。

表 6-3　加标回收率

编号	含量/（mg/L）	添加量/（mg/L）	测定量/（mg/L）	回收率/%	平均回收率/%
1	30.60	30.00	59.79	97.50	100.05
2	30.60	30.00	60.92	101.10	
3	30.60	35.00	64.00	95.40	
4	30.60	35.00	66.11	101.50	
5	30.60	40.00	71.20	101.50	
6	30.60	40.00	72.00	103.50	

（3）方法精密度。

称取卷烟用纸样品 6 份进行分析，计算结果对应的精密度见表 6-4。可知，测试结果的精密度为 1.46%，满足烟用纸张中淀粉含量分析的方法要求。

表 6-4　方法精密度

淀粉含量/%						平均值/%	RSD/%
5.50	5.36	5.46	5.45	5.60	5.48	5.47	1.46

（4）实际样品分析。

研究者采用本方法测量了 4 种不同类型的卷烟纸样品，结果见表 6-5。可知，这 4 种类型的卷烟纸样品在制备时均添加了不同程度的淀粉施胶剂。

表 6-5　不同类型卷烟用纸样品中淀粉含量

样品	卷烟纸	烟用接装纸原装	铝箔衬纸	高透滤棒成型纸
纸中淀粉含量/%	0.74	1.20	0.32	5.80

6.3　酶反应转化耦合紫外光度法测定卷烟纸中的柠檬酸含量[32]

燃烧调节剂是卷烟纸中的主要添加剂，它们以非常细小的晶体分布在填料及纤维表面，有些渗入植物纤维中并在一定程度上与其发生化学反应。在所有卷烟纸助剂中，柠檬酸（盐）以其在卷烟纸吸味品质，对燃烧调节等方面的作用而成为卷烟纸厂广泛使用的造纸助剂。快速、准确地分析它在卷烟纸中的含量，对于监控卷烟纸的质量、提高烟草制品安全性具有重要意义。本节用紫外比色法对卷烟纸中柠檬酸（盐）含量进行测试，并阐明其优缺点，旨在为企业选择合适的分析方法提供指导性建议。下面介绍酶反应转化耦合紫外光度法测定卷烟中柠檬酸含量的方法。

6.3.1　测定原理

在柠檬酸裂解酶（CL）作用下，柠檬酸（柠檬酸盐）可以转化成草酰乙酸盐和醋酸盐，反应式如下：

$$\text{柠檬酸盐} + \text{CL} \longrightarrow \text{草酰乙酸盐} + \text{醋酸盐} \tag{6-8}$$

在苹果酸脱氢酶（MDH）和 L-乳酸脱氢酶（L-LDH）存在的情况下，草酰乙酸盐及其脱羧基产物（丙酮酸盐）均可与 NADH（即还原型烟酰胺腺嘌呤二核苷酸）反应，并分别被还原为 L-苹果酸盐和 L-乳酸盐，反应式如下：

$$\text{草酰乙酸盐} + \text{NADH} + \text{H}^+ \xrightarrow{\text{MDH}} \text{L-苹果酸} + \text{NAD}^+ \tag{6-9}$$

$$\text{丙酮酸盐} + \text{NADH} + \text{H}^+ \xrightarrow{\text{L-LDH}} \text{L-乳酸盐} + \text{NAD}^+ \qquad (6\text{-}10)$$

式中，NADH 的消耗量按照化学计量比等同于样品中的柠檬酸含量；而 NADH 的消耗量则是通过光度法测定反应混合物在波长为 340 nm 处的吸光度来确定的。

6.3.2　仪器与试剂

所用仪器名称、型号及规格、厂家信息如表 6-6 所示。

表 6-6　所用仪器信息

设备名称	仪器型号及规格	生产厂家
双光束扫描型紫外分光光度计	UV-4802	尤尼柯（上海）仪器有限公司
超声波清洗器	KQ116	昆山市超声仪器有限公司
飞鸽牌系列离心机	Anke-40B	上海安亭科学仪器厂
电子天平	AL104	Met tler Toledo
电热恒温水浴锅	HHS	上海博迅实业有限公司
系列纯水器	UPR	成都超纯科技有限公司
微量可调移液器	SL20、SL1000	TOMOS

所用试剂，包括但不限于一水合柠檬酸钾、三水合乙酸钠、苹果酸钠、酒石酸钾、氯化钠、硫酸钾等均为分析纯。柠檬酸检测试剂盒购置于德国拜发 R-Biopharm 公司。实验用水为自制超纯水。

6.3.3　测定步骤

（1）样品预处理。

准确称取（0.4±0.0001）g 的卷烟纸碎纸置于装有 50 mL 超纯水的 100 mL 具塞锥形瓶中，超声萃取 30 min（水温不高于 40 ℃）。然后，取适量溶液，以 3 000 r/min 的速度离心 10 min。最后，清液用 0.22 μm 的水相滤膜过滤即可得到样品贮备液。

（2）标准溶液的配制。

取 19.688 mL 柠檬酸根标准储备液于 100 mL 容量瓶中，用超纯水定容，即可得到浓度为 400 mg/L 的柠檬酸溶液。

（3）分析条件及具体实施步骤。

测定波长为 340 nm，比色皿光程为 10 mm，测试室温为 20 ~ 25 ℃。分析时，以空气校准，柠檬酸标准溶液含量为 400 mg/L。实验步骤见表 6-7。

表 6-7 实施本方法涉及的实验步骤

步骤	空白	样品储备液	标液
溶液 1	1 mL	100 μL	1 mL
储备液 1		200 μL	200 μL
超纯水	2 mL	1 mL	1.8 mL
混匀 5 min，读取吸光度	A_1	A_1	A_1
溶液 2	20 μL	20 μL	20 μL
反应 10 min，读取吸光度	A_2	A_2	A_2

注：溶液 1 含甘氨酰甘氨酸缓冲液，L-苹果酸脱氢酶，L-乳酸脱氢酶，NADH，稳定剂。
溶液 2 含柠檬酸裂解酶。

6.3.4 测定结果计算

样品中柠檬酸含量可用如下公式计算：

$$C_{柠檬酸}(\mathrm{g/L}) = A\times M_{\mathrm{w}}\times V_3/(\varepsilon\times d\times 1000\times V_1) = 0.46043\times A \tag{6-11}$$

式中，$C_{柠檬酸}$为样品贮备液中柠檬酸的浓度，g/L；A 为扣除空白后样品（或者标样）的吸光度值，$A=\Delta A_{样品}-\Delta A_{空白}$，$\Delta A = A_1 - A_2$；ε 等于 6.3 L/（mmol·cm）；$d$ 为光程，等于 10 mm；V_1 等于 0.20 mL，V_3 等于 3.02 mL；M_{w} 为柠檬酸分子量，等于 192.1 g/moL。

6.3.4 方法评价

（1）精密度。

取某样品应用本方法测试 3 次，结果见表 6-8。结果表明，本方法标准偏差 S 为 3.52 mg/L，RSD 为 3.07%，可见方法重现性十分良好。

表 6-8 方法精密度测试

	ΔA	**A**	**$C_{柠檬酸}$/（g/L）**
空白	0.012	—	—
样品	0.261	0.249	0.114 7
	0.268	0.256	0.117 8
	0.233	0.221	0.111 0

（2）回收率。

准确称取一定质量的某卷烟纸，向其中加入柠檬酸标准溶液，按本方法测定其柠檬酸根含量（数据见表 6-9）。结果表明，方法加标回收率在 91.8%～95.3%之间，符合统计学要求，结果可靠性良好。

表 6-9　方法回收率测试

原含量	加标量	测定值	回收率/%
8.1956	6.349 6	14.183 1	94.2
	7.937 0	15.477 3	91.8
	9.524 4	17.273 2	95.3

注：原含量、加标样、测定值单位均为 mg/0.419 6 g 纸样

6.4　固相萃取耦合可见光度法测定卷烟纸中的镉含量[33]

在卷烟纸生产过程中，需要添加一些碱金属盐类物质，以改变卷烟纸的燃烧特性。这些物质的种类与用量直接影响卷烟的包灰性能、卷烟吸味、卷烟产品安全性等。由于卷烟纸中金属离子含量可以直接或间接反映碱金属盐类添加剂含量，所以金属离子含量的准确测定有助于了解卷烟纸添加剂对灰分、主流烟气化学成分含量、燃烧速率、物理性能等重要指标的影响，对指导卷烟纸制备具有一定意义。镉作为有害元素之一，目前已列为烟草及卷烟材料安全性的检测项目。用杂环偶氮类和三氮烯类试剂光度法测定镉有很多报道，但是这些试剂对镉的选择性都较差，而且对于一些镉含量低的样品如烟草和卷烟材料，普通光度法的灵敏度不能满足测定的要求。固相萃取技术在分析化学中得到了广泛应用，该技术具有富集倍数高，能有效分离干扰物的特点。因此，结合固相萃取前处理，可以利用可见光度法测定卷烟纸中的镉。具体内容如下。

6.4.1　测定原理

卷烟纸样品中的镉经强阴离子交换固相萃取柱分离、富集，以 6-溴-2-苯并噻唑重氮氨基偶氮苯（BBTDAA）为显色剂，在 pH 为 10 的硼砂-氢氧化钠缓冲溶液中、Triton X-100 的存在下反应 5 min 后，镉会与 BBTDAA 形成 1∶2 的有色配合物。该

配合物在可见光区的最大吸收波长为 520 nm、对应的摩尔吸光率为 1.92×10^5 L·mol^{-1}·cm^{-1}。而且，样品溶液中镉的浓度在 0 ~ 1.0 mg·L^{-1}范围内符合比尔定律。

6.4.2 仪器与药品

UV-2401 分光光度计、强阴离子交换固相萃取柱（7 mm × 30 mm，内装 30 μm 的 ZORB-AX S22 季铵型阴离子交换树脂，用 20 mL 2.0 mol·L^{-1}盐酸溶液和 2.0 mol·L^{-1}氯化钠溶液以此洗涤小柱进行活化）、Phs-3C 精密 pH 计、MDS-2002AT 型微波消化炉。

若无特别注明，本方法所用试剂均为分析纯。镉标准溶液 1.000 g·L^{-1}、BBTDAA 的乙醇溶液 1.0 mg·L^{-1}、Triton X-100 的乙醇溶液 1 wt.%。

6.4.3 试样准备

准确称取 0.5 ~ 1.0 g 卷烟纸试样并量取 5 mL 硝酸、10 mL 过氧化氢，先后装入聚四氟乙烯微波消化瓶中，再用微波消化炉消解 15 min 后，置于电热板上加热蒸发至近干程度。然后，加入盐酸 5 mL、2.0 mol·L^{-1}氯化钠溶液 20 mL，加热溶解残留物。然后，冷却至室温并用水定容至 50 mL 容量瓶中、摇匀即得样品溶液。

6.4.4 测定步骤

称取 10 ~ 50 mL 上述样品溶液（总镉含量需小于 10 μg），加入 NaCl，调节氯离子浓度为 2.0 mol·L^{-1}（10 mL 样品溶液加 1.18 g NaCl），以 10 mL·min^{-1}流量通过预活化的强阴离子交换固相萃取柱，然后用 50 mL 0.2 mol·L^{-1}盐酸溶液以 10 mL·min^{-1}流量洗脱小柱（分离锌）后颠倒小柱，用 5 mL 0.1 mol·L^{-1}硝酸溶液以 5 mL·min^{-1}流量反方向洗脱小柱上富集的镉，洗脱液收集于 10 mL 比色管中；用 100 g·L^{-1}氢氧化钠溶液调 pH 近中性，依次加入 1%TritonX-100 溶液 0.5 mL，2.0 mL pH 为 10 的硼砂-氢氧化钠缓冲溶液，0.5mL 1.0 g·L^{-1} BBTDAA 溶液，用水稀释至刻度、充分摇匀，室温下放置 10 min；以试剂空白为参比，用 10 mm 比色皿于 520 nm 波长处测定其吸光度。

6.4.5 结果计算

卷烟纸中镉的含量 X（%）按下式计算：

$$X=(A_s-A_0)\frac{V}{mK}\times100\%-B\times100\% \tag{6-12}$$

式中，A_s 为试样溶液的吸光度；A_0 为空白溶液的吸光度；V 为溶液的体积，mL；

m 为试样的质量，g；*K* 为镉的吸光系数，L/（g·cm）；*B* 为校正系数。

6.4.6　方法评价

（1）镉的显色温度及体系的稳定性。

研究表明，该反应体系在室温下就能迅速显色，且放置 5 min 左右溶液的吸光度就能达到稳定。待显色完全后，溶液体系的吸光度至少在 5 h 内是稳定的。

（2）固相萃取条件的选择。

氯离子浓度：在大量 Cl^-存在下，Cd（Ⅱ）可与 Cl^-生成$[CdCl_4]^{2-}$络阴离子，该络阴离子可被强阴离子交换剂富集，并可与 Hg^{2+}、Zn^{2+}、Co^{2+}、Ni^{2+}、Cu^{2+}和 Pb^{2+}等干扰离子分离。普通离子交换柱装柱、富集和洗脱操作都较麻烦，且常规树脂粒度过大，导致交换柱效率很低。$[CdCl_4]^{2-}$与树脂之间的离子交换和脱附速度都比较慢，有时交换不完全，还会影响镉的回收率，且洗脱时需要的洗脱液体积大，富集倍数较低。因此，建议用 Waters SPE 真空提取装置和筛板式固相萃取柱（树脂粒度 30 μm）萃取、富集和预分离镉。由于镉是以$[CdCl_4]^{2-}$的形式被吸附到阴离子交换树脂上的，因此样品溶液中氯离子含量对$[CdCl_4]^{2-}$被吸附的程度有重要影响。本方法建议在实验中选用过柱的氯离子浓度为 2.0 mol·L^{-1}。

萃取容量：试验中所用的镉含量应小于萃取柱的最大萃取容量，这样才可保证测定结果的准确性。

6.5　竞争显色结合可见光谱分析过滤嘴中 *β*-环糊精和尼古丁的包结配位作用[34]

为了适应降低烟气生产量的需要，企业在生产卷烟时添加滤嘴。大多数卷烟滤嘴是由醋酸纤维制成，而且能比非滤嘴卷烟降低焦油和烟碱量 40%～50%。除醋酸纤维过滤嘴外，具有类似去除烟气效率的还有纸质滤嘴、聚丙烯纤维棒（包括无纺布）等。实验表明，滤嘴吸阻每增加 100 Pa，烟气焦油量可降低 1.7 mg。另外，在滤嘴中还可以加入活性炭、海泡石、硅胶等吸附剂进行改性，使得滤嘴可以选择性地吸附烟气中的一些有害成分而对卷烟的香味和吸味几乎不产生负面影响。

β-环糊精（β-CD）是一种环状的低聚葡萄糖分子，呈锥形体结构。由于其具有独特的分子包结特性和识别功能，目前被广泛应用于色谱分离、食品、医药等多种行业。由于尼古丁是一种有机弱碱（*pKa*=8），在中性条件下分子中两个杂环胺均可被大部分质子化而形成盐，此时尼古丁的亲水性较强。当溶液为碱性时，该盐与碱作用生成游离碱，亲水性减弱、疏水性增强。因此，认为在碱性条件下，β-CD 也能与尼古丁形成包结物。研究表明，将卷烟过滤嘴用含 β-CD 的浸渍液处理后，可以在使用过程中滤除大部分尼古丁和烟油。有研究报道：可以以酚酞为探针采用竞争显色法研究 β-CD 与尼古丁的包结作用。因此，本节将利用紫外-可见光谱技术重点探索 β-CD 与尼古丁分子在碱性和中性缓冲溶液中的作用机理。

6.5.1 测定原理

碱性水溶液中酚酞和碱作用后，生成金属盐并呈醌式结而呈现红色，与环糊精包结配位后，因和半醌部位呈包结状态，使分子的共平面性受到破坏。随着 *β*-CD 和酚酞的浓度，加入一定量的客体分子尼古丁后，酚酞在 550 nm 处的客体增加，表明客体分子尼古丁代替酚酞进入空腔，三苯甲烷分子在溶液中恢复了分子共平面性。

6.5.2 仪器与试剂

安捷伦 UV 8453 型紫外-可见吸光光度计（美国 Agilent 公司）、石英比色皿（光程 10 mm）、1 mL 移液管、10 mL 容量瓶、玻璃棒。

如无特别要求，所使用的试剂如尼古丁等均为分析纯试剂。*β*-环糊精（汕头市光华化学厂，生化试剂）在使用前需重结晶 2 次，在置于 110°C真空烘箱中干燥 12 h。

6.5.3 分析步骤

1 mL（6.22 mmol）尼古丁溶于 20 mL 蒸馏水中，加 1 g（0.88 mmol）β-CD 混合均匀后，用 1 $mol\cdot L^{-1}$ 氢氧化钠将 pH 调至 11，加热至 30 °C，在此温度下搅拌 2 h，用 1 $mol\cdot L^{-1}$ 盐酸回调至 pH=6，冷却后析出晶体，过滤、蒸馏水洗涤、真空干燥，得包结物 0.52 g，产率 46.4%。

尼古丁的浓度为 1.1×10^{-4} $mol\cdot L^{-1}$（pH = 7.2），*β*-CD 的浓度范围为 0 ~ 6.5×10^{-3} $mol\cdot L^{-1}$，测定各组浓度溶液的最大吸收峰的吸光度值，波长范围：190 ~ 400 nm。

竞争包结法研究 pH=10.5（Na_2CO_3-$NaHCO_3$ 0.2 $mol\cdot L^{-1}$）时 β-CD 与尼古丁的包结作用，首先通过光谱滴定法测定竞争剂酚酞与主体 *β*-CD 所形成的包结物紫外-可见光谱，酚酞的浓度为 2.85×10^{-5} $mol\cdot L^{-1}$，改变 β-CD 的浓度为 0 ~ 1.1×10^{-3}，然后固定酚酞（2.85×10^{-5} $mol\cdot L^{-1}$）和 β-CD（1.84×10^{-4} $mol\cdot L^{-1}$）的浓度，改变尼古丁的浓度（4.07×10^{-4} ~ 2.35×10^{-3} $mol\cdot L^{-1}$），测定 550 nm 处的吸光度变化。

6.5.4 结果分析

尼古丁的紫外光谱中主要有两个吸收带，最大吸收波长在 260 nm，这是尼古丁

分子中吡啶环的 π-π*和 n-π*的电子跃迁吸收峰。研究表明，随着将 β-CD 加入尼古丁的缓冲溶液中，最大吸收波长的吸光度随 β-CD 的含量而呈规律性地增大，证实了 β-CD 对尼古丁的包结作用。

6.6 主成分分析辅助紫外-可见光谱技术分析烟用爆珠内液化学成分稳定性[35]

爆珠卷烟是通过在滤棒中植入一粒或多粒易捏破的香味胶囊，实现卷烟吸食过程中可控的香味释放，爆珠卷烟独特的抽吸感受和新颖趣味性，受到了国内外消费者欢迎，各卷烟工业企业也相继推出了不同类型爆珠产品。作为烟用爆珠主要的致香成分，其内液是由香精香料和适量溶剂调和而成的混合体系。其中，香精香料的主要成分为酯、醛、酮、羧酸、不饱和醇、不饱和烃以及芳香族化合物等。上述大部分化合物分子均有能吸收紫外/可见光的生色基团，在紫外-可见光谱区有不同程度的吸收。因此，有研究者通过对烟用爆珠内液的紫外-可见光谱进行主成分分析（PCA），建立了一种烟用爆珠样品稳定性的整体表征模型。该方法可作为快速准确、经济环保的烟用爆珠内液稳定性的监测手段，为客观评价烟用爆珠内液质量和完善产品质量监测体系提供技术支撑。具体内容如下。

6.6.1　测试原理

利用烟用爆珠内液中的酯、醛、酮、羧酸、不饱和醇、不饱和烃以及芳香族化合物等香精香料的紫外/可见光响应性，建立多维紫外-可见光谱数据图谱，再通过化学计量学分析手段构建成分稳定性——光谱数据之间的判定模型即可。

6.6.2　仪器与试剂

如无特别说明，所有试剂均为分析纯试剂，包括甲醇、丙二醇、无水乙醇、环己烷、正己烷、氯仿等。超纯水为实验室自制。烟用爆珠测试样品的质量和粒径偏差要求均不大于±5%。

光纤型紫外光谱仪、石英比色皿、移液管、容量瓶、玻璃烧杯、玻璃棒等

6.6.3　测量步骤

在 10 mL 试管中加入 2～3 mL 无水乙醇，取 1～3 粒烟用爆珠加入到试管中，

使用外力压破烟用爆珠，释放爆珠内液，充分摇匀，静置。需要注意的是，不同厂牌卷烟所用爆珠型号不同，其内液成分、浓度差异性很大，因此需要根据其浓度调整爆珠与乙醇液体的体积比，尽可能使其在后续紫外分析时最大吸收波长处的吸光度在 0.2 ~ 1.0。

待测试样配置好后，设定光纤紫外光谱仪的测量波长范围在 190 ~ 350 nm、吸光度记录范围在−0.1 ~ 3.5、波长间隔 0.5 nm、光程为 10 mm。采集光谱数据时，将光纤探头完全浸没在待测溶液中，以无水乙醇为参比进行调零，将连续扫描 3 次的吸光度平均值作为样品的最终 UV-Vis 数据。

6.6.4 爆珠样品稳定性判定模型构建

采集正常烟用爆珠样品内液的 UV-Vis 光谱来建立判定模型。采集好光谱后，将光谱数据矩阵通过主成分分析分解为得分矩阵和载荷矩阵，采用得分矩阵计算 HotellingT^2值，根据 T^2 和样品编号绘制质量控制图。HotellingT^2值的计算公式如下：

$$T_2 = t_i' S - 1 t_i \tag{6-13}$$

式中，S 为协方差矩阵；t_i 为第 i 个样品光谱 x 在模型载荷向量上的投影；t_i' 为 t_i 的转置。

在控制图中，一般采用 F 分布确定控制限（UCL），其计算公式为

$$\text{UCL} = \frac{p(m+1)(m-1)}{m(m-p)} F_{(p,m-p,\alpha)} \tag{6-14}$$

式中，m 为建模样品数；p 为主成分数；$F_{(p,m-p,\alpha)}$ 为 F 分布的 α 上侧分位数，其中 α 等于 0.05。

对已知样品建模时计算出 UCL。当采用该模型对未知样品单进行稳定性判定时，仅需计算出 T^2 值并比较其与 UCL 的大小。若 T^2 大于 UCL，则说明未知样品异常（即质量不稳定）。

6.6.5 爆珠样品稳定性结果分析

（1）主成分分析。

在一年内对 6 种卷烟用爆珠连续每月抽样（12 批次，共计 720 个样品）。样品内液的一阶导数光谱数据矩阵中，第一、第二主成分的方差贡献率分别为 52.3%、43.3%，累加贡献率达 95.6%。其主成分分析的二维投影如图 6-7 所示，可以发现不同样本各自聚在一起，没有重叠现象。可见，样本点在第一、第二主成分平面上的投影分布可以充分代表样品在超二维空间内的分布特征，这样说明采集的烟用爆珠

内液的 UV-Vis 光谱存在差异性，能有效表征相应烟用爆珠内液的特征。

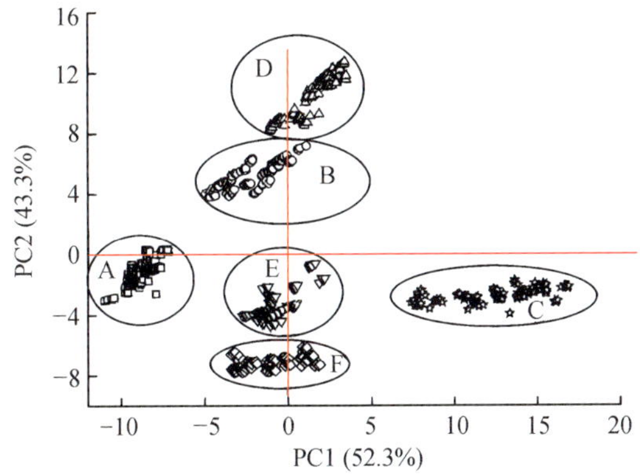

图 6-7　种烟用爆珠样品内液的主成分分析——二维投影图

（2）爆珠样品内液稳定性判定模型。

针对不同牌号爆珠样品分别建立样品内液稳定性整体表征模型。以 E 牌号为例，选取正常 12 个批次共计 36 个样品内液的 UV-Vis 光谱以建立判定模型。然后再选取 50 个样品进行外部验证，样品包括：浓度增加 50%的 E 样品（N_1）、浓度增加 20%的 E 样品（N_2）、浓度减少 25%的 E 样品（N_3）、浓度减少 14%的 E 样品（N_4）、其他牌号样品（N_5 ~ N_8）、混有其他牌号的 E 样品（N_9）以及正常样品（N_{10}）各 5 个。N_1 ~ N_4 类样品的浓度增减通过调节无水乙醇的体积来实现。对 36 个模型样品和 50 个验证样品均平行检测 3 次，结果进行统一编号，依次编为 1 ~ 108 号和 109 ~ 258 号；以各样本编号对应的 Hotelling T^2 值作图，结果如图 6-8 所示。其中 UCL 控制

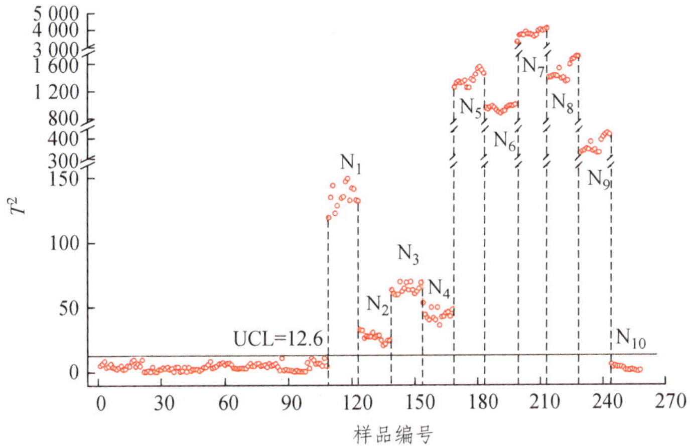

图 6-8　E 牌号爆珠样品内液质量监测图

限在 12.6，N_1 ~ N_9 异常样品均在模型控制限之上，正确判别率为 100%（α=0.05）；正常样品均在控制限以下（α=0.05），正确判别率为 100%。因此，该模型具有较高

的正确判别率。除了 E 品牌之外，研究人员还采用相同方式建立了其他 5 个牌号的爆珠样品内液稳定性判定模型。当 α=0.05 时，5 种模型对正常样品和异常样品的正确判别率均为 100%。因此，其他 5 个牌号样品内液稳定性判定模型对这些牌号的烟用爆珠内液稳定性也能进行有效判定。总之，该研究人员建立的基于多维紫外/可见光谱数据处理技术构建的模型可快速并直观反映烟用爆珠的内液质量稳定性，可用于检测烟用爆珠内液质量，具有经济性和实用性。

7　烟用添加剂的紫外-可见光谱分析

烟用添加剂是卷烟生产过程中用于改善烟草理化性能的助剂，主要包括各种香料香精、保润剂、助燃剂、防霉剂和吸附剂。各种烟用添加剂加入烟草制品中对主流烟气的化学和生物学性质的影响，关系到烟草消费者的生命安全。随着烟草制备技术的快速发展，人们对烟草制品的质量要求和吸烟安全性要求越来越高，对烟用添加剂的重视程度也随之增强。在全球控烟运动的大趋势下，提高烟草安全性，降低烟草烟气中有害成分的释放量是国际烟草技术的发展方向，也是发展中式烟草的必然需求。因此，包括香精香料在内的各烟用添加剂的质量评价一直是烟草企业高度关注的问题。

烟用添加剂中无论是低分子易挥发的酯、醛、酮、不饱和醇、不饱和烃类，还是芳香族化合物类香精香料、防腐防霉剂，以及生物大分子保润剂等，在紫外-可见光谱区绝大部分都有吸收，一旦样品中所含物质的种类与量发生了改变，光谱的形状将随之变化。由于紫外-可见分光光度法在烟草添加剂中的应用范围很广，分析项目繁多，鉴于本书篇幅，不可能全面完整地介绍。本章拟采用紫外分光光度法对部分烟用添加剂进行测量。所述内容希望大家能够对紫外分光光度法在烟用添加剂中的应用状况，有较为全面的了解，并且对运用紫外分光光度法解决科研和生产中的问题能有所帮助。

7.1　植物黄酮提取物中总黄酮含量的紫外-可见光谱法分析[36]

柠檬、无花果等是我们日常食用的水果，原料安全，易于获得，其中所含的黄酮类化合物具有较强的清除 DPPH 等自由基的能力。研究表明，将黄酮提取物加入卷烟后，使烟香飘扬，轻微润，生津，青香增加，余味酸后回甜，枯焦气下降，劲头集中，具有明显的改善卷烟吸味品质的作用，可作为植物型卷烟添加剂的有效的备选原料。目前，检测黄酮类化合物的方法主要有高效液相色谱法、液质联用分析法和薄层色谱法，但此类方法操作较为烦琐，耗时长。下面介绍紫外分光光度法测定黄酮提取物中总黄酮含量的方法。

7.1.1 测定原理

黄酮的测定方法主要有三种，分别是直接法、三氯化铝显色法、硝酸铝显色法。直接法不加任何显色剂，可测定那些具有平面共轭大分子结构、荧光性与标准品相同的黄酮类化合物的总量。其在紫外灯照射下具有较强的荧光发射，可根据最大激发波长和发射波长测定其荧光发射强度。三氯化铝显色法是以三氯化铝为显色剂，而硝酸铝显色法是以亚硝酸钠、硝酸铝、氢氧化钠为显色剂。后两种方法其络合反应均发生在邻二酚羟基部位。

因此，相关研究人员可以通过对上述三种方法紫外-可见光区光谱进行研究，确定黄酮的最大吸收波长后，比较其测量灵敏度、精确性和重复率即可选择合适的分析黄酮提取物中的方法。

7.1.2 仪器与试剂

所用相关仪器与设备见表 7-1。

表 7-1 仪器和设备

设备名称	仪器型号及规格	产地
紫外分光光度计	UV-2450	日本岛津公司
分析电子天平	DJ-5002	美国康州 HZ 电子科技有限公司
电热鼓风干燥箱	101-2	上海第二五金厂
超声波清洗机	SB25-12DT	宁波新芝生物科技股份有限公司
旋转蒸发仪	RE52C	巩义市予华仪器有限责任公司
多功能粉碎机	ST-08	永康市帅通工具有限公司

所用相关试剂与材料见表 7-2。

表 7-2 试剂与材料

试剂名称	规格	来源
医用乙醇（95%）	医用级	长沙分路口塑料化工厂
无水乙醇	AR	上海源叶生物科技有限公司
氯化铝	AR	上海源叶生物科技有限公司
硝酸铝	AR	上海源叶生物科技有限公司
氢氧化钠	AR	上海源叶生物科技有限公司
亚硝酸钠	AR	上海源叶生物科技有限公司

7.1.3　测定步骤

（1）相关溶液配制。

芦丁标准溶液：准确称取 0.009 2 g 芦丁标准品，加无水乙醇溶解，用 25 mL 容量瓶定容，得到浓度为 0.37 mg/mL 的芦丁标准溶液。

5%亚硝酸钠溶液：称取 5.00g 亚硝酸钠固体完全溶于 100 mL 去离子水中，置于 100 mL 的试剂瓶中备用。

10%硝酸铝溶液：称取 10.00 g 硝酸铝固体完全溶于 100 mL 去离子水中，置于 10 mL 的试剂瓶中备用。

4%氢氧化钠溶液：称取 4.00 g 氢氧化钠固体完全溶于 100 mL 去离子水中，置于 100 mL 的试剂瓶中备用。

1%氯化铝溶液：称取 2.00 g 氯化铝固体完全溶于 200 mL 去离子水中，置于 200 mL 的试剂瓶中备用。

（2）最大吸收波长选择。

采用直接法测定时，以芦丁为标样，分别移取芦丁标准溶液和植物黄酮提取液 1.00 mL 于 10 mL 容量瓶中，加 70%乙醇水溶液定容，静置 10 min，用紫外-可见分光光度计在 200 ~ 600 nm 范围内扫描，确定最大吸收波长。

采用亚硝酸钠–硝酸铝–氢氧化钠显色法时：以芦丁为标样，分别移取芦丁标准溶液和植物黄酮提取液 1.00 mL 于 10 mL 比色管中，加 70%乙醇水溶液至 5 mL，再加 0.50 mL5% $NaNO_2$ 溶液，混合均匀，静置反应 5 min 后，加 0.50 mL 10% $Al(NO_3)_3$ 溶液，5 min 后再加 4.00 mL 4% NaOH 溶液，摇匀、静置 10 min，用紫外分光光度计在 200 ~ 600 nm 波长范围内扫描，确定最大吸收波长。

采用氯化铝显色法时，以芦丁为标样，分别移取芦丁标准溶液和植物黄酮提取液 1.00 mL 于 10 mL 比色管中，加 70%乙醇水溶液至 5 mL，再加 4 mL 1% $AlCl_3$ 溶液，混合均匀，定容至 10 mL，静置反应 10 min，用紫外分光光度计在 200 ~ 600 nm 波长范围内扫描，确定最大吸收波长。

（3）标准工作曲线绘制。

分别准确移取 0.00、0.10、0.20、0.30、0.40、0.50、0.60 mL 浓度为 0.37 mg/mL 芦丁标准溶液于 10 mL 容量瓶中，加无水乙醇定容。按最佳测定方法，空白参比为无水已醇，用紫外分光光度计在最大吸收波长处测定溶液的吸光度。以浓度为横坐标，吸光度为纵坐标，绘制芦丁标准工作曲线。

（4）植物提取物中黄酮含量测定。

准确称取 1.00 g 含黄酮的植物粉末，采用固定微波提取条件（即：固液比 1∶15、乙醇浓度 50% V/V、微波时间 14 min、功率 500 W）提取黄酮，得到植物黄酮粗提液。移取 1.00 mL 黄酮提取液至 10 mL 容量瓶中，再按照上述最佳方法测定最大吸收波长处的吸光度值，根据标准工作曲线计算得率即可。

7.1.4 测定结果分析

根据标准工作曲线方程和下式（7-1）和（7-2）计算植物黄酮的浓度和得率。具体如下。

植物提取物中黄酮浓度计算公式为

$$X\text{mg}/\text{L} = (Y + 0.00133)/0.03688 \times n \tag{7-1}$$

式中，Y 为样品的吸光度值；n 为稀释倍数。

植物提取物中黄酮的得率计算公式为

$$(\text{mg}/\text{g}) = X \times V \times 10^{-6}/m \tag{7-2}$$

式中，X 为黄酮浓度，mg/L；V 为提取液体积，mL；m 为原料质量，g。

7.2 紫外分光光度法检验总姜黄素类化合物的相对含量[37]

近年来，我国烟草科研人员已经研制出多种用于烟草的中草药或中草药制剂，如甘草、罗布麻、杜鹃油、葛根、姜黄素等，可有效降低烟草中的焦油量 4 ~ 6 mg/支。其中，姜黄素类化合物（Curcuminoids）主要是从姜科（Zingiberaceae）姜黄属（Curcuma）等药用植物中分离得到，其中以姜黄素（curcumin）、脱甲氧基姜黄素（demethoxycurcumin）、双脱甲氧基姜黄素（bis-demethoxycurcumin）最为常见[结构见图 7-1（a），（b），（c）]。当前，国内有关姜黄素类化合物的提取及含量测定的研究方兴未艾。但纵观国内的诸多研究成果，在工艺上往往侧重于提取得率而忽视色素含量的考察。为了了解各植物提取物中姜黄素类化合物含量的高低，明确其作为潜在香精香料添加剂原料的潜力，本节将重点介绍紫外分光光度法测定总姜黄素类化合物相对含量的过程原理与具体操作步骤。

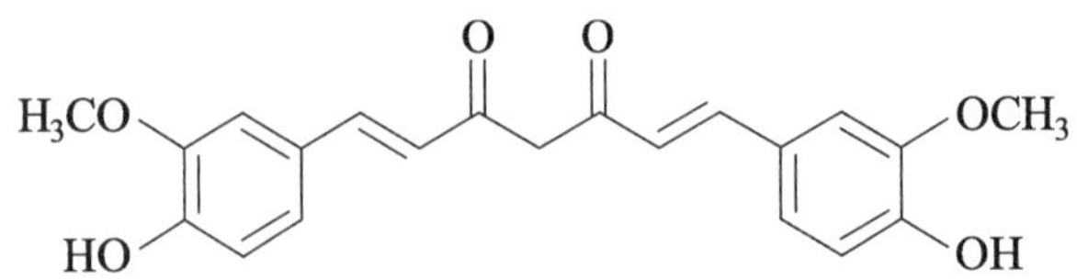

（a）姜黄素

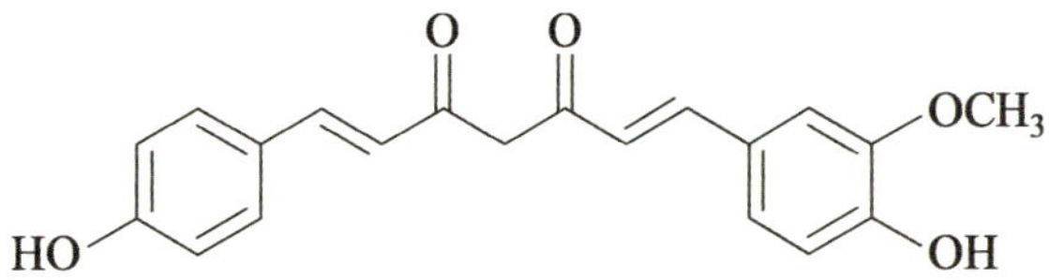

（b）脱甲氧基姜黄素

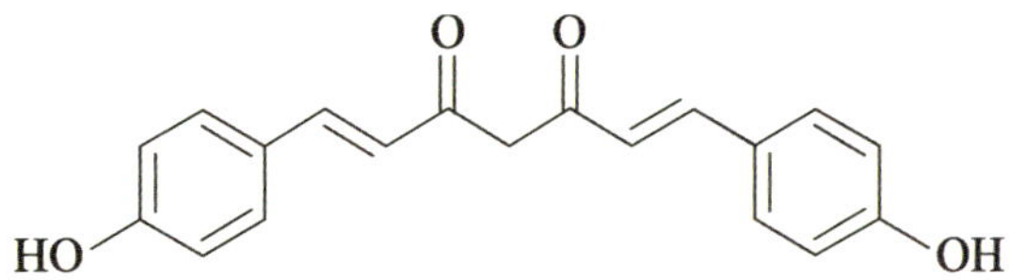

（c）双脱甲氧基姜黄素

图 7-1　姜黄素类化合物常见结构图

7.2.1　测定原理

利用姜黄素及其同系物的 95%乙醇溶液在 λ=425 nm 处有较强的吸收峰而干扰少的特点，可以建立基于可见光分光光度法测定总姜黄素含量的方法。

7.2.2　仪器与材料

仪器：VIS-7220 可见分光光度计、电子天平、DZF-6020 型真空干燥箱。

试剂与材料：95%乙醇（AR，汕头市西陇化工厂）、姜黄素对照品（AR，熔点 182.0 ~ 185.0 ℃，天津凯莱英化学有限公司提供）、姜黄素标准品、吸量管（2 mL、1 mL）、容量瓶（100 mL、50 mL、25 mL、10 mL））以及一些常规的玻璃仪器。

姜黄原料：姜黄（Curcuma longa）的根茎（采自广西那坡县姜黄种植基地，已在室内自然晾干并保存一年），用时以机械粉碎成 20 ~ 40 目的姜黄粉末。

7.2.3　测定步骤

（1）紫外检测条件。

采用可见紫外-分光光度法于在 425 nm 处测定总姜黄素含量。

（2）标准溶液的制备。

精密称取在 40 ℃（−0.099 MPa）下干燥 12 h 的姜黄素 9 mg 置于 100 mL 容量瓶中加 95%乙醇溶解并定容至 100 mL，摇匀。

（3）标准工作曲线的建立。

量取计量好的标准溶液置于 25 mL 容量瓶中以 95%乙醇为溶剂分别配成浓度为 1.44、3.60、5.76、7.20、9.00、14.40、18.00（μg/mL）的测试液，编号为 1、2、3、4、5、6、7，以 95%乙醇为参比液在 425 nm 处测定吸光度以吸光度为纵坐标，浓度为横坐标绘制标准曲线，并考察线性关系、线性范围（标准曲线如图 7-2 所示）。

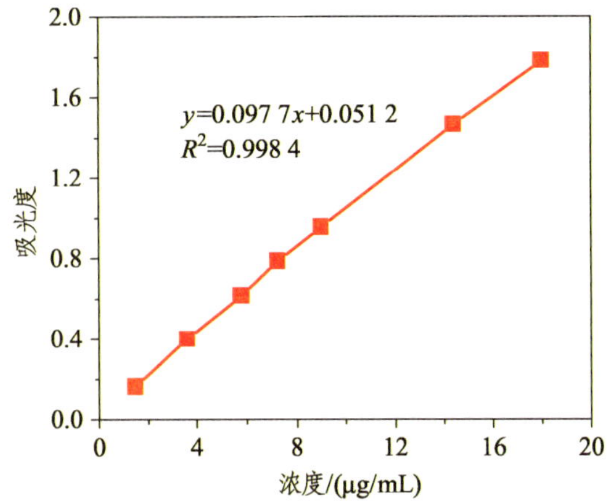

图 7-2　总姜黄素含量标准曲线

7.2.3　测定方法评价

（1）加标回收率。

准确称取姜黄素对照品 18 mg，以 95%乙醇溶解并定容至 50 mL，摇匀。量取计量好的对照品溶液，置于容量瓶中以 95%乙醇溶液配成浓度为 57.6 和 7.20（μg/mL）的对照品溶液，分别加入标准品（浓度 14.40 μg/mL）1 ~ 2 mL，依步骤（3）制备供试液，编号为 1、2、3、4、5、6（加样量见表 7-3、加样回收试验结果见表 7-4）。以 95%乙醇为参比液，测定加对照品后的供试液在 425 nm 处的吸光度。参考标准工作曲线计算含量和回收率。

表 7-3　加样量

	1	2	3	4	5	6
对照品/（μg/L）	57.60	57.60	57.60	57.60	7.20	14.40
标样/（μg/L）	90.00	90.00	90.00	90.00	57.60	
加入量	1	1	1	3	2	2
	1	2	2	2	2	1
定容/mL	25	25	25	25	25	25

表 7-4　加样回收试验结果（测定次数 n=12）

编号	标样量/μg	加对照品量/μg	吸光度	实测量/μg	回收率/%	平均值/%	RSD/%
1	90.00	57.60	0.639	150.41	101.90	100.77%	2.40%
2	180.00	57.60	1.000	242.78	102.18		

续表

编号	标样量/μg	加对照品量/μg	吸光度	实测量/μg	回收率/%	平均值/%	RSD/%
3	180.00	57.60	1.006	244.32	102.83%		
4	180.00	172.80	1.399	344.88	97.76%		
5	28.80	14.40	0.224	44.22	102.35%		
6	14.40	172.80	0.765	182.65	97.575		

（2）精密度。

取同一试样连续测定 12 次，检验精密度。

（3）稳定性。

取同一试样，每隔 20 h 左右测定其吸光度。稳定性试验结果表明 19 h 内 RSD 为 2.00%，87 h 内 RSD 为 1.87%。

7.3　紫外分光光度法测定甘草提取物中的甘草酸含量[38]

甘草提取物作为烟草制品的添加剂已有百年历史。甘草酸作为甘草提取物之一，在卷烟加香加料过程中掺入甘草提取物既能降低卷烟刺激性、掩盖杂气，又能改善卷烟燃吸条件（增加烟丝填充性），加强甜润感，使余味甘甜，同时亦可以降低卷烟烟气中的焦油含量，降低主流烟气中的自由基。因此，基于甘草提取物，可以从疗效、增香、调味、保润和定香等五个方面探索其在卷烟中的功效，进而能开发出药物型、保健型卷烟。目前有关测定甘草酸含量的主要方法有重量法、比色法和 HPLC 法等测定方法。本章节主要采用紫外分光光度法测定甘草酸的含量。

7.3.1　测定原理

甘草酸标准品在 250 nm 处有最大吸收峰。因此，根据朗伯-比尔定律，可以建立吸光度 A 与其浓度 C 之间的关系。

7.3.2　仪器与试剂

本实验所需设备见表 7-5。

表 7-5 仪器和设备

仪器	型号	生产商
超高压装置	UHP 900×2	内蒙古包头文天科技有限公司
紫外-可见分光光度计	UV-2100	上海光谱仪器有限公司
台式离心机	TDL-5A	上海菲恰尔分析仪器有限公司
电热恒温鼓风干燥箱	DHG-9145A	上海一恒科学仪器有限公司
电子分析天平	METTLER 4E200	上海沛欧分析仪器有限公司

本实验所用试剂见表 7-6。

表 7-6 主要实验试剂

名称	纯度	生产商家
甘草酸对照品	98%	替斯艾么中药研究所
芦丁对照品	95%	中国药品生物制品检定所
无水乙醇	AR	北京化工厂
硫酸	GR	北京化工厂
亚硝酸钠	AR	开封开化有限公司试剂厂
氢氧化钠	AR	北京化工厂
硝酸铝	AR	天津四友试剂厂

7.3.3 测定步骤

（1）对照品溶液制备。

精确称取在 105 ℃烘箱中恒重好的甘草酸标准品 0.050 4 g，再用 50% V/V 乙醇溶液溶解，然后完全转移至 50 mL 容量瓶中定容成浓度约为 1.008 mg/mL 的对照品溶液。

（2）检测波长选择。

一般来说，甘草酸标准品可在 250 nm 处有最大吸收。但是，当溶剂不同时，其最大吸收峰位置可能会偏移。因此，需要进行真实溶液扫描，以确定最大吸收波长。然后，可以根据郎伯-比耳定律，建立标准工作曲线，再根据曲线计算出待测样品中甘草酸浓度。

7.3.4 测定结果分析

（1）绘制标准曲线。

准确称取 1.0、2.0、3.0、4.0、5.0 mL 甘草酸对照品于 50 mL 容量瓶中，再用 50% V/V 乙醇定容。以 50%乙醇做参比溶液，在 250 nm 处测定吸光度值，结果见表 7-7。该标准曲线在 0.000 6～0.100 8 mg/mL 范围内呈线性关系，如图 7-3 所示。

表 7-7　甘草酸标准品的吸光度值

浓度/（mg/mL）	0	0.020 2	0.040 3	0.060 5	0.080 6	0.100 8
吸光度	0	0.200	0.418	0.618	0.860	1.051

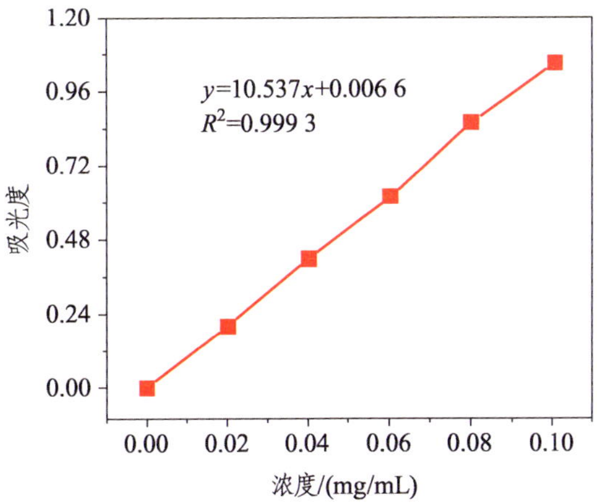

图 7-3　甘草酸标准品的标准曲线

（2）重复性实验。

分别精密量取 3.0 mL 甘草酸标准溶液 6 份，按上述操作进行，测定吸光度值，结果如表 7-8 所示。

表 7-8　甘草酸标准品的重复性试验

次数	1	2	3	4	5	6	平均值	SD 值	RSD
吸光度	0.618	0.627	0.621	0.623	0.615	0.619	0.620 5	0.003 8	0.62%

取六份甘草粉 10.000 g，在提取压力 200 MPa、乙醇浓度 30%、液固比为 8∶1、保压时间 15 min 的条件下超高压浸提，按上述方法测定甘草酸的吸光度值，计算甘草酸提取率，结果如表 7-9 所示。

表 7-9　样品中甘草酸的重复性试验

次数	1	2	3	4	5	6	平均值	SD 值	RSD
提取率/%	9.94	10.23	9.81	10.12	9.79	9.76	9.94	0.177 1	1.78%

从表 7-8 和表 7-9 可以看出，用甘草酸标准品作为对照品，采用紫外分光光度法测定甘草酸的含量，标样和样品的重复性较好，其 RSD 分别为 0.62%和 1.78%。

（3）回收率试验。

取 7 份甘草粉 10.000 0 g，1 份作为空白，其他 6 份加入不同量的甘草酸标准品溶液，在提取压力 200 MPa、乙醇浓度 30%、液固比为 8∶1、保压时间 15 min 条件下超高压浸提，按（2）的方法，测定甘草酸的吸光度值，计算甘草酸的回收率，结果如表7-10所示。从表7-10可以看出，甘草酸的平均回收率为99.10%，RSD=1.31%（n=6），说明本方法的回收率较好。

表 7-10　回收率试验

样品编号	1	2	3	4	5	6
对照品加入量/g	0.300 2	0.300 2	0.300 2	0.600 4	0.600 4	0.600 4
样品中甘草酸的含量/g	1.267 2	1.278 6	1.216 6	1.208 0	1.239 8	1.296 2
测得的量/g	1.567 5	1.578 2	1.506 3	1.807 9	1.840 3	1.886 5
回收率/%	100.03	99.80	96.50	99.92	99.98	98.38
平均回收率/%	99.10					
RSD/%	1.31					

7.4　双波长紫外分光光度法测定烟丝中的对羟基苯甲酸乙酯含量[39]

对羟基苯甲酸乙酯（尼泊金乙酯）是近年来广泛使用于食品中的一种低毒高效防腐剂。同时，国内外也有人用它作为卷烟防霉剂，效果良好。食品中尼泊金乙酯含量的测定，已有许多方法，但不适用于烟。为此，我们提出了试样以水提取后，用乙醚萃取分离除去干扰物质，然后用紫外光谱法测定。本法具有操作简单、准确性高的优点，满足于工业分析的要求。下面将介绍紫外分光光度法测定卷烟中对羟基苯甲酸乙酯的含量。

7.4.1　测定原理

对羟基苯甲酸乙醋标准品在紫外光谱有吸收。因此，根据郎伯-比耳定律，可以建立某一波长下的吸光度 A 与其浓度 C 之间的关系。

7.4.2　仪器与试剂

所用紫外光谱仪为7502型分光光度计（上海分析仪器厂）。

所用试剂的配置步骤如下：

0.3M 的 $FeCl_3$ 溶液：20g $FeCl_3 \cdot 6H_2O$ 溶于 250 mL 的 0.1 M HCl 中。

2 M 的盐酸羟胺溶液：3.5g $HONH_2HCl$ 溶于 25 mL 蒸馏水中（室温下可以保存2天）。

碱性盐酸羟胺溶液：以体积比位 1∶1 的 3.5M NaOH 和 2M $HONH_2HCl$ 溶液混合。

对羟基苯甲酸乙酯标准溶液（0.4 mg/mL）：称取对羟基苯甲酸乙酯（江苏金城试剂厂，AR）0.100 0 g，先以 25 mL 乙醇溶解，再转入 250 mL 容量瓶中，以水稀释至刻度，摇匀。

7.4.3 测定步骤

（1）试样预处理。

称取含对羟基苯甲酸乙酯的烟丝 5 g，装入 250 mL 的容量瓶中，加入 100 mL 水，摇动 2 ~ 3 min，然后用水稀释至刻度，放置 40 min（摇动数次）后用干滤纸过滤，准确吸取 25 mL 试液，置于 125 mL 梨形分液漏斗中，用 50 mL 乙醚分三次萃取，收集的乙醚层倒入 250 mL 容量瓶中，待乙醚在 50 ℃水浴下蒸干后，再加入第二次乙醚，最后将乙醚层完全蒸干，残渣供实验用。

（2）吸收曲线。

对羟基苯甲酸乙酯水溶液的紫外吸光谱在 253 nm 处有一吸收峰 λ_2；为了消除背景干扰，测定采用双波长法，以测定波长 λ_2（253 nm）和参比波长 λ_1 相对应的吸光度差 ΔA，在一定浓度范围内，与对羟基苯甲酸乙酯含量成线性关系的原理来进行测定。

（3）校正曲线的制作。

分别加入 5 g 烟丝于 6 只 250 mL 的容量瓶中，然后再分别加入 4、8、12、16、20 mL 0.5mg/L 的对羟基苯甲酸乙酯溶液，按试样预处理方法处理。最后，用二次蒸馏水稀释、定容。以二次蒸馏水为空白，测定 253 nm 处的吸光度值 A_2 和 280 nm 处的吸光度值 A_1。以 A_2 和 A_1 之差 ΔA 对羟基苯甲酸乙酯含量作图。实验表明，当其浓度在 0 ~ 250 μg/25 mL 内时，和所测吸光度差值有良好的线性相关性。

7.4.4 测试结果分析

（1）回收率测定。

用标准加入法测定回收率，结果见表 7-11 所示，测得的回收率为 92% ~ 106%。

表 7-11 回收率测定

加入量/mg	5.00	5.00	5.00	5.00	5.00	5.00	5.00
测得值/mg	5.28	5.18	5.18	4.60	5.25	4.75	4.85
回收率/%	106	104	104	92	105	95	97

（2）实际试样测定和方法精密度。

对一个实际样品进行 7 次重复测定，测定结果依次为 1.00、1.01、0.98、0.97、0.98、0.99、0.96，标准偏差为 0.018，变动系数为 1.8%，说明方法精密度很好。

8 卷烟生产过程废水的紫外-可见光谱法分析

烟草废水主要来源于烟草加工过程中的多个环节，包括烟叶的预处理、切丝、膨胀、加香、包装以及工厂人员生活等。其中，在烟草加工废水中所存在的大部分有机污染物（如烟碱、酚类、有机酸、醇类等）都具有十分明显的紫外线吸收。因此，在水质监测工作中就可以借助紫外线光谱分析来对其进行监测，并通过相应的综合计算过程来求得与之相对应的监测数据。此外，由于现代化的紫外-可见光谱仪的精度高、响应快、易操作且价格便宜，目前也已被广泛用于常规水质评价指标（总磷、总氮、硝态氮、COD、色度和浊度等）的监测中[40]。由于篇幅有限，本章将重点介绍几种常规水质评价指标的紫外-可见分析方法。

8.1 废水色度和浊度的比色法分析[40]

一般来说，洁净水样应为无色的。但是，当天然水体中存在腐殖酸、泥沙、浮游生物以及其他铁锰地球化学元素时常常会着色。此外，对于烟草加工等行业废水来说，其水体中常含有大量溶解有色物质，因此常是使水体环境着色的主要污染源。若烟草废水中的有色物质直接排放到天然水体后，其会减少水体透光性，严重影响沉水植物以及其他水生生物的生长。色度的测量可以评估水体的透明度和颜色。其单位为度，衡量标准为：每升水中含有 2 mg 六水合氯化钴（Ⅱ）（相当于 0.5 mg Co）和 1 mg Pt[以六氯铂（Ⅳ）酸计]时生产的颜色为 1 度。

与色度相比，浊度是指当水中存在悬浮颗粒时（如泥沙、黏土、有机物、无机物、浮游生物和微生物等），其对光线的散射程度，是评估水质清澈程度的重要指标。当水中存在较多的悬浮颗粒时，光线通过水体时会发生散射，使得水体变得浑浊不清。测量水样浊度可用分光光度法、目视比浊法或者浊度计直接测量。

8.1.1 测量原理

当废水中存在有色物质时，其在紫外或可见光区必然有吸收，因此一般采用紫外光谱法通过测量水样在特定波长下的吸光度来评估溶解有色物质的含量。具体为，将待测水样与氯铂酸钾-氯化钴配成的系列标准溶液进行比色。

当光线通过含有悬浮颗粒的水体时，部分光线会被颗粒散射，导致透射光强度减弱。因此，通过测量透射光或散射光的强度变化，可以间接推断出水体的浊度。测定浊度时，可在适当温度下，利用硫酸肼与六次甲基四胺聚合成白色高聚物，并以之作为浊度标准液，进而与待测水样进行浊度比较。

8.1.2　仪器与试剂

50 mL 具塞比色管（建议同一批次生产，且刻度线高度近乎一致）、分光光度计（注明型号、厂家）。

如无特殊规定，本实验所用试剂均为分析纯试剂。

铂钴标准溶液：取 1.246 g 氯铂酸钾及 1.000 g 六水合氯化钴溶于 100 mL 水中，加入 100 mL 盐酸后用水定容至 1 L，然后转移至具塞玻璃瓶中，置于暗处备用。参照标准规定，已知此溶液色度为 500 度。

无浊度水：将蒸馏水用 0.2μm 滤膜过滤，存储、备用。

浊度储备液：首先，取 1.000 g 硫酸肼溶于水中，定容成 1 L 的溶液；然后，取 10.00 g 六次甲基四胺溶于水中，定容成 100 mL 的溶液；吸取 5.00 mL 上述硫酸肼溶液和 5.00 mL 六次甲基四胺溶液于 100 mL 容量瓶中混匀，在 25±3 ℃下静置 24 h 后，用水定容。此时，溶液浊度规定为 400 度，可存贮、使用 30 天。

8.1.3　测定步骤

（1）色度测定步骤。

系列标准色度溶液配置：按照 0.50 mL/每次的增量，向 13 支 50 mL 具塞比色管中逐次从 0 mL 开始逐渐加至 7.00 mL 铂钴标准溶液，用水稀释、定容后混匀。密塞保存。此时，各管色度值依次从 0 增加至 70，色度间隔值为 5。

水样测定：首先，取 50.0 mL 澄清、透明的水样于比色管中。然后，将水样和标准色度溶液进行目视法比较。观察溶液时，可以将比色管置于白色介质（如白纸板）上，使光线从管底部向上透过液体，从管口垂直向下观察，并记录与水样色度相同的铂钴标准色度值。如果水样色度较大，可根据情况适当减少水样体积，再用水稀释至 50 mL。此外，如水样有浑浊物存在时，需要放置或者离心澄清，或者采用 0.45 微米滤膜滤除悬浮物。由于滤纸会吸附有色物质，本步骤中不可用。

（2）浊度测定步骤。

标准工作曲线绘制：依次吸取上述浊度标准液 0、0.5、1.25、2.50、5.00、10.00、12.50 mL 于 50 mL 比色管中，加无浊度水定容，摇匀后可得浊度值为 0、4、10、20、40、80、100 的系列标准浊度液。然后，将溶液置于 3 cm 光程的比色皿中，用光度计测定其在 680 nm 处的吸光度，绘制出标准工作曲线。

待测水样分析：吸取 50.0 mL 摇匀后无气泡的水样（如浊度大于 100，可适当减少体积，用无浊度水定容至 50 mL）于 50 mL 比色管中，按标准曲线绘制步骤测定吸光度，根据曲线求出水样浊度即可。

8.1.4 测定结果计算

待测水样的色度和浊度计算公式分别如式（8-1）和（8-2）所示。

$$色度（度）=A\times 50/B \tag{8-1}$$

式中，A 为稀释后水样相当于铂钴标准溶液的色度；B 为水样体积，mL。

$$浊度（度）=A\times（B+C）/C \tag{8-2}$$

式中，A 为稀释后水样的浊度，度；B 为稀释水体积，mL；C 为原水样体积，mL。

此外，本方法规定不同浊度范围的水样测试精度要求如下：浊度值范围在 1～10、10～100、100～400、400～1 000、>1 000 的，其精度（度）分别在 1、5、10、50、100 之内。

8.1.5 方法注意事项

（1）除了氯铂酸钾外，还可以用重铬酸钾配置标准色度溶液。方法为：称取 0.043 7 g 重铬酸钾和 1.000 g 七水合硫酸钴溶于装有 100 mL 水的烧杯中，然后加入 0.50 mL 硫酸，用水稀释并完全转移至 500 mL 容量瓶中，定容。此时，本溶液色度值规定为 500 度。溶液不易久存，定期配置。如果样品中有泥土或其他超细悬浮物时，预处理后仍不能得到透明水样，此时测定的色度为水样“表观颜色”。

（2）本方法测量浊度时的最低检测浊度为 3 度，且待测水样应无空气泡、碎屑及易沉降的颗粒，且盛装器皿需洁净。如果在 680 nm 波长处测定时，天然水体中存在的淡黄色和淡绿色不会干扰结果准确性。此外，使用的硫酸肼试剂有致癌风险，取用时需注意。

8.2 废水中硝酸盐氮的双波长紫外光谱法分析[41][42]

卷烟废水中的硝酸盐氮主要来源于卷烟生产过程中的烟草原料、烟用添加剂以及废水处理过程中添加或产生的硝态氮。此外，厂区内生活废水也可能含有一定量的硝酸盐氮。硝酸盐氮本身在浓度较低时相对无毒，但它可以被还原为亚硝酸盐，对人体健康造成危害，如导致高铁血红蛋白血症、肝硬化和癌症等。同时，硝酸盐氮也是导致水体富营养化的主要因素之一，会促进藻类植物的大量繁殖，引发水华等环境问题。许多国家和地区都对废水中的硝酸盐氮排放制定了严格的标准。例如，美国和加拿大的硝酸盐最高浓度为 10 mg/L，欧盟建议的浓度为 11.3 mg/L，中国的硝酸盐排放标准也为 10 mg/L。这些标准旨在保护水体免受硝酸盐氮污染的影响。

针对卷烟废水中的硝酸盐氮，可以采取多种处理方法，包括物理法、化学法和生物法等。以芜湖卷烟厂为例，该厂在处理烟草废水时采用了多种技术组合工艺，包括气浮、水解酸化、接触氧化、斜管沉淀、砂滤活性炭等步骤。这些技术能够有效地去除废水中的悬浮物、油类以及有机物等污染物，同时也能够降低废水中的硝酸盐氮浓度。通过这些处理步骤，芜湖卷烟厂废水处理出水水质达到了国家相关排放标准。

卷烟纸生产废水中硝酸盐的测定方法颇多，常用的有酚二磺酸光度法、镉柱还原法、戴氏合金还原法、离子色谱法、紫外法和电极法等。酚二磺酸法测量范围较宽，显色稳定。镉柱还原法适用于测定水中低含量的硝酸盐。戴氏合金还原法对严重污染并带深色的水样最为适用。离子色谱法需有专用仪器，但可同时和其他阴离子联合测定。紫外法和电极法常作为在线快速方法使用，尤其是将电极法改为流通池后可保证电极性能良好，不易受检测水体的沾污和损坏。目前的自动在线监测仪多使用紫外法或电极法。本节将介绍我国发布的最新的测定水质中硝酸盐氮含量的紫外分光光度标准方法，该方法于 2007 年 5 月 1 日起实施。

8.2.1　测定原理

利用硝酸根离子在 220 nm 波长处的吸收而定量测定硝酸盐氮。溶解的有机物在 220 nm 处也会有吸收，而硝酸根离子在 275 nm 处没有吸收。因此，在 275 nm 处作另一次测量，以校正硝酸盐氮值。

8.2.2　干扰物及消除方法

溶解的有机物、表面活性剂、亚硝酸盐、六价铬、溴化物、碳酸氢盐和碳酸盐等干扰测定，需进行适当的预处理。本法采用絮凝共沉淀和大孔中性吸附树脂进行处理，以排除水样中大部分常见有机物、浊度和 Fe^{3+} 、Cr^{6-} 对测定的干扰。

8.2.3　适用范围

本方法适用于较为清洁水中硝酸盐氮的测定，其最低检出浓度为 0.08 mg/L，测量下限为 0.32 mg/L、上限为 4 mg/L。

8.2.4 仪器与试剂

紫外分光光度计、离子交换柱（ϕ1.4 cm，装树脂高 5 ~ 8 cm）等。

氢氧化铝悬浮液、10%硫酸锌溶液、5 mol/L 氢氧化钠溶液、大孔径中性树脂（CAD-40 或 XAD-2 型及类似性能的树脂）、甲醇（分析纯）、1 mol/L 盐酸、0.100 mg/mL 硝酸盐标准贮备液、0.8%氨基磺酸溶液（避光冷藏）。其中，氢氧化铝悬浮液与硝酸盐标准贮备液的配置方法如下：

氢氧化铝悬浮液：称取 125 g 十二水合硫酸铝钾溶于 1 L 水中，加热至 60 ℃后于搅拌中缓慢加入 55 mL 浓氨水，放置约 1 h 后，移入 1 L 量筒中，用去离子水反复洗涤沉淀，至洗涤液中不含硝酸盐氮为止。澄清后，把上清液尽可能倾出，只留浓稠悬浮液，最后加入 100 mL 去离子水，使用前应振荡均匀。

0.100 mg/mL 硝酸盐标准贮备液：取 0.722 g 经烘箱干燥（105 ~ 110℃、2 h）的优级纯硝酸钾（KNO_3）溶于水，移入 1 L 容量瓶中，用去离子水稀释、定容，加 2 mL 三氯甲烷作保存剂，混匀后至少可稳定 6 个月。

8.2.5 测定步骤

（1）吸附柱制备。

新树脂先用 200 mL 水分两次洗涤，用甲醇浸泡过夜，弃去甲醇，再用 40 mL 甲醇分两次洗涤，然后用新鲜去离子水洗到柱中流出液滴落于烧杯中无乳白色为止。树脂装入柱中时，树脂间绝不允许存在气泡。

（2）水样测定。

首先，量取 200 mL 水样置于锥形瓶或烧杯中，加入 2 mL 硫酸锌溶液，在搅拌下滴加氢氧化钠溶液，调 pH 至 7。或将 200 mL 水样调 pH 至 7 后，加 4 mL 氢氧化铝悬浮液。待絮凝胶团下沉后，或经离心分离，吸取 100 mL 上清液分两次洗涤吸附树脂柱，以每秒 1 至 2 滴的流速流出（注意各个样品间流速保持一致）。弃去。再继续使水样上清液通过柱子，收集 50 mL 于比色管中，备测定用。树脂用 150 mL 水分三次洗涤，备用。需要注意的是，树脂吸附容量较大，可处理 50 ~ 100 个地表水水样（视有机物含量而异）。使用多次后，可用未接触过橡胶制品的新鲜去离子水做参比，在 220 nm 和 275 nm 波长处检验，测得的吸光度应接近零。超过仪器允许误差时，需以甲醇再生。

其次，加 1.0 mL 盐酸溶液、0.1 mL 氨基磺酸溶液于比色管中。如亚硝酸盐氮低于 0.1 mg/L 时，可不加氨基磺酸溶液。

最后，以经过树脂吸附的新鲜去离子水 50 mL 加 1 mL 盐酸溶液为空白对照，利用配有 1 cm 石英比色皿的紫外分光光度计测量水样在 220 nm 和 275 nm 波长处的吸光度。

（3）校准曲线绘制。

将 0.50、1.00、2.00、3.00、4.00 mL 硝酸盐氮标准贮备液分别加入 5 个 200 mL 容量瓶中，用新鲜去离子水稀释、定容，所得系列硝酸盐氮标准液浓度分别为 0.25、0.50、1.00、1.50、2.00 mg/L。按上述水样测定步骤测量其吸光度。

8.2.6　结果计算

校准吸光度值计算如下：

$$A_{校} = A_{220} - 2A_{275} \tag{8-3}$$

式中，A_{220} 和 A_{275} 分别为在波长为 220 nm 和 275 nm 处测得的吸光度。求得吸光度的校正值 $A_{校}$ 以后，从校准曲线中查得相应的硝酸盐氮量，即为水样测定结果（mg/L）。稀释后水样的测定结果应乘上稀释倍数。

8.2.7　方法精密度和准确性

四个实验室分析含 1.80 mg/L 硝酸盐氮的统一标准样，实验室内相对标准偏差为 2.6%；实验室间总相对标准偏差为 5.1%；相对误差为 1.1%。

8.2.8　注意事项

（1）水样采集后应及时进行测定。必要时，应加硫酸使 pH<2，保存在 4 ℃以下，在 24 h 内进行测定。

（2）为了解水受污染程度和变化情况，需对水样进行紫外吸收光谱分布曲线扫描。水样与近似浓度的标准溶液分布曲线应类似，且在 220 nm 与 275 nm 附近不应有肩状或折线出现。参考吸光度比值（A_{275} / A_{220}）×100% 应小于 20%，越小越好。超过 20%应予以鉴别。水样经上述方法适用情况检验后，符合要求时，可不经预处理，再接取 50 mL 水样于比色管中，加盐酸和氨基磺酸液后，进行吸光度测量。如经絮凝后水样亦达到上述要求，则也可只进行絮凝预处理，省略树脂吸附操作。

（3）含有有机物的水样且硝酸盐含量较高时，须进行预处理后再稀释。

（4）大孔中性吸附树脂对环状、空间结构大的有机物吸附能力强，对低碳链、有较强极性和亲水性的有机物吸附能力差。

（5）当水样存在六价铬时，絮凝剂应采用氢氧化铝，并放置 0.5 h 以上再取上清液供测定用。

8.3 废水中总氮的碱性过硫酸钾预氧化耦合双波长紫外光谱法分析[43]

总氮是指有机氮和无机氮的总和，一般以硝酸盐、亚硝酸盐以及氨态氮等多种形式存在于自然水体中。卷烟纸厂排放的废水中含有大量的氮元素，流入自然水体引发总氮含量增加，造成浮游植物繁殖旺盛，富营养化严重，威胁生态系统稳定性。如何进行废水中总氮含量的测定具有重要的现实意义，也是相关检测部门重点研究的问题之一。目前常用的水体总氮测定方法有碱性过硫酸钾氧化-紫外分光光度法（HJ 636—2012）。依据该标准，水样采集后，需用硫酸酸化到 pH 小于 2，并在 24 h 内进行测定；测定时，通常采用过硫酸钾氧化，使有机氮和无机氮化合物转变为硝酸盐后，再以紫外分光光度计进行测定。具体如下。

8.3.1 测量原理

在 120 ~ 124 ℃的碱性介质条件下，用过硫酸钾作氧化剂，不仅可将水样中的氨氮和亚硝酸盐氮氧化为硝酸盐，同时将水样中大部分有机氮化合物氧化为硝酸盐。而后，用紫外分光光度法分别于波长 220 nm 与 275 nm 处测定其吸光度，按 $A=A_{220}-2A_{275}$ 计算硝酸盐氮的吸光度值，从而计算总氮的含量。

8.3.2 干扰物及消除方法

水样中含有六价铬离子及三价铁离子时，可加入 5%盐酸羟胺溶液 1 ~ 2 mL 消除。测定 20 μg 硝酸盐氮时，碘离子含量相对于总氮含量的 0.2 倍时无干扰；溴离子含量相对于总氮含量的 3.4 倍时无干扰。碳酸盐及碳酸氢盐对测定的影响，在加入一定量的盐酸后可消除。硫酸盐及氯化物对测定无影响。

8.3.3 适用范围

该法可适用于卷烟生产过程废水中总氮的测定，检测下限为 0.05 mg/L、上限为 4 mg/L。

8.3.4 仪器与试剂

紫外分光光度计、高温蒸汽灭菌锅（最高工作压力大于 1.1 ~ 1.4 kg/cm^2，相应温度为 120 ~ 124 ℃）、25 mL 具塞玻璃磨口比色管若干、其他实验室常用设备。

无氨水：每升水中加入 0.1 mL 浓硫酸，蒸馏。收集馏出液于玻璃容器中或用新制备的去离子水。

20% NaOH 溶液：取 20 g 氢氧化钠（含氮量<0.000 5%），溶于无氨水中，稀释至 100 mL。

碱性过硫酸钾溶液：称取 40 g 无水过硫酸钾（含氮量<0.000 5%）、15 g 氢氧化钠（含氮量<0.000 5%）溶于无氨水中，稀释至 1 L 后存于聚乙烯瓶内（1 周可用）。

（1+9）盐酸和（1+35）硫酸：按照体积比将 1 份原装出产的浓盐酸缓慢倒入 9 份水中，然后用玻棒搅拌混匀。同理，可配置出（1+35）硫酸。

硝酸钾标准贮备液：称取 0.7218 g 经 105 ~ 110℃烘干 4 h 的优级纯无水硝酸钾溶于无氨水中，移至 1 L 容量瓶中，定容可得含 100 mg/L 硝酸盐氮的溶液。加入 2 mL 二氯甲烷后可稳定 6 个月以上。

硝酸钾标准使用液：量取 10.00 mL 硝酸钾标准贮备液至 100 mL 容量瓶中，用水稀释至标线，混匀，临用现配。此溶液每升含 10 mg 硝酸盐氮。

8.3.5　测量步骤

（1）校准曲线绘制。

分别取 0、0.50、1.00、2.00、3.00、5.00、7.00、8.00 mL 硝酸钾标准使用溶液于 25 mL 比色管中，用无氨水稀释至 10 mL 标线。加入 5 mL 碱性过硫酸钾溶液，塞紧磨口塞，用纱布及纱绳裹紧管塞，以防迸溅出。将比色管置于压力蒸汽消毒器中，加热 0.5 h，放气使压力指针回零。然后升温至 120 ~ 124 ℃开始计时（或将比色管置于民用压力锅中，加热至顶压阀吹气开始计时），使比色管在过热水蒸气中加热 0.5 h。自然冷却，开阀放气，移去外盖，取出比色管并冷至室温。加入（1+9）盐酸 1 mL，用无氨水稀释至 25 mL 标线。在紫外分光光度计上,以无氨水作参比，用 1 cm 石英比色皿分别在 220 nm 及 275 nm 波长处测定吸光度。用校正的吸光度绘制校准曲线。

（2）样品测定步骤。

取 10 mL 水样，或取适量水样（使 N 含量为 20 ~ 80 mg/L），按校准曲线绘制步骤操作。然后按校正吸光度在校准曲线上查出相应总氮含量，再用下列公式计算总氮含量。

$$\text{总氮}\ (\mathrm{mg/L})=\frac{m}{V} \tag{8-4}$$

式中，m 为从校准曲线上查得的含氮量（μg）；V 为所取水样体积（mL）；

8.3.6 方法精密度和准确度

21 个实验室对三种含总氮 1.15 ~ 2.64 mg/L 的统一样品进行了测定，室内相对标准偏差为 1.6% ~ 2.5%；室间相对标准偏差为 1.9% ~ 4.9%。

21 个实验室，共测定 64 种水样（水库、湖水、河水等地表水 55 种，井水 2 种，废水 7 种）。每种水样重复测定 6 次，相对标准偏差一般小于 5%，最大为 7%；平均回收率为 95% ~ 105%，仅两种水样回收率为 90%。

8.3.8 注意事项

（1）某些含氮有机物在本标准规定的测定条件下不能完全转化为硝酸盐；

（2）参考吸光度比值 $A_{275}/A_{220}\times 100\%$ 大于 20%时，应予鉴别（参见上一章中硝酸盐氮的紫外分光光度法）；

（3）测定应在无氨的实验室环境中进行，避免环境交叉污染对测定结果产生影响；实验所用的器皿和高压蒸汽灭菌器等均应无氮污染。实验中所用的玻璃器皿应用盐酸溶液或硫酸溶液浸泡，用自来水冲洗后再用无氨水冲洗数次，洗净后立即使用。高压蒸汽灭菌器应每周清洗。

（4）玻璃具塞比色管的密合性应良好。使用高压蒸汽灭菌器时，冷却后放气要缓慢，以免比色管塞蹦出；

（5）使用高压蒸汽消毒器时，应定期校核压力表；使用民用压力锅时，应检查橡胶密封圈，使不致漏气而减压；

（6）在碱性过硫酸钾溶液配制过程中，温度过高会导致过硫酸钾分解失效，因此要控制水浴温度在 60 ℃以下，而且应待氢氧化钠溶液温度冷却至室温后，再将其与过硫酸钾溶液混合、定容。

（7）测定悬浮物较多的水样时，在过硫酸钾氧化后可能出现沉淀。遇此情况，可吸取氧化后的上清液进行紫外分光光度法测定。

8.4 废水中总磷的流动注射分析耦合钼酸铵预反应可见光谱法分析[44]

总磷是循环水磷系水处理方案及其污水排放中的一个重要检测指标，对水质的控制具有重要意义。目前，总磷一般依据国标 GB/T 6913—2023《锅炉用水和冷却水分析方法 磷酸盐的测定》的标准进行测定。国标法的消解环节比较彻底，但存在消解时间长、产生酸雾、检测设备不便携等缺点，因此，研究者提出了诸多替代方案，通常采用紫外、微波、或超声等物理法，联合强氧化剂、增加催化剂等化学法，但既能同时满足现场测定时快速、准确、方便，又不增加试剂消耗的测定方法还鲜有报道。本节将介绍环境保护标准 HJ 671—2013《水质 总磷的测定 流动注射-钼酸铵分光光度法》中所述的连续流动可见光谱法测定水质中总磷的方法。该方法可以实现对大批量水样的连续测定，大大节省操作人员时间、精力。

8.4.1　方法原理

（1）流动注射分析仪工作原理。

在封闭的管路中，一定体积的试样注入连续流动的载液中，试样和试剂在化学反应模块中按特定的顺序和比例混合、反应，在非完全反应的条件下，进入流动检测池进行光度检测。

（2）化学反应原理。

在酸性条件下，试样中各种形态的磷经 125 ℃高温高压水解，再与过硫酸钾溶液混合进行紫外消解，全部被氧化成正磷酸盐，在锑盐的催化下正磷酸盐与钼酸铵反应生成磷钼酸杂多酸。该化合物被抗坏血酸还原生成蓝色络合物，于波长 880 nm 处测量吸光度。参考工作流程如图 8-1 所示。

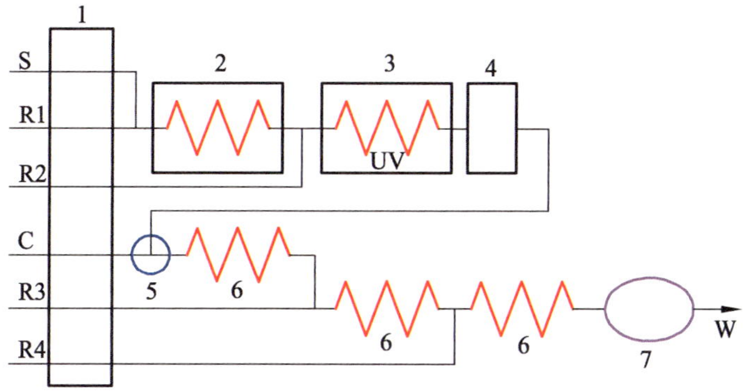

1—蠕动泵；2—加热池(125℃)；3—紫外消解装置(UV254nm)；4—除气泡；5—注入阀；6—反应(混合)圈；7—检测池 10mm 880nm；S—试样；R1—硫酸溶液Ⅰ(5.13)；R2—过硫酸钾消解溶液(5.15)；R3—显色剂(5.18)；R4—还原剂(5.19)；C—硫酸载液(5.20)；W—废液。

图 8-1　流动注射-钼酸铵分光光度法测定总磷参考工作流程

8.4.2　适用范围

该标准方法适用于烟草工业废水、生活污水等水质中总磷的测定。当检测池光程为 1 cm 时，本方法的检出限为 0.005 mg/L（以 P 计），测定范围为 0.020 ~ 1.00 mg/L。

8.4.3 干扰物及消除方法

（1）样品中砷、铬、硫对总磷的测定产生干扰，具体消除方法见 GB 11893—1989《水质 总磷的测定 钼酸铵分光光度法》。

（2）样品的浊度或色度干扰，可通过补偿测量进行校正。具体消除方法：用色度-浊度补偿液（下述）替换钼酸盐显色剂（下述）后对试样进行分析，测得校正值。试样的测量值减去校正值，得到校正后的测量值。

（3）当样品的 pH<2 时，会出现折射指示现象（指在分析物峰的前面出现小的负峰）或双峰干扰；当样品的 pH>10 时，会对测定产生正干扰。因此，应在分析前确保试样 pH 近中性。

8.4.4 仪器与试剂

流动注射分析仪[包括：自动进样器、化学分析单元（即化学反应模块、通道。由蠕动泵、注入阀、反应管路、预处理盒等部件组成）、检测单元（流通池检测波长 880 nm）及数据处理单元。预处理盒包括加热池和紫外消解装置]、天平（精度为 0.000 1 g）、超声波仪（频率 40 kHz）以及实验室其他常规设备。

除磷酸二氢钾（KH_2PO_4，优级纯）、5-磷酸吡哆醛（$C_8H_{10}NO_6P \cdot H_2O$，纯度大于 95%，2 ~ 8 °C密闭保存）外，采用本方法时均需用符合国家标准的分析纯试剂。实验用水为新鲜制备、电导率小于 0.5 μS/cm（25 °C）的去离子水。除标准溶液外，其他溶液和实验用水均用氦气或超声除气。

硫酸溶液 I（2 mol/L）：将 106.5 mL 浓硫酸慢慢加至 800 mL 水中，冷却后用水稀释至 1 L。

硫酸溶液 Ⅱ（0.028 mol/L）：将 1.5 mL 浓硫酸加至 1 L 水中。

过硫酸钾消解溶液：将 26 g 无水过硫酸钾溶于 800 mL 水中，用水稀释、定容至 1 L 并混匀。避光保存，30 天内可用。

钼酸铵溶液：称取 40.0 g 四水合钼酸铵溶于 800 mL 水中，用水稀释、定容至 1 L 并混匀，贮存于聚乙烯瓶中。4 °C下保存，60 天内可用。

酒石酸锑钾贮备液：称取 3.0 g 半水合酒石酸锑钾溶于 800 mL 水中，用水稀释、定容至 1 L 并混匀，贮存于深色聚乙烯瓶中。4 °C下保存，60 天内可用。

显色剂：将 213 mL 钼酸铵溶液和 72 mL 酒石酸锑钾溶液加入约 500 mL 水中，再加入 22.8 g 氢氧化钠，溶解后用水稀释至 1 L 并混匀。4 °C下保存，30 天内可用。

还原剂：称取 70.0 g 抗坏血酸溶于 800 mL 水中，加入 1.0 g 十二烷基硫酸钠，溶解后用水稀释至 1 L、混匀。4 °C下保存，2 周内可用。

硫酸载液：将 40 mL 浓硫酸慢慢加入到 800 mL 水中。冷却后加入 5 g 氯化钠和 1.0 g 十二烷基硫酸钠，用水稀释至 1 L，混匀后 1 周内可用。

磷酸二氢钾标准贮备液[ρ（P）=1 000 mg/L]：称取 4.394 g 磷酸二氢钾溶于水中，溶解后转移至 1 L 容量瓶中，加入 2.5 mL 浓硫酸后用水定容、混匀。4 ℃下贮存于具塞玻璃瓶中，半年内可用。

磷酸二氢钾标准使用溶液Ⅰ[ρ（P）=10.00 mg/L]：量取适量磷酸二氢钾标准贮备液，用水逐级稀释制备。4 ℃下贮存，30 天内可用。

磷酸二氢钾标准使用溶液Ⅱ[ρ（P）=0.50 mg/L]：量取适量磷酸二氢钾标准贮备液，用水逐级稀释制备。临用时现配。（注：如果样品用浓硫酸固定保存，则标准溶液也需要采用硫酸基体制备，即用硫酸溶液Ⅱ代替水配制标准溶液。）

焦磷酸钠标准贮备液[ρ（P）=500 mg/L]：称取 3.600 g 十水合焦磷酸钠溶于水中，移入 1 L 容量瓶中，用水定容、混匀。4 ℃下密闭贮存，90 天内可用。

焦磷酸钠标准使用溶液[ρ（P）=0.50 mg/L]：量取适量焦磷酸钠标准贮备液，逐级用水稀释制备。4 ℃下贮存，1 周内可用。

5-磷酸吡哆醛标准贮备液[ρ（P）=500 mg/L]：称取 0.856 1 g（按纯度 100%计）5-磷酸吡哆醛溶解于适量水中，然后完全转移至 200 mL 容量瓶中，用水定容、混匀。4℃下贮存于棕色具塞玻璃瓶中，90 天内可用。

5-磷酸吡哆醛标准使用溶液[ρ（P）=0.50 mg/L]：量取适量 5-磷酸吡哆醛标准贮备液，用水逐级稀释制备。临用现配。

色度浊度补偿液：将 72 mL 酒石酸锑钾贮备液加入约 500 mL 水中，再加入 22.8 g 氢氧化钠，溶解后用水稀释至 1 L，7 天内可用。

NaOH-EDTA 清洗液：取 65 g 氢氧化钠和 6 g 乙二胺四乙酸四钠溶于 1 L 水中。

8.4.5 测试步骤

（1）水样准备。

按照 HJ/T 91 和 HJ/T 164 的相关规定采集和保存样品。采样前，用水冲洗所有接触样品的器皿，样品采集于清洗过的聚乙烯或玻璃瓶中。采集后应立即加入浓硫酸至 pH≤2，常温可保存 24 h。可于-20 ℃冷冻，保存期 1 个月。注：含磷量较少的样品（总磷浓度≤0.1 mg/L），不宜用聚乙烯瓶贮存，冷冻保存状态除外。

（2）仪器的调试。

按仪器说明书安装分析系统、调试仪器、设定工作参数。按仪器规定的顺序开机后，以纯水代替所有试剂，检查整个分析流路的密闭性及液体流动的顺畅性。待基线稳定后（约 20 min），系统开始进试剂，待基线再次稳定后，进行后续操作。

（3）标准系列制备。

分别量取适量的磷酸二氢钾标准使用溶液Ⅰ，用水稀释定容至 100 mL，制备 6 个浓度点的标准系列。总磷质量浓度分别为 0.000 mg/L、0.020 mg/L、0.100 mg/L、0.200 mg/L、0.500 mg/L 和 1.00 mg/L。

（4）校准曲线绘制。

分别量取适量上述标准系列于样品杯中，由进样器按程序依次从低到高浓度取样、测定。以测定信号值（峰面积）为纵坐标，对应的总磷质量浓度（以 *P* 计，mg/L）为横坐标，绘制校准曲线。

（5）试样测定。

按照与绘制校准曲线相同的条件，进行试样测定。空白试验时，用适量实验用水代替试样，按照相同步骤进行即可（注：若样品总磷含量超出校准曲线范围，应取适量样品稀释后上机测定）。

8.4.6 测试结果分析

样品中总磷的质量浓度（以 *P* 计，mg/L）按照式（8-5）进行计算

$$\rho = \frac{y-a}{b} \times f \tag{8-5}$$

式中，ρ 为样品中总磷的质量浓度，mg/L；y 为测定信号值（峰面积）；a 为校准曲线方程的截距；b 为校准曲线方程的斜率；f 为稀释倍数。

当测定结果小于 1.00 mg/L 时，测定结果保留至小数点后三位；大于或等于 1.00 mg/L 时，测定结果保留三位有效数字。

8.4.7 方法精密度和准确度

6 家实验室分别对总磷浓度为 0.020 mg/L、0.215 mg/L、1.58 mg/L 的统一样品进行了测定，实验室内相对标准偏差分别为 1.9% ~ 5.8%，0.3% ~ 3.0%，0.3% ~ 1.0%；实验室间相对标准偏差分别为 9.5%，2.8%，1.2%；重复性限分别为 0.003 mg/L、0.009 mg/L、0.032 mg/L；再现性限分别为 0.006 mg/L、0.018 mg/L、0.062 mg/L。

6 家实验室分别对总磷浓度为 0.215 mg/L±0.012 mg/L、1.58 mg/L±0.06 mg/L 的有证标准物质进行测定，相对误差分别为 0.0% ~ 4.2%，0.0% ~ 2.5%；相对误差最终值分别为 2.1%±4.0%，1.4%±1.9%。

6 家实验室分别对总磷浓度为 0.031 mg/L ~ 0.172 mg/L、0.146 mg/L ~ 0.680 mg/L 和 0.257 mg/L ~ 1.20 mg/L 的 3 种不同类型的实际样品（地表水、生活污水、工业废水）进行加标回收测定，加标回收率分别为 90.0% ~ 108%、95.5% ~ 108%、92.3% ~ 108%；加标回收率最终值分别为 99.3%±11.8%、103%±9.4%、99.1%±11.4%。

8.4.8　注意事项

（1）因流动注射分析仪流路管径较细，不适用于测定含悬浮物颗粒物较多或颗粒粒径大于 250 μm 的样品。

（2）试剂和环境温度影响分析结果，冰箱贮存的试剂应放置至室温（20±5）℃后再使用，分析过程中室温波动不能超过±2 ℃。

（3）为减小基线噪声，试剂应保持澄清，必要时应过滤。封闭的化学反应系统若有气泡会干扰测定，因此，除标准溶液外的所有溶液须除气，可采用氦气除气 1 min 或超声除气 30 min。

（4）每次分析完毕后，用纯水对分析管路进行清洗，并及时将流动检测池中的滤光片取下放入干燥器中，防尘防湿。

（5）预处理加热器在加热温度接近 80 ℃时，应保证加热器的管路中有液体流动。

（6）不同型号的流动分析仪可参考本标准选择合适的仪器条件。

8.5　废水化学需氧量（COD）的紫外光谱分析[45]

化学需氧量（COD）是指在规定条件下，用强氧化剂氧化 1 L 水样中还原性物质所消耗氧化剂的量，单位为 mg/L。COD 反映的是水体受还原性物质（主要是有机污染物）的污染程度。根据郎伯-比尔定律，可用水质的吸收光谱来解算水质 COD。目前，测定水质 COD 的方法主要有化学法和物理法。化学法以高锰酸盐指数法（COD_{Mn}）和重铬酸钾回流法（COD_{Cr}）为主。由于化学法具有测定结果准确、重现性好等优点，而成为各国测量水质的标准方法。COD_{Cr} 多被欧美国家运用于测定工业污水等重污染水域的需氧量值。我国在 1989 年制定了国家标准 GB/T 11914—1989《水质化学需氧量的测定　重铬酸盐法》，将 COD_{Cr} 分析方法设定成水质监测的标准方法。COD_{Mn} 适用于地下水、较为干净的地表水以及饮用水的分析，在日本广为采用。本节将重点介绍基于快速消解的分光光度法（HJ/T 399—2007）。

8.5.1　测试原理

本方法中，化学需氧量（Chemical Oxygen Demand，COD）指的是在一定条件下，经过量重铬酸钾氧化处理后，水样中溶解性物质和悬浮物所消耗的重铬酸钾量相对应的氧的质量浓度[1 mol 重铬酸钾（$1/6KCrO_7$）]相当于 1 mol 氧（1/2 O）。因此，可以在待测试样中加入已知量的重铬酸钾溶液，然后在强硫酸介质中以硫酸银作为催化剂，经高温消解后，分光光度法测定剩余未反应重铬酸钾量，计算即可得到废水的 COD 值。

当试样的 COD 值为 100～1 000 mg/L，在（600±20）nm 波长处测定重铬酸钾被还原产生的三价铬（Cr^{3+}）的吸光度，试样中 COD 值与三价铬（Cr^{3+}）的吸光度的增加值成正比例关系，将三价铬（Cr^{3+}）的吸光度换算成试样的 COD 值。

当试样中 COD 值为 15～250 mg，在（440±20）nm 波长处测定重铬酸钾未被还原的六价铬（Cr^{6+}）和被还原产生的三价铬（Cr^{3+}）的两种铬离子的总吸光度;试样中 COD 值与六价铬（Cr^{6+}）的吸光度减少值成正比例，与三价铬（Cr^{3+}）的吸光度增加值成正比例,与总吸光度减少值成正比例,将总吸光度值换算成试样的 COD 值。

8.5.2 适用范围

该标准方法适用于烟草工业废水、生活污水等水质中 COD 的测定。对于未经稀释且氯离子含量小于 1 000 mg/L 的水样，本方法测定 COD 的下限为 15 mg/L、上限为 1 000 mg/L；对于 COD 大于 1 000 mg/L 或氯离子含量大于 1 000 mg/L 的水样，可经释放稀释后再行测定。

8.5.3 干扰物及消除方法

（1）氯离子的存在会使测定结果偏高。加入适量硫酸汞与氯离子形成可溶性氯化汞配合物，可减少氯离子干扰；选用低量程方法测定 COD 也可减少氯离子对测定结果的影响；

（2）在（600±20）nm 处测试时，Mn（Ⅲ）、Mn（Ⅴ）或 Mn（Ⅶ）形成的红色物质会引起正偏差。其 500 mg/L 的锰溶液（以硫酸盐计，下同）引起正偏差 COD 值为 1 083 mg/L，其 50 mg/L 的锰溶液引起正偏差 COD 值为 121 mg/L；而在（440±20）nm 处，则 500 mg/L 锰溶液的影响较小，引起的偏差 COD 值为−7.5 mg/L，50 mg/L 锰溶液的影响可忽略不计。

（3）在酸性重铬酸钾条件下，一些芳香烃类有机物、吡啶等化合物难以氧化，其氧化率较低。

（4）试样中的有机氮通常转化成铵离子，铵离子不可被重铬酸钾氧化。

8.5.4 仪器与试剂

1. 仪　器

（1）耐酸玻璃消解管。质量要求：在 165 ℃下可承受 600 kPa 压力，管盖耐热、耐酸。使用前，所有消解管和管盖均应无任何破损或裂纹。[注：a.首次使用消解管时，应按以下方法进行清洗：在消解管中加入适量硫酸银-硫酸溶液（下述）、重铬酸钾溶液（下述）的混合液[6+1]，也可用铬酸洗液代替混合液。拧紧管盖，在 60～80 ℃水浴中加热管子，手执管盖，反复颠倒摇动以洗涤管内壁，室温冷却后拧开盖子，倒出废液后再用去离子水洗净管盖和消解管内、外壁。b.当消解管作为比色管进行光度测定时，应从一批消解管中随机选取 5～10 支，加入 5 mL 去离子水，测定选定波长处的吸光度值，吸光度值的差值应在±0.005 内。c.消解管作比色管应符合使用说明书的要求，且光路照射部位应洁净、光滑、无痕。]

（2）加热器。性能要求：可自动恒温加热、计时鸣叫；升温迅速，可在 10 min 内达到设定的（165±2）℃；有透明且通风的防消解液飞溅罩。加热孔内径稍大于消解管外径,保证紧密接触、均匀受热;加热孔深度至少高于消解管内反应液位 5 mm。其他指标及检验参照 JG 975 的有关要求。

（3）光度计。设备要求：光度测量范围不小于 0～2 吸光度范围，数字显示灵敏度为 0.001 吸光度值。

（4）消解管支架。质量要求：165 ℃下高温不发生形变，且不易擦伤消解比色管光路测量部位，方便比色管放置、取出。

（5）其他实验室常规仪器。质量要求：在 165 ℃下可承受 600 kPa 压力，管盖耐热、耐酸。

2. 试　剂

除特殊规定外，本方法主要使用到的试剂、药品均为分析纯试剂。其中，重铬酸钾、邻苯二甲酸氢钾为基准级或优级纯。相关溶液配置方法如下。

（1）重铬酸钾标准溶液[c（1/6 $K_2Cr_2O_7$）=0.500 mol/L（1 号）、0.160 mol/L（2 号）、0.120 mol/L（3 号）]：将重铬酸钾在（120±2）℃下干燥至恒重后，分别称取 24.515 4 g、7.844 9 g、5.883 7 g 的重铬酸钾置于 3 个装有 600 mL 去离子水的烧杯中后，在搅拌下均慢慢加入 100 mL 浓硫酸，溶解冷却后转移至 3 个 1 L 容量瓶中，加水稀释、定容，摇匀后依次可得上述三种浓度的标准液，保质期为半年。

（2）硫酸汞溶液（c=0.24 g/mL）：将 48.0 g 硫酸汞分次加入到装有 200 mL 硫酸溶液（1+9）的烧杯中，搅拌、溶解可得，保质期半年。

（3）硫酸银-硫酸溶液（c=10 g/L）：将 5.0 g 硫酸银加入到 500 mL 浓硫酸中，静置 1～2 d，搅拌，使其溶解。

（4）预装混合试剂。

在一支消解管中，按表 8-1 中要求加入重铬酸钾溶液、硫酸汞溶液和硫酸银-硫酸溶液，拧紧盖子，轻轻摇匀，冷却至室温，避光保存。在使用前应将混合试剂摇匀。预装混合试剂在常温避光条件下，可稳定保存 1 年。[注：配制不含汞的预装混合试剂时，可用硫酸溶液（1+9）代替硫酸汞溶液（如上），按照本步骤操作。]

表 8-1　预装混合试剂及方法（试剂）标识

<table>
<tr><th>测定方法</th><th>范围/(mg/L)</th><th>重铬酸钾溶液用量/mL</th><th>硫酸汞溶液用量/mL</th><th>硫酸银溶液用量/mL</th><th>消解管规格/mm</th></tr>
<tr><td rowspan="4">比色皿/池分光光度法</td><td rowspan="2">高量程
100～1 000</td><td rowspan="2">1.0（1 号）</td><td rowspan="2">0.50</td><td rowspan="2">6.00</td><td>ϕ 20×120</td></tr>
<tr><td>ϕ 16×150</td></tr>
<tr><td rowspan="2">低量程
15～250/150</td><td rowspan="2">1.0（2 或 3 号）</td><td rowspan="2">0.50</td><td rowspan="2">6.00</td><td>ϕ 16×120</td></tr>
<tr><td>ϕ 16×100</td></tr>
<tr><td rowspan="4">比色管分光光度法</td><td rowspan="2">高量程
100～1 000</td><td colspan="2" rowspan="2">1.0（1 号）+硫酸汞溶液[2+1]</td><td rowspan="2">4.00</td><td>ϕ 16×120</td></tr>
<tr><td>ϕ 16×100</td></tr>
<tr><td rowspan="2">低量程
15～150</td><td colspan="2" rowspan="2">1.0（3 号）+硫酸汞溶液[2+1]</td><td rowspan="2">4.00</td><td>ϕ 16×120</td></tr>
<tr><td>ϕ 16×100</td></tr>
<tr><td colspan="6">（1）比色池（皿）分光光度法的消解管可选用 ϕ 20 mm×120 mm 或 ϕ 16 mm×150 mm 规格的密封管，宜选 ϕ 20 mm×120 mm 规格的密封管；而在非密封条件下消解时应使用 ϕ 20 mm×150 mm 的消解管。
（2）比色管分光光度法的消解管可选用 ϕ 16 mm×120 mm 或 ϕ 16 mm×100 mm 规格的密封消解比色管，宜选 ϕ 16 mm×120 mm 规格的密封消解比色管；而非密封条件下消解时，应使用 ϕ 16 mm×150 mm 的消解比色管。
（3）ϕ 16 mm×120 mm 密封消解比色管冷却效果较好。</td></tr>
</table>

（5）邻苯二甲酸氢钾 COD 标准贮备液（COD 值为 5 000 mg/L）：称取 2.127 4 g 在 105～110 ℃下干燥至恒重后的邻苯二甲酸氢钾溶于 250 qm 去离子水中，然后转移至 500 mL 容量瓶并用去离子水定容、摇匀。此溶液在 2～8 ℃下贮存[或在定容前加入 10 mL 硫酸溶液（1+9），可常温贮存]，保质期 30 天。

（6）邻苯二甲酸氢钾 COD 标准贮备液（COD 值为 1 250 mg/L、625 mg/L）：分别量取 50、25 mL（5）邻苯二甲酸氢钾 COD 标准贮备液（5 000 mg/L）于 2 个 200 mL 容量瓶中，用去离子水定容、摇匀。此溶液在 2～8 ℃下贮存，保质期 30 天。

（7）邻苯二甲酸氢钾 COD 标准系列使用液：分为高量程（测定上限 1 000 mg/L）和低量程（测定上限 250 mg/L）两种规格。具体配置方式如下：

高量程 COD 标准系列使用液：分别量取 5.00、10.00、20.00、30.00、40.00 和 50.00 mL 的 COD 标准贮备液（5 000 mg/L），加入到相应的 250 mL 容量瓶中，用去离子水稀释、定容，摇匀后得到 COD 值分别为 100 mg/L、200 mg/L、400 mg/L、600 mg/L、800 mg/L 和 1 000 mg/L 的系列溶液。2～8 ℃下贮存，30 天可用。

低量程 COD 标准系列使用溶液：分别量取 5.00、10.00、20.00、30.00、40.00 和 50.00 mL 的 COD 标准贮备液（1 250 mg/L），加入到相应的 250 mL 容量瓶中，用去离子水稀释、定容，摇匀后得到 COD 值分别为 25 mg/L、50 mg/L、100 mg/L、150 mg/L、200 mg/L 和 250 mg/L 的系列溶液。2～8 ℃下贮存，30 天可用。

（8）硝酸银溶液（0.1 mol/L）：将 17.1 g 硝酸银溶于 1 L 水中。

（9）铬酸钾溶液（50 g/L）：将 5.0 g 铬酸钾溶于少量水中，滴加硝酸银溶液至有红色沉淀生成，摇匀、静置 12 h 后过滤并用水将滤液稀释至 100 mL。

8.5.5　测试步骤

（1）水样准备。

采集水样（不少于 100 mL）并保存于洁净玻璃瓶中。采集好的水样应在 24 h 内测定，否则应加入硫酸（5.2）调节水样 pH<2。0 ~ 4 ℃下可保存 7 d。

（2）氯离子浓度判定。

在试管中加入 2.00 mL 试样，再加 0.5 mL 硝酸银溶液，充分混合后加入 2 滴铬酸钾溶液、摇匀。如果溶液变红，水样中的氯离子溶液则低于 1 000 mg/L；如果仍为黄色，则氯离子浓度高于 1 000 mg/L。也可按其他认可的分析方法（如 GB 11896—89《水质　氯化物的测定　硝酸银滴定法》）测定水样中氯离子浓度。

（3）水样稀释。

在搅拌条件下进行取样稀释。一般来说，取被稀释水样的体积至少为 10 mL，且稀释倍数小于 10，原水样应逐次稀释为待测试样。

初步判定水样 COD 浓度时，选择对应量程的预装混合试剂，加入相应体积试样摇匀，在（165±2）℃下加热 5 min，检查管内溶液是否呈现绿色。如变绿，应重新稀释后再测定。

（4）测定条件选择。

分析测定条件见表 8-2。一般推荐选用比色管分光光度法测定水样中的 COD。

采用比色池（皿）分光光度法时，若选用 ϕ 20 mm × 150 mm 的消解管，可在非密封条件下进行消解。采用比色管分光光度法时，若选用 ϕ 16 mm × 150 mm 的消解比色管，可在非密封条件下消解。

表 8-2　分析测试条件

测定方法	范围/（mg/L）	试样用量/mL	比色池或管规格/mm	最佳波长/nm	检出限/mg/L
比色皿/池分光光度法	高量程 100 ~ 1 000	3.00	20（池）	600±20	22
	低量程 15 ~ 250/150	3.00	10（池）	440±20	3.0
比色管分光光度法	高量程 100 ~ 1 000	2.00	ϕ 16 × 120	600±20	33
			ϕ 16 × 100		
	低量程 15 ~ 150	2.00	ϕ 16 × 120	440±20	2.3
			ϕ 16 × 100		

（5）校准曲线绘制。

打开加热器，预热到（165±2）℃；选定预装混合试剂，摇均试剂后再拧开消解管管盖；取相应体积的 COD 标准系列溶液（或试样）沿管内壁缓缓加入到管中；拧紧管盖，手执管盖颠倒摇匀管中溶液，用无毛纸擦净管外壁；将消解管放入已预热好的加热孔中[若加热器温度略有降低，待温度升到设定的（165±2）℃时，再开始计时]；加热 15 min 后，从加热器中取出消解管；冷却至 60 ℃左右时，手执管盖颠倒摇动消解管几次，使管内溶液均匀，用无毛纸擦净管外壁、静置，再冷却至室温。选择使用高量程方法时，以去离子水为参比液，用光度计测定在（600±20）nm 波长处的吸光度值；选择使用低量程方法时，以去离子水为参比液，用光度计测定在（440±20）nm 波长处的吸光度值。高量程 COD 标准系列使用溶液 COD 值对应其测定的吸光度值减去空白试验测定的吸光度值的差值，绘制校准曲线。

低量程 COD 标准系列使用溶液 COD 值对应空白试验测定的吸光度值减去其测定的吸光度值的差值，绘制校准曲线。

用水代替试样，按照校准曲线绘制步骤测定其吸光度值，空白试验应与试样同时测定。

（5）试样测定。

按照表 8-1 和表 8-2 的要求选定对应的预装混合试剂，在搅拌条件下吸取相应体积的均匀、已稀释好的试样，按照校准曲线绘制步骤测定，并计算其 COD 值。

注：若试样中含有氯离子时，应选用含汞预装混合试剂进行氯离子的掩蔽。在加热消解前，应颠倒摇动消解管，使氯离子同硫酸银易形成的 AgCl 白色乳状块消失。若消解液混浊或有沉淀，影响比色测定时，应用离心机离心变清后，再用光度计测定。若消解液颜色异常或离心后不能变澄清的样品不适用本测定方法。若消解管底部有沉淀影响比色测定时，应小心将消解管中上清液转入比色池（皿）中测定。

8.5.6 测试结果分析

在（600±20）nm 波长处测定时，水样 COD 的计算公式如下：

$$\rho(\mathrm{COD}) = n[k(A_s - A_b) + a] \tag{8-6}$$

在（440±20）nm 波长处测定时，水样 COD 的计算公式如下：

$$\rho(\mathrm{COD}) = n[k(A_b - A_s) + a] \tag{8-7}$$

式中，ρ（COD）为水样 COD 值，mg/L；n 为水样稀释倍数；k 为校准曲线灵敏度，mg/L；A_s 为试样测定的吸光度值；A_b 为空白试验测定的吸光度值；a 为校准曲线截距，mg/L。

注：COD 测定结果保留三位有效数字。

8.5.7　方法精密度和准确度

（1）高量程方法测定的准确度和精密度。

同一实验室平行 6 次测定 132 mg/L COD 标准溶液相对误差为–2.3%，511 mg/L COD 标准溶液相对误差 0.8%。6 个实验室分别测定不同 COD 值溶液的相对标准偏差如表 8-3 所示。

表 8-3　6 个实验室分别测定不同高 COD 值溶液的误差分析

COD 值/（mg/L）	相对标准偏差/%	
	实验室内	实验室间
100	4.7	5.4
400	1.5	1.8
1 000	0.9	0.9

（2）低量程方法精密度和准确度。

同一实验室平行六次测定 51.9 mg/L COD 标准溶液相对误差为 2.9%；204 mg/L COD 标准溶液相对误差 1.0%。6 个实验室分别测定不同 COD 值溶液的相对标准偏差如表 8-4 所示。

表 8-4　6 个实验室分别测定不同高 COD 值溶液的误差分析

COD 值/（mg/L）	相对标准偏差/%	
	实验室内	实验室间
25	7.4	8.8
100	3.1	3.2
250	1.7	1.7

下篇

近红外光谱分析技术在烟草检测中的应用

9 概　述

9.1　近红外光谱分析技术简介

近红外光（Near Infrared，NIR）是指波长介于可见光区和中红外区之间的电磁波，波长范围为 780 ~ 2 526 nm（见图 9-1），波数范围为 12 800 ~ 3 960 cm^{-1}，是人们最早发现的非可见光区域。近红外光谱来源于分子振动对光的吸收，其基本原理以量子力学为基础。分子振动是指一个分子从几何平衡态发生周期性畸变。分子振动所需的能量是量子化的、不连续的，通常来源于电磁波谱的中红外光谱区。绝大多数有机化合物和许多无机化合物的化学键的振动在中红外光谱区产生基频吸收，而在近红外光谱区产生倍频吸收和合频吸收。近红外光谱就是源于分子对红外线的倍频和合频吸收的结果。近红外光谱分析技术是指利用近红外光谱所响应的物质成分含量信息，对物质进行定量或定性分析的一种分析技术。近红外光谱分析技术是近红外光谱仪、化学计量学软件和应用模型 3 部分的有机结合体。它具有分析过程简单、无需样品前处理、无损检测、测试过程无污染、多组分同时检测、分析结果准确、投资低、操作简便、专业要求低等诸多优点。但由于吸收强度与中红外光谱区域相比很弱，背景复杂，谱峰重叠严重，直接分离解析难以提取出足够的有用信息，需要用化学计量学方法从数据中来提取相关信息。这使得近红外光谱分析成为极具特色的一种分析技术。

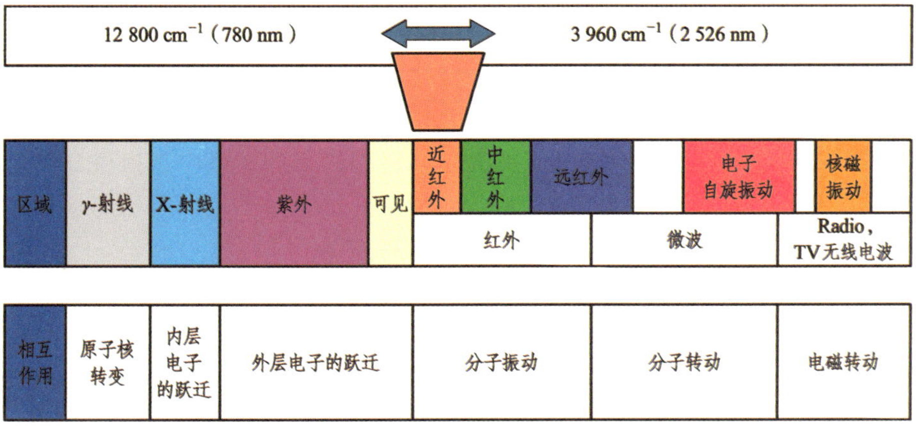

图 9-1　近红外光谱的位置及波长范围

9.2 近红外光谱法在烟草领域研究进展

烟草作为复杂的天然植物，化学成分众多，其常规化学成分总糖、还原糖、总氮、总植物碱、钾、氯，这 6 项指标是评价烟叶质量的最基本化学成分指标，在卷烟制品的配方设计与质量监控方面起着非常重要的作用。这些含有大量 C—H、O—H、N—H 等基团的指标与近红外光谱的吸收带存在直接或间接的关系，适合采用近红外分析技术进行检测。

近红外光谱法在烟草领域的应用研究开始于 19 世纪中后期。1968 年，McClure 首次应用 NIRS 分析技术研究了未经破坏烟叶的透射比（transmittance properties）。1977 年，McClure 等首次公开发表了 NIRS 分析技术检测烟草中的化学成分——还原糖，并详细解释在 1 458 nm 处吸收的原因。1978 年，Hamid 等利用 NIRS 分析了烟草中的生物碱。Bense 等于 1983 年应用 NIRS 对烟草中的挥发碱进行了分析。1985 年，Williamson 等应用 NIRS 测定 640 个烟草样品中焦油含量。1986 年，Williamson 研究了焦油含量范围 17.02 ~ 35.84 mg/支的卷烟。同年，McClure 等还利用近红外光谱分析技术研究了烟草中的总氮。McClure 等人应用近红外分析了 25 个冷冻干燥的烟草样品中的 13 种矿物质，发现虽然无机物在近红外区域没有吸收，但通过间接作用于特定的有机组分，也可以分析无机组分。Ayres 等于 1990 年利用 NIR 仪器对动物吸入烟气中尼古丁进行了研究。根据利用 GC 数据建立模型，结果表明对于不同类型的香烟要建立相应的尼古丁模型。Dilucio 等 1995 年用近红外对主流烟气中的水分、尼古丁、焦油进行了研究，相关系数都在 0.9 以上。1997 年 Yamazaki 等用偏最小二乘（PLS）建立多元校正模型，预测混合型香烟的烟丝、薄片、梗丝含量。Los C 和 Johnson 等还采用 NIR 技术在烟叶类型的判别、烟草配方的鉴定方面做了大量工作，也取得了较好的效果。20 世纪 70 年代开始有应用 NIR 进行多酚检测的报道，总的来说这方面的研究报道不多。应用傅里叶变换近红外漫反射光谱仪（NIRS）分析了初烤烟叶中蛋白质含量，建立近红外光谱与初烤烟叶样品中蛋白质含量间关系的数学模型，该模型稳定性好，可用来快速、准确、无污染地测定初烤烟叶样品中的蛋白质含量。

国内烟草行业应用近红外开始于 1995 年。目前，在国内 NIRS 分析技术被广泛应用在烟叶及烟气化学成分分析、烟叶类型识别及卷烟配方结构预测、卷烟配方过程评价、卷烟制丝线过程质量评价等方面做了大量的工作，并且部分研究者还进行了不同制样方法、不同光谱处理方法以及算法进行研究，也取得了很好的效果。王东丹等人于 2001 年应用傅里叶变换近红外漫反射光谱仪，对具代表性的 300 个烟草样品建立了近红外光谱与总糖、还原糖、尼古丁、总氮 4 种主要成分含量间的关系模型。王芳等人于 2002 年建立了近红外光谱与卷烟样品常规成分之间的关系模型，该模型可用于卷烟样品常规成分含量的预测。陈达等人于 2004 年，针对烟草样品的近红外（NIR）光谱与其总糖含量非线性相关的特点，提出了一种混合算法用于建立近红外光谱的非线性模型，为建立非线性模型提供了一种快速、准确的算法，可用于烟草样品总糖含量的定量分析。乐俊明等人于 2005 年建立了近红外光谱法测定钾、氯、总植物碱、总氮的模型。何智慧等初步探讨了不同光谱采集方式对 AOTF（声光可调）-近红外光谱技术检测烟草主要化学成分及建模的影响，他们应用 AOTF-近红外光谱仪测定了 443 个不同地区、不同等级烟草样品的近红外光谱，用 Unscrambler 定量分析软件将光谱与对应的化学成分值相关联，建立了烟草中总糖、还原糖、总烟碱和钾的回归模型。段焰青等在连续改变样品水分质量分数的条件下，采集了烟样的近红外吸收光谱，应用预测模型测定了它们的总糖、总氮和烟碱质量分数。综上，近红外光谱在烟草行业中的应用主要包括烟叶原料品质分析、卷烟生产过程的在线检测，以及销售流通中对卷烟产品的质量监督。在我国主要集中在烟叶原料的品质分析方面，测定的指标有：烟草（根、茎和叶）的水分以及总植物碱、总糖、蛋白质、还原糖、尼古丁、总氮、氯、磷、硫和钾等组分的含量。此外，还测定了卷烟的焦油、烟碱和一氧化碳的释放量。

10 典型的红外光谱仪结构[46, 47]

10.1 红外光谱仪的组成

红外光谱仪由光源，单色器，探测器和计算机处理信息系统组成。典型的红外光谱仪一般分为两类：一种是光栅扫描的，很少使用；另一种是迈克尔逊干涉仪扫描的，称为傅里叶变换红外光谱，这是被最广泛使用的（见图 10-1）。光栅扫描的红外光谱仪也就是色散型的红外光谱仪是由棱镜或光栅来完成分光的，在色散型红外光谱仪中，光源发出的光先照射试样，然后再经光栅分成单色光，由探测器检测后获得光谱。傅里叶变换红外（Fourier Transform Infrared，FTIR）光谱仪主要由红外光源、分束器、干涉仪、样品池、探测器、计算机数据处理系统、记录系统等组成，是干涉型红外光谱仪的典型代表，不同于色散型红外仪的工作原理，它没有单色器和狭缝，利用迈克尔逊干涉仪获得入射光的干涉图，然后通过傅里叶数学变换，把时间域函数干涉图变换为频率域函数图（普通的红外光谱）。

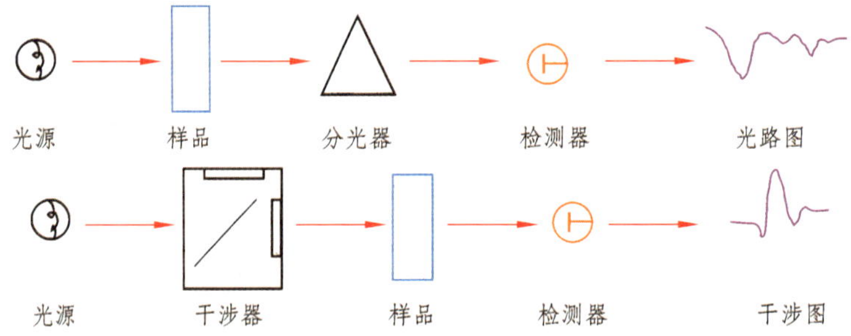

图 10-1 色散型红外光谱仪（上）与干涉型红外光谱仪（下）原理图

由于色散型红外光谱仪很少使用，所以本节仅介绍傅里叶变换红外光谱仪（见图 10-2）。

10.1.1 光 源

光源能发射出稳定、高强度、连续波长的红外光。傅里叶变换红外光谱仪为测定不同范围的光谱而设置有多个光源。通常用的是钨丝灯或碘钨灯（近红外）、硅碳棒（中红外）、高压汞灯及氧化钍灯（远红外）。

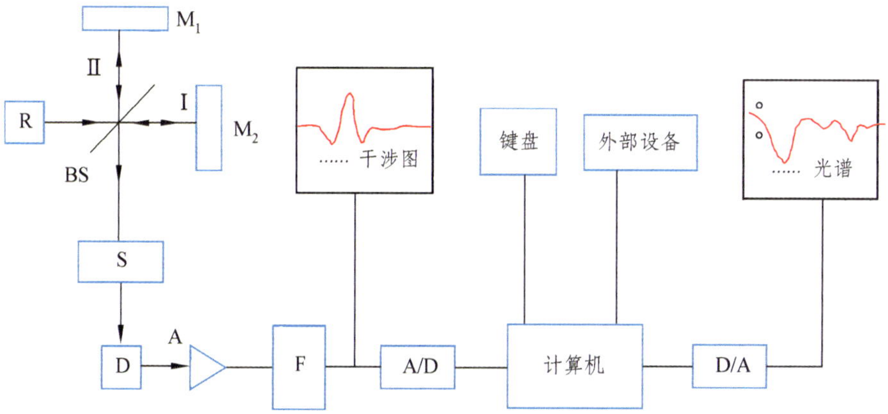

R—红外光源；M1—定镜；M2—动镜；BS—光束分束器；S—试样；D—探测器；A—放大器；F—滤光器；A/D—模数转换器；D/A—数模转换器。

图 10-2　FTIR 工作原理

在红外光谱仪测定红外吸收光谱时，需要能量较小的光源。黑体辐射是最接近理想光源的连续辐射。满足此要求的红外光源是稳定的固体在加热时产生的辐射，常见的有如下几种。能斯特灯：能斯特灯的材料是稀土氧化物，做成圆筒状（20 mm × 2 mm），两端为铂引线。其工作温度为 1 200 ~ 2 200 K。此种光源具有很大的电阻负温度系数，需要预先加热并设计电源电路能控制电流强度，以免灯过热损坏。碳化硅棒：尺寸为 50 mm × 5 mm，工作温度 1 300 ~ 1 500 K。与能斯特灯相反，碳化硅棒具有正的电阻温度系数，电触点需水冷以防放电。其辐射能量与能斯特灯接近，但在>2 000 cm^{-1} 区域能量输出远大于能斯特灯。白炽线圈：用镍铬丝螺旋线圈或铑线做成，工作温度约 1 100 K，其辐射能量略低于前两种，但寿命长。

10.1.2　干涉仪及傅里叶变换原理

FTIR 的核心仪器是干涉仪，而分束器又是迈克尔逊干涉仪的关键元件。其作用是将入射光束分成反射和透射两部分，然后再使之复合，如果动镜使两束光造成一定的光程差，则复合光束即可造成相长或相消干涉。对分束器的要求是：使光源在相应波数处分为入射光束透射和反射各半，此时被调制的光束振幅最大。根据使用的波段范围不同，在不同介质材料上加相应的表面涂层，即构成分束器。中红外干涉仪中的分束器主要是由溴化钾材料制成的；近红外分束器一般以石英和 CaF_2 为材料；远红外分束器一般由 Mylar 膜和网格固体材料制成。

当光源发出的入射光（复合光）进入干涉仪后，被光束分束器分成两束光-透射光Ⅰ和反射光Ⅱ。其中透射光Ⅰ穿过 BS 被动镜 M_2 反射，沿原路回到 BS 并被反射到达探测器 D；反射光Ⅱ则由固定镜 M_1 沿原路反射回来通过 BS 到达 D。这样，在探测器 D 上所得到的透射光和反射光是相干光。现假设有一波长为 λ 的单色光入干涉仪，开始时，因 M_1 和 M_2 离 BS 距离相等（此时称 M_2 处于零位），两束光到达探测器时相位相同，发生相长干涉，亮度最大。当动镜 M_2 移动入射光的 $1/4\lambda$ 距离时，透射光 I 的光程变化为 $1/2\lambda$，在探测器上两束光相位相差为 180°，则发生相消干涉，亮度最小。当动镜 M_2 移动 $1/4\lambda$ 的奇数倍，则两束光程的差为 $\pm1/2\lambda$，$\pm3/2\lambda$，$\pm5/2\lambda\cdots$ 时（正、负号表示动镜零位向两边的位移），都会发生这种相消干涉。同样，M_2 位移 $1/4\lambda$ 的偶数倍时，即两束光的光程差为 λ 的整数倍时，则都将发生相长干涉。而部分相消干涉则发生在上述两种位移之间。所以当入射光为连续波长的多色光时，得到的则是具有中心极大并向两边迅速衰减的对称干涉图，这种多色光的干涉图等于所有各单色光干涉图的加和。

若在此干涉光束中放置能吸收红外光的试样 S，由于试样吸收了某些频率的能量，结果所得到干涉图强度曲线函数就发生变化，但因为所获得的干涉图难以被解释，所以需要借助计算机进行处理。而傅里叶原理表明：任何连续测量的时序或信号，都可以表示为不同频率的正弦波信号的无限叠加。因此，从数学观点讲，上述干涉图是不同波长信号的傅里叶变换的结果。再借助计算机的傅里叶逆变换，以得到我们所熟悉的透光率随波数变化的红外光谱。可见，实际上干涉仪并没有把光按频率分开，而只是将各种频率的光信号经干涉作用调制为干涉图函数，再由计算机通过傅里叶逆变换计算出原来的光谱，这就是 FTIR 的最基本原理。

10.1.3 样品池

样品池指承载样品的器件。对于液体样品，一般使用玻璃或石英样品池；对于固体样品，可使用积分球（常用于近红外光谱仪）或漫反射附件。

10.1.4 探测器

探测器一般分为热探测器和光探测器两大类。热探测器是把某些热电材料的晶体放在两块金属板中，当光照射到晶体上时，晶体表面电荷分布变化，由此可以测量红外辐射的功率。热探测器有硫酸三甘肽（TGS）、钽酸锂（$LiTaO_3$）等类型。光探测器是利用材料受光照射后，由于导电性能的变化而产生信号，最常用的光探测器有铌酸钡锶、碲镉汞、锑化铟等类型。

再列举几种红外光谱仪常用的红外探测器有热探测器、热释电探测器和光电导探测器三种。前两种用于色散型仪器中，后两种在傅里叶变换红外光谱仪中多见。热探测器：红外光谱仪热探测器依据的是辐射的热效应。辐射被一小的黑体吸收后，黑体温度升高，测量升高的温度可检测红外吸收。以热探测器检测红外辐射时，最主要的是要防止周围环境的热噪声。一般使用斩光器使光源辐射断续照射样品池。红外光谱仪热探测器最常见的是热电偶（有时又称为高真空热电偶）。将两片金属铋熔融到另一不同金属如锑的两端，就有了两个连接点。两接触点的电位随温度变化而变。检测端接点做成黑色置于真空舱内，有一个窗口对红外光透明。参比端接点在同一舱内并不受辐射照射，则两接点间产生温差。热电偶可检测出 10-6K 的温度变化。热释电探测器：红外光谱仪热释电探测器使用具有特殊热电性质的绝缘体，一般采用热电材料的单晶片作为检测元件，如硫酸三苷肽，简称 TGS。在电场中放一绝缘体会使绝缘体产生极化，极化度与介电常数成正比。但移去电场，诱导的极化作用也随之消失。而热释电材料即使移去电场，其极化也并不立即消失，极化强度与温度有关。当辐射照射时，温度会发生变化，从而影响晶体的电荷分布，这种变化可以被检测。红外光谱仪热电探测器通常做成三明治状。将热电材料晶体夹在两片电极间，一个电极是红外透明的，容许辐射照射。辐射照射引起温度变化，从而晶体电荷分布发生变化，通过外部连接的电路可以测量。电流的大小与晶体的表面积、极化度随温度变化的速率成正比。当热释电材料是铁电体，当温度升至某一特定值时极化会消失，此温度称为居里点。TGS 的居里点为 47 °C。热释电探测器的响应速率很快，可以跟踪干涉仪随时间的变化，故多用于傅里叶变换红外光谱仪中。目前使用最广泛的是氘化的 TGS 即 DTGS，它的居里温度为 62 °C，热电系数小于 TGS。光电导探测器：红外光谱仪光电导探测器采用半导体材料薄膜，如 Hg-Cd-Te（碲镉汞）或 PbS 或 InSb（锑化铟），将其置于非导电的玻璃表面密闭于真空舱内。则吸收辐射后非导电性的价电子跃迁至高能量的导电带，从而降低半导体的电阻，产生信号。Hg-Cd-Te 缩写为 MCT，该探测器用于中红外区及远红外区。这种探测器比热释电探测器灵敏（至少比 DTGS 大 10 倍），在 FTIR 及 GC-FTIR（气相色谱-傅里叶变换红外光谱联用技术）仪器中获得广泛应用。此外，PbS 探测器常用于近红外区室温下的检测。

近红外光谱的探测器又可以分为透射光谱和反射光谱，透射光谱是将待测样置于光和探测器之间，探测器所检测到的是作用光通过样品体和样品分子相互作用后的光，透射光的强度和样品组分浓度遵循朗伯-比尔定律，朗伯-比尔定律反映了透射光强和待测组分浓度的关系，即

$$A = \lg\frac{I}{I_0} = \lg\frac{1}{T} = \varepsilon lC \tag{10-1}$$

式中，A 为吸光度，I 为入射光强度，I_0 为透射光强度，T 为透射率，ε 为吸收系数或摩尔吸光系数，l 为光程，C 为吸光物质浓度。

而反射光谱探测器与光源置于待测样品的同一侧，探测器检测到的分析光是

光源发出的作用光投射到物体后，以各种方式反射回来的光。物体对光的反射分为规则反射光（镜面反射）与漫反射。规则反射光指在物体表面按入射角等于反射角的反射定律发生的反射。漫反射是光投向漫反射体（颗粒或粉末）后，在物体表面或内部经过多次反射、折射、衍射、吸收后返回样品表面的光，因此漫反射光是分析光与样品内部分子发生作用的光，负载了样品的结构和组成等内部信息，可以得到包含物质各种信息的特征光谱。烟草中常用的近红外检测方法是漫反射光谱法。可以认为，当样品的厚度足够大时，基本可以忽略透射光的影响。由此可以得到样品无穷厚时(即样品厚度继续增加后不再影响分析结果时的厚度）的绝对漫反射率公式：

$$R'_{\infty}=1+\frac{K}{S}-\sqrt{\left(\frac{K}{S}\right)^{2}+2\left(\frac{K}{S}\right)} \qquad (10\text{-}2)$$

式中，K 为漫反射体的吸收系数，S 散射系数。R'_{∞} 是 $\frac{K}{S}$ 的函数，它的值不易测定，通常是以硫酸钡（其 $K\approx 0$，$R'_{\infty}\approx 1$）等材料作为参比物，因此实际测定的是相对漫反射率 R_{∞}。

$$R_{\infty}=\frac{R'_{\infty}(\text{样品})}{R'_{\infty}(\text{参比})}\approx 1+\frac{K}{S}-\sqrt{\left(\frac{K}{S}\right)^{2}+2\left(\frac{K}{S}\right)} \qquad (10\text{-}3)$$

10.1.5 数据处理系统

傅里叶变换红外光谱仪数据处理系统的核心是计算机,功能是控制仪器的操作,收集数据和处理数据。

10.2 近红外光谱仪类型

现代近红外光谱（Near infrared spectroscopy，NIRS）分析技术起源于 20 世纪 50 年代末期，经过半个多世纪的发展，目前已达到较为成熟的水平，被广泛地用于农业、食品、石化和制药等领域，并在一些领域取得了规模化的应用成效。近红外光谱仪种类多种多样，从分光系统的类型上进行划分，商品化的近红外光谱仪主要有滤光片型、光栅色散型、傅里叶变换型和声光可调滤光器型。基于此，在众多仪器方法中，何种是适合卷烟研究的，是我们烟草研究人员应注意的问题。

10.2.1　近红外光谱仪的分类

1. 滤光片型光谱仪

此类型仪器的分光系统主要由干涉滤光片组成。滤光片只允许较窄波长范围的光通过。开始检测时，仪器的光源发出一束复色光，复色光通过滤光片后得到一个固定中心波长和固定宽带的单色光，照射样品后透射或者反射到探测器。为得到多个波长段的光谱信息，可使用多个不同的滤光片。显然这种仪器得到的数据是几个特定波长下的离散点。此类型仪器结构简单，采样速度较快，可制成小体积的便携设备。但是由于只能在单一或少数几个波长下测定，如样本的基体发生变化，往往会造成较大的测量误差。

2. 发光二极管型光谱仪

此类型仪器采用发光二极管（Light Emitting Diode，LED）作为光源。单个 LED 发出光的中心波长是固定的，且波长宽度也固定。如果使用多个 LED 光源依次发光，则可以检测多个波长处的吸光度。使用相邻波长的 LED 依次组合，可以发出连续波长的光。此类仪器体积小、能耗低、没有移动部件、较为坚固，但是即使使用发光二极排列后覆盖的波长数仍有限，且光谱分辨率差。

3. 光栅扫描型光谱仪

此类型仪器通常也称为色散型光谱仪，其使用棱镜或光栅进行分光。光栅扫描型光谱仪器通过转动光栅，在确定范围内从高到低依次产生连续的波，照射样品后透射或者反射到探测器。对近红外波段可进行全谱分析，从而可以提取大量的有用信息；且此仪器结构不复杂，容易制造。但光栅扫描型光谱仪的波长的精度和重现性容易受到使用时间的影响，因为光栅或反光镜的使用的是机械轴承；同时，随着机械寿命的磨损，单台仪器的波长准确性和仪器之间的一致性也随之有所下降；由于机械部件较多，对仪器的装配有很高的要求，且抗震性能较差。

4. 傅里叶变换型光谱仪

此类型仪器从光学系统上可分为色散型和干涉型，随着仪器技术的发展，现阶段使用较多的是干涉型傅里叶变换光谱仪，其核心部件为迈克尔逊干涉仪（Michelson Interferometer），干涉仪将来自光源的信号以干涉图的形式送往计算机进行快速傅里叶变换处理，将干涉图转变为光谱图。迈克尔逊干涉仪的结构如图 10-3 所示。主要由固定反射镜 M_1、移动反射镜 M_2 和分束器 BS 组成。其中，M_1、M_2 时刻保持 90°角（即互相垂直），M_1 固定不动，M_2 可以沿图示的方向作往返微小平行移动。为了减小摩擦，防止振动，通常把 M_2 固定在空气轴承上移动。在 M_1、M_2 之间放置一呈 45°角的半透膜光束分数器 BS,它能把光源 S 投来的光分为强度相等的两光束Ⅰ和Ⅱ。光束 I 穿过 BS 射到 M_2 上，被 M_2 反射，沿原光路返回 BS，再被 BS 反射，一半射向探测器 D，而另一半则透过 BS 返回原光路。光束Ⅱ与光束 I 一样，垂直射到 M_1 上，被 M_1 反射，沿原光路返回 BS，其中一半透过 BS 射向探测器 D，而另一半则被反射回光源。Ⅰ、Ⅱ两束光在 D 会合，形成具有干涉光特性的相干光，当 M_2 移动到不同位置时，即能得到具有不同光程差的干涉光。

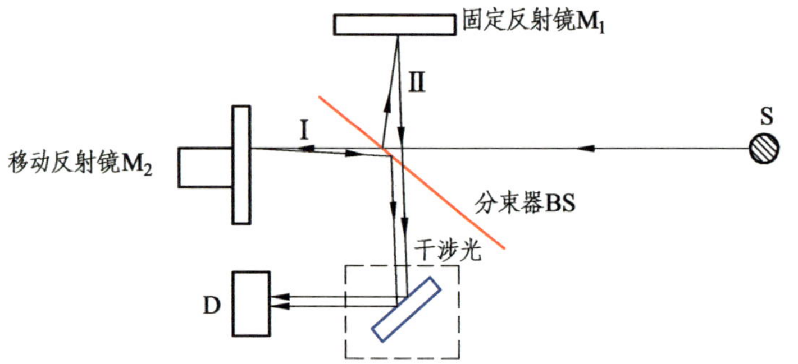

图 10-3　迈克尔逊干涉仪结构

5. 声光可调滤光器型光谱仪

此类型光谱仪使用双折射晶体（Anisotropic crystal）作为分光器，以声光衍射原理对光源发出的光进行色散。通过电声转换器将电信号转换为在双折射晶体内的超声信号，入射的光线与声相互作用后，形成衍射的光。此类型仪器分光系统中不需要移动任何部件、通过电声转换器形成的衍射光扫描速度快，且体积小，重量轻。但是由于晶体生产制造的工艺技术原因，两块晶体仍会有差别，导致两台同型号仪器的一致性会有差别，不利于后期使用中的模型共享与转移工作；同时，同一台设备中的晶体容易受温度影响，导致样品检测重复性下降，需要采取严格的温控措施，才能保证波长的稳定；由于生产工艺复杂，其价格较为昂贵。

10.2.2　近红外光谱仪使用时的注意事项

（1）保持室内干燥，空调和除湿机必须全天开机[保持环境条件（25±10）°C，湿度≤70%]；

（2）保持实验室安静和整洁，不得在实验室内进行样品化学处理，实验完毕即取出样品室内的样品。实验室里的 CO_2 含量不能太高，因此，实验室里的人数应尽量少，无关人员最好不要进入，还要注意适当通风换气。

（3）经常检查干燥剂颜色，如果蓝色变浅，立即更换。

（4）根据样品特性以及状态，制定相应的制样方法并制样。

（5）测试近红外光谱时，扫描空光路背景信号和样品文件信号，经傅里叶变换得到样品近红外光谱。根据需要，打印或者保存近红外光谱。

（6）实验完毕后在记录本上记录使用情况。

（7）设备停止使用时，样品室内应放置盛满干燥剂的培养皿。

（8）干燥剂再生：将干燥剂在烘箱内 105 °C 烘干至蓝色（约 3 小时）即可。

11 烟草理化特性的近红外光谱法分析

11.1 烟草物理特性的近红外光谱法分析

近红外光谱主要是反映与 C-H、O-H、N-H、S-H 等基团有关的样品结构、组成、性质的信息，因此近红外光谱不仅可以反映样品的化学组成和结构信息，还可以反映样品的物理性质。

11.1.1 近红外光谱分析法测定烤烟的填充值[48]

1. 材料、设备及仪器

收集河南省 32 个植烟县（罗山、遂平、泌阳、确山、社旗、邓州、宜阳、汝阳、洛宁、伊川、嵩县、卢氏、灵宝、陕州、渑池、汝州、宝丰、郏县、叶县、舞阳、郾城、临颍、禹州、许昌、襄县、商水、郸城、鹿邑、柘城、虞城、睢阳、登封）上、中、下 3 个部位的烤烟烟叶样品共 94 个，其中 B2F 样品 32 个、C3F 样品 32 个、X2F 样品 30 个。AntarisⅡ傅里叶变换近红外光谱仪（配有积分球漫反射采样系统、InGaAs 探测器、数据分析软件和内径 5 cm 的石英底样品杯）（美国 Thermo Nicolet 公司）；YDZ430 型智能填充值测定仪（郑州嘉德机电科技有限公司）。

2. 样品预处理及近红外光谱的采集

将烟叶样品抽梗、切丝，在相对湿度 60%，温度 22 °C 的条件下平衡 48 h 以上，制成烟丝样品。取一部分烟丝样品，参照行业标准 YC/T 152—2001 测其填充值。将另一部分烟丝样品在 40 °C 下烘干，粉碎并过 40 目筛，在相对湿度 60%，温度 22 °C 的条件下平衡 48 h 以上，制成烟末样品，扫描采集其近红外光谱。取烟叶粉末约 15 g 装入样品杯中，200 g 压样器压样约 30 s，放在旋转台上，用积分球漫反射采样系统采集样品的 NIR 光谱。光谱采集条件为光谱范围：4 000 ~ 10 000 cm^{-1}，分辨率：8 cm^{-1}，扫描次数：64 次。

3. 模型的建立与验证

每个样品重复装样、测量 5 次，取其平均光谱构建填充值 NIR 预测模型。首先对样品 NIR 光谱进行预处理，再采用数据分析软件中的偏最小二乘法（Partial Least Square，PLS），将预处理后的 NIR 光谱数据和行标方法测得的填充值数据进行拟合，经内部交互验证，剔除异常样品，建立填充值的 NIR 预测模型。通过交互验证均方根误差（Root Mean Square Error of Cross-Validation，RMSECV）和决定系数（R^2）（或相关系数（R））及模型预测值和实测值的 T 检验是否显著判断模型的质量，用验证集样品对 NIR 模型进行外部验证，通过预测标准误差（Standard error of prediction，SEP）及模型预测值和实测值的 T 检验是否显著，检验模型的预测能力。

关于校正集样品的选择，由于烟叶样品中不可避免会存在部分样品的信息相似或重叠，同时测量误差也会作为变量引入 NIR 模型中，因此，校正样品集的挑选就显得尤为重要。挑选河南烟区不同产地、不同部位、不同等级的烤烟烟叶样品 94 个，将样品粉末在 4000 ~ 10000 cm^{-1} 波数扫描 NIR 光谱，剔除 14 个异常样品，然后通过聚类分析挑选 60 个样品作为校正集，其余 20 个样品作为验证集。

4. 结果与讨论

（1）不同光谱预处理方法对预测模型的影响。

不同光谱预处理方法对 60 个样品的建模效果的影响见表 11-1。

表 11-1　不同光谱预处理方法对建模效果的影响

预处理方法	RMSEC	*R*
原始光谱	0.195	0.831
MSC	0.191	0.839
MSC+一阶导	0.095	0.960
MSC+一阶导+S-G 平滑	0.110	0.946
MSC+一阶导+Norris 平滑	0.172	0.868
一阶导	0.099	0.957
一阶导+S-G 平滑	0.117	0.939
MSC+二阶导	0.381	0.375
MSC+二阶导+Norris 平滑	0.278	0.659
SNV	0.191	0.839
SNV+一阶导	0.094	0.960
SNV+一阶导+S-G 平滑	0.110	0.946
SNV+一阶导+Norris 平滑	0.172	0.868
SNV+二阶导	0.381	0.376
SNV+二阶导+S-G 平滑	0.272	0.672
SNV+二阶导+Norris 平滑	0.277	0.660

注：① MSC：多元散射校正；SNV：标准正态变量变换。

由表 11-1 可知采用多元散射校正，(Multiplicative signal correction，MSC)、MSC+一阶导、MSC+一阶导+S-G 平滑、MSC+一阶导+Norris 平滑、一阶导、一阶导+S-G 平滑、标准正态变量变换(SNV)、SNV+一阶导、SNV+一阶导+S-G 平滑、SNV+一阶导+Norris 平滑等方法对原始光谱进行预处理后，所建模型的效果均优于原始光谱。经二阶导处理过的光谱建立模型的效果均不如原始光谱。当采用 SNV+一阶导对光谱进行预处理时，模型的 R 最大，RMSEC 最小，建模效果最好。

(2) 不同谱区范围对预测模型的影响。

选择不同光谱进行建模，以 RMSEC 和 R 考察不同的光谱范围对 60 个样品的建模效果的影响，结果见表 11-2，选择全谱进行建模时，模型的 RMSEC 最小，而相关系数 R 最大，即建模效果最好。全谱时，光谱信息充分，因此，河南烤烟填充值的 NIR 预测模型选择全谱进行建模。

表 11-2　不同光谱范围对建模效果的影响

谱区范围/ (cm^{-1})	RMSEC	R
4 000.00 ~ 10 001.03	0.094	0.960
4 006.00 ~ 6 178.81，6 644.32 ~ 7 642.43	0.230	0.766
4 006.00 ~ 6 178.81	0.288	0.633
4 006.00 ~ 7 642.43	0.156	0.892

(3) 最佳主成分维数的确定。

交互验证均方根误差 RMSECV 和主成分维数的关系如图 11-1 所示，当主成分维数为 13 时，RMSECV 最小，说明 NIR 模型的预测值与填充值的实测值最为接近，即模型预测的准确性最高，因此，选择经 SNV 结合一阶导数法预处理的光谱在 13 个主成分维数利用 PLS 建模，模型效果最好 (见图 11-2)。

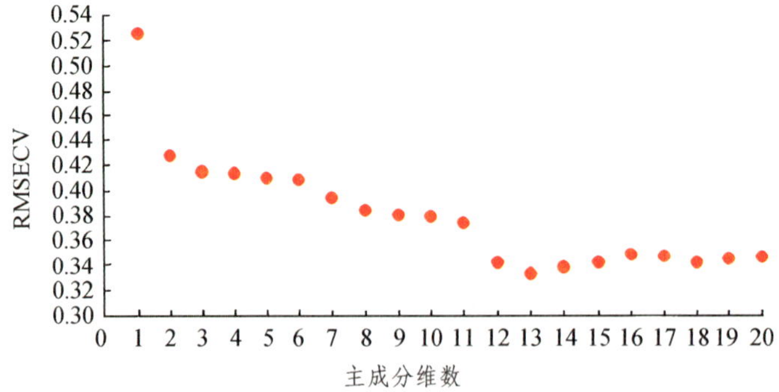

图 11-1　填充值 NIR 模型 RMSECV 随主成分维数变化的趋势

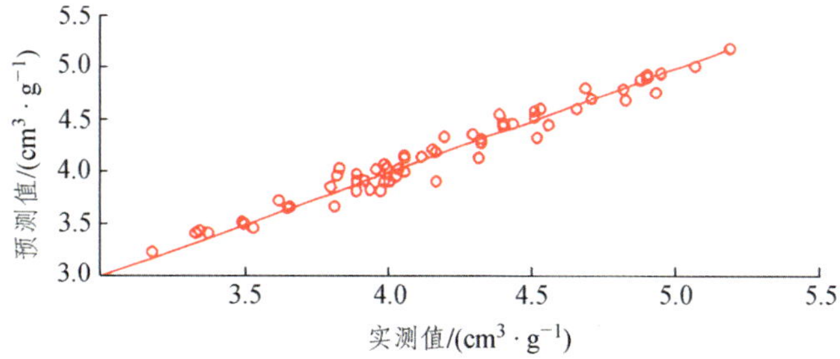

图 11-2　烤烟填充值 NIR 模型预测值与实测值的散点图

（4）填充值 NIR 光谱模型的检验。

60 个样品的内部交互验证结果如图 11-3 所示，预测值与实测值的相关系数 R 为 0.753，交互验证均方根误差 RMSECV 为 0.326。配对 T 检验结果表明：残差与 0 的显著水平 P 为 0.628，说明残差与 0 无显著差异；实测值与预测值显著水平 P 为 0.000，说明预测值与实测值呈极显著相关。用剩余的 20 个样品作外部检验，每个样品的填充值 NIR 预测模型的检验结果见表 11-3。预测值和实测值的相关系数 R 为 0.616，SEP 为 0.426 7，显著水平 P 为 0.004，预测值与实测值极显著相关。配对 T 检验结果表明：残差与 0 的显著水平 P 为 0.848，说明残差与 0 无显著差异。20 个样品的 NIR 模型预测值和实测值呈极显著相关。

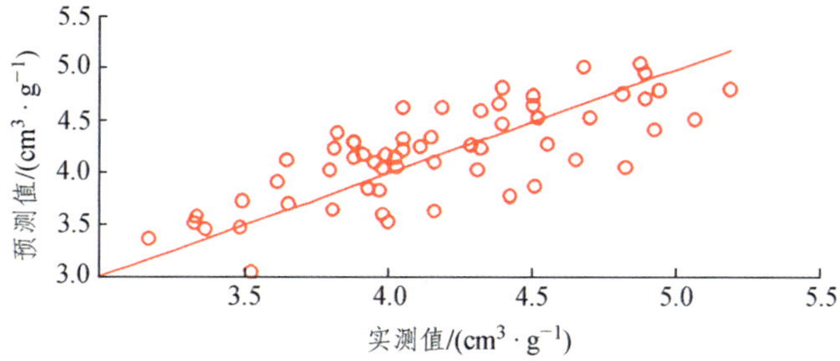

图 11-3　内部交互验证中填充值 NIR 模型预测值与实测值的散点图

表 11-3　20 个样品填充值 NIR 模型预测值和实测值

样品编号	预测值	实测值	残差	样品编号	预测值	实测值	残差
1	4.19	3.72	0.47	11	4.06	3.92	0.14
2	3.50	3.22	0.28	12	4.13	4.18	−0.05
3	4.14	4.24	−0.10	13	3.68	4.14	−0.46
4	4.50	4.52	−0.02	14	4.31	3.84	0.47
5	3.60	4.02	−0.42	15	4.02	4.41	−0.39
6	3.50	3.96	−0.46	16	5.17	4.35	0.82
7	4.14	4.58	−0.44	17	4.75	4.90	−0.15

续表

样品编号	预测值	实测值	残差	样品编号	预测值	实测值	残差
8	4.48	3.85	0.63	18	4.85	4.37	0.48
9	3.36	3.74	-0.38	19	3.39	3.30	0.09
10	3.52	4.19	-0.67	20	4.50	4.71	-0.21

（5）模型精密度。

在填充值大小适中的样品中随机挑选样品 A，在填充值较小的样品中随机挑选样品 B，在填充值较大的样品中随机挑选样品 C，每种样品粉末分成 6 份，共采集 18 条 NIR 光谱，样品填充值的预测结果见表 11-4。由表 11-4 可知，3 种样品的预测相对标准偏差均在 3%以内，说明本方法的重复性较好。

表 11-4　3 个烤烟样品填充值 NIR 模型预测结果的重复性（n=6）　（cm^3/g）

样品	预测值 1	预测值 2	预测值 3	预测值 4	预测值 5	预测值 6	均值	标准差	相对标准偏差/%
A	4.31	4.38	4.16	4.27	4.45	4.36	4.32	0.10	2.32
B	3.45	3.50	3.41	3.45	3.37	3.44	3.44	0.04	1.27
C	5.32	5.08	5.29	5.14	5.05	5.18	5.18	0.11	2.12

5. 结　论

本方法探索了用近红外光谱快速检测烤烟填充值的可行性，在全谱范围内用经 SNV+一阶导数法预处理的光谱建立了河南烤烟填充值 NIR 预测模型，模型的决定系数达 0.960，校正均方根误差 RMSEC 为 0.094。填充值 NIR 光谱预测模型的准确性较高，重复性好，说明用 NIR 光谱法预测烤烟物理特性中的填充值是可行的。建议加大校正集样品量，以进一步提高填充值 NIR 模型的预测准确性，使其更适于批量检测烤烟烟叶的填充值。

11.1.2　近红外光谱分析法测定烤烟的叶面密度、填充值、厚度、平衡含水率和抗张力[49]

1. 材料、设备及仪器

2011—2012 年，在我国主要植烟省份（福建、云南、贵州、四川、重庆、湖南、河南、山东、黑龙江、吉林），分别选取上、中、下 3 个部位代表等级（B2F/B2L、C3F/C3L、X2F/X2L）烟叶样品作为研究材料，共选取烟叶样品 140 份。Aataris FT-NIR 光谱仪（Thermo Fisher 公司），配有积分球漫反射采样系统，操作软件，数据分析软件；Progage 100 测厚仪、JDC 双刃裁刀（美国 Thwing-Albert 公司）；3342 台式材料试验系统（美国 Instron 公司）；KBF 240 恒温恒湿箱（德国宾得）；立鹤牌 302

型烘箱（山东潍坊精鹰医疗器械有限公司）；SY-Ⅲ型实验用切丝机（河南富邦实业有限公司）。

2. 样品预处理及近红外光谱的采集

每一样品经外观质量鉴定专家平衡后，选取代表等级烟叶 3～5 kg，每个样品选取含水率为（16.5±0.5）%的完整烟叶 10 片，在每个半叶靠近主脉 1.5 cm 处，用 JDC 双刃裁刀裁 1.5 cm × 15 cm 的小长条，共 10 条，用于检测烟叶厚度和拉力；另外一个半叶沿主脉在叶尖、叶中及叶基部等距离取 5 个点，用圆形打孔器打 5 片直径为 1.5 cm 的圆形小片，共 50 片，用于检测叶面密度；然后将剩余的烟叶样品去梗后切成（0.9±0.1）mm 宽的烟丝，混匀，用于检测填充值和平衡含水率。

厚度、叶面密度采用吉文书的方法测定；平衡含水率、填充值分别采用行业标准 YC/T 31—1996《烟草及烟草制品　试样的制备和水分测定　烘箱法》和 YC/T 152—2001《卷烟　烟丝填充值的测定》检测；抗张力检测方法是将小长条放在温度为（22±1）℃、相对湿度为（65±5）%的环境条件下平衡 3～4 d，用台式材料试验系统测定每个小长条的抗张力，结果取 10 条烟叶抗张力的平均值。

烟叶光谱：取检测完厚度、抗张力检测前的小长条叶片，在温度 22 ℃、相对湿度（65±5）%的环境下平衡 3～4 d，用近红外漫反射系统取点扫描近红外光谱，扫描时在样品上面压一不透光的铜块，每个小长条均匀取 3 个点，10 条叶片共 30 个点的平均光谱作为该样品的厚度、抗张力、叶面密度的近红外光谱。烟丝光谱：取烟丝样品放入恒温恒湿箱内，在温度 22 ℃、相对湿度 60%的环境下平衡 3～4 d 取出。称取 4 g 烟丝，装入样品杯中并用压样器压平，利用积分球漫反射采样系统采集其 NIR 光谱，每个样品做 3 次平行试验，取平均光谱作为该烟丝样品填充值和平衡含水率的近红外光谱。采集条件：以仪器内置背景为参比；波数范围：10 000～3 800 cm^{-1}，扫描次数：64 次；分辨率：8 cm^{-1}；实验室温度：20～24 ℃。

3. 定量校正模型的建立及光谱数据的预处理

应用数据分析软件中的偏最小二乘回归（PLS）算法，把采集的近红外漫反射光谱数据与标准方法测定的烤烟叶片厚度、叶面密度、抗张力、填充值、平衡含水率的标准值，采用留一（Leave-one-out）交互验证法建立校正模型，并以相关系数（R）、校正均方根误差（RMSEC）、交互验证均方根误差（RMSECV）、预测均方根误差（RMSEP）等指标来考察模型的建模效果。校正模型初步建立以后，需要对模型进一步优化，即用不同的样品检验模型，剔除建模样品中的异常值，修改建模的谱区和其他参数，以提高模型的稳定性和可靠性。剔除异常值最直观、最简单的判别方法就是用真实值/拟合值（Ture/Fit）的散点图进行查看，并结合马氏距离和杠杆值等联合判断，采用交互验证（Cross-validation）逐步剔除这些强影响点。

在对原始光谱求导前,首先对光谱数据进行平滑处理,然后分别考察原始光谱、一阶导数和二阶导数光谱对所建校正模型的影响。

4. 结果与讨论

(1)烤烟各物理指标的统计描述。

表 11-5 为烤烟主要物理指标常规方法检测的标准值的统计描述。建立模型时用全部样品个数的 80%作为校正集,20%作为验证集。由表 11-5 可知,校正集样品物理指标的含量范围均能涵盖验证集样品,且含量分布均匀。

表 11-5 烤烟主要物理指标统计量描述

样品	叶面密度/(g/cm^2)		厚度/mm		抗张力/N		填充值/(cm^3/g)		平衡含水率/%	
	校正集	验证集	校正集	验证集	校正集	验证集	校正集	验证集	校正集	验证集
最小值	3.44	4.44	0.102	0.116	0.80	1.04	2.43	2.50	10.73	11.63
最大值	11.44	11.22	0.315	0.277	2.19	2.02	6.03	5.30	14.12	13.87
平均值	6.62	7.01	0.190	0.180	1.41	1.52	3.56	3.68	12.75	12.65
标准偏差	1.60	1.78	0.04	0.04	0.30	0.31	0.66	0.73	0.70	0.62
样品个数	100	20	140	25	20	20	140	25	100	20

(2)不同预处理方法对校正模型的影响。

由表 11-6 可以看出,除抗张力采用二阶导数处理,其他指标均采用一阶导数建模时 RMSECV 值最小,得到的预测模型较好。

表 11-6 不同预处理建立的校正模型的 RMSECV

光谱预处理	叶面密度	厚度	抗张力	填充值	平衡含水率
原始光谱	1.412	0.526	1.306	0.632	0.537
一阶导数	0.663	0.023	0.360	0.260	0.370
二阶导数	0.985	0.038	0.220	0.431	0.398

(3)校正模型的优化与交互验证结果

从表 11-7 各指标校正模型的数理指标及可以看出,5 项物理指标均建立了较好的预测模型,得到了较高的相关系数及较低的均方差。其中叶面密度和填充值交互验证模型的相关系数(R)分别为 0.935 2 和 0.923 8, RMSECV 分别为 0.562 和 0.253,建模效果较好;厚度和平衡含水率的预测模型次之;抗张力的模型稍差。

表 11-7　5 个模型的有关数理指标

指标	校正模型相关系数 R	RMSEC	交互验证相关系数 R	RMSECV	RMSEP	RSD/%
叶面密度	0.960 7	0.441	0.935 2	0.562	0.553	7.82
厚度	0.940 2	0.014 3	0.884 7	0.019 7	0.016 9	8.36
抗张力	0.901 4	0.129	0.746 3	0.202	0.149	10.88
填充值	0.961 2	0.182	0.923 8	0.253	0.234	4.18
平衡含水率	0.928 8	0.257	0.862 9	0.352	0.277	2.83

（4）模型的外部验证。

试验选用全部样品的 20%作为验证样品（表 11-5），通过比较验证集样品的预测值与标准值的差异来判断模型的预测准确性。各个模型验证样品的 NIR 预测值与标准值有较高的相关系数和较低的预测均方差（表 11-7）。叶面密度、厚度、抗张力、填充值和平衡含水率的 RMSEP 分别为 0.553，0.016 9，0.149，0.234 和 0.277，平均相对偏差分别为 7.82%，8.36%，10.88%，4.18%和 2.83%。通过配对 t 检验进一步验证发现，显著水平大于 0.05 时，常规检测方法和近红外模型预测方法不存在显著差异，即没有系统误差。叶面密度、厚度、抗张力、填充值和平衡含水率 t 检验的 P 值分别为 0.516，0.397，0.619，0.491 和 0.569。可见 5 个模型都具有较好的预测能力。

5. 结　论

采用 NIR 漫反射光谱法建立了烤烟主要物理指标的近红外预测模型，并用未参与建模的样品进行了外部验证，烤烟叶面密度、厚度、抗张力、填充值和平衡含水率的预测均方根误差（RMSEP）分别为 0.553，0.016 9，0.149，0.234 和 0.277，平均相对偏差分别为 7.82%，8.36%，10.88%，4.18%和 2.83%，t 检验的 P 值分别为 0.516，0.397，0.619，0.491 和 0.569。该方法可以对烤烟主要物理指标进行较为准确、快速的预测。

11.2　烟草化学特性的近红外光谱法分析

11.2.1　近红外光谱分析法检测烟草中的烟碱、氯、钾和总氮含量[50]

1. 材料、设备及仪器

浙江中烟工业有限责任公司技术中心提供的 85 份 2018 年烟叶样品。为了使样品更具代表性，选择了不同地理来源的烟叶样品，包括贵州（14 个样品）、湖南（14 个样品）、湖北（9 个样品）、河南（14 个样品）、四川（9 个样品）和云南（25 个样品）。这 85 份样品分别在浙江杭州（HZ）、云南宣威（XW）和贵州铜仁（TR）三地进行光谱数据的采集。按照 YC/T 31—1996《烟草及烟草制品 试样的制备和水分测定 烘箱法》对烟叶样品进行干燥处理，使用旋风磨将其粉碎，然后过 60 目筛。

使用傅里叶变换型近红外光谱仪（美国 Thermo，AntarisⅡ）采集烟叶光谱，采用积分球漫反射的方法，工作时的波数范围为 10 000 ~ 3 800 cm^{-1}，分辨率为 8 cm^{-1}。将烟叶粉末放置在一个旋转的样品杯内，使用压样器压平。在样品光谱采集之前，通过仪器自检（ValPro 系统鉴定）验证仪器的性能。每个样品被扫描 72 次并取其平均值，每个光谱包含 1 609 个波长点。烟碱、氯、钾和总氮的含量根据 YC/T 246—2008《烟草及烟草制品 烟碱的测定 气相色谱法》、YC/T 162—2011《烟草及烟草制品 氯的测定 连续流动法》、YC/T 217—2007《烟草及烟草制品 钾的测定 连续流动法》和 YC/T 161—2002《烟草及烟草制品 总氮的测定 连续流动法》方法进行测定。使用数据分析软件进行数据处理和图像可视化。

2. 样品预处理及近红外光谱的采集

按照 YC/T 31—1996《烟草及烟草制品 试样的制备和水分测定 烘箱法》对烟叶样品进行干燥处理，使用旋风磨将其粉碎，然后过 60 目筛。

使用傅里叶变换型近红外光谱仪（美国 Thermo，AntarisⅡ）采集烟叶光谱，采用积分球漫反射的方法，工作时的波数范围为 10 000 ~ 3 800 cm^{-1}，分辨率为 8 cm^{-1}。将烟叶粉末放置在一个旋转的样品杯内，使用压样器压平，将样品杯置于直径 50 mm 的无水石英窗上。在样品光谱采集之前，通过仪器自检（ValPro 系统鉴定）验证仪器的性能。每个样品被扫描 72 次并取其平均值。烟碱、氯、钾和总氮的含量根据 YC/T 246—2008《烟草及烟草制品 烟碱的测定 气相色谱法》、YC/T 162—2011《烟草及烟草制品 氯的测定 连续流动法》、YC/T 217—2007《烟草及烟草制品 钾的测定 连续流动法》和 YC/T 161—2002《烟草及烟草制品 总氮的测定 连续流动法》方法进行测定。表 11-1 提供了更多关于烟草数据集的详细信息。

表 11-8 四种化学成分含量的测量值

成分	最小值/%	最大值/%	平均值/%	标准偏差
烟碱	1.083 5	3.622 0	2.553 1	0.507 2
氯	0.191 0	1.168 0	0.386 2	0.178 2
钾	1.344 5	3.619 0	2.080 1	0.419 3
总氮	1.637 5	2.690 5	2.029 3	0.218 2

3. 结果与讨论

（1）光谱预处理。

① 标准正态变量变换。

标准正态变量变换（SNV）是一种常用的光谱预处理方法，它可以有效地消除固体颗粒粒径不均匀、表面光散射以及光程长度变化对漫反射光谱的影响。图 11-4 显示了未经任何预处理和经过 SNV 处理后的经不同仪器扫描的样品平均光谱。经过 SNV 预处理，可以消除部分光谱差异。

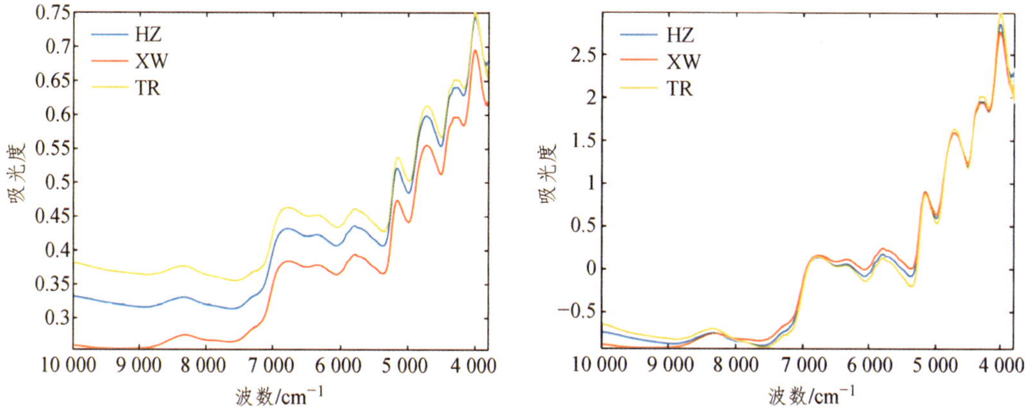

（a）未经任何预处理　　（b）经过 SNV 预处理后

图 11-4　不同仪器扫描的烟叶样品平均光谱

② 主成分分析。

由于烟草数据集的原始光谱包含 1 609 个波长点（变量），因此将训练集中的 30 个源域样本、40 个目标域样本和测试集中的 15 个目标域样本进行合并，采用 PCA 降低模型的复杂度，简化计算。第一主成分（PC1）、第二主成分（PC2）和第三主成分（PC3）的贡献率分别是 63.46%、24.15%和 8.39%，前三个主成分的累积贡献率为 96%。为使原始光谱数据中包含尽可能多的有用信息，主成分的数量设定为 20，此时累积贡献率达 99.99%。

（2）模型建立。

本研究对烟叶中烟碱、氯、钾和总氮四种化学成分建立了 NIRS 定量分析模型。在共 85 个样品中，从目标域随机选择 15 个样品作为测试集，在余下的样品中随机选择 45 ~ 70 个（每 5 个样品一个间隔）样品作为训练集。此外，基于测试集的 R^2 和 RMSEP，对模型的泛化能力和预测性能进行了评估。目标域训练集样本数与不同模型的性能之间的关系的结果如图 11-5 所示。

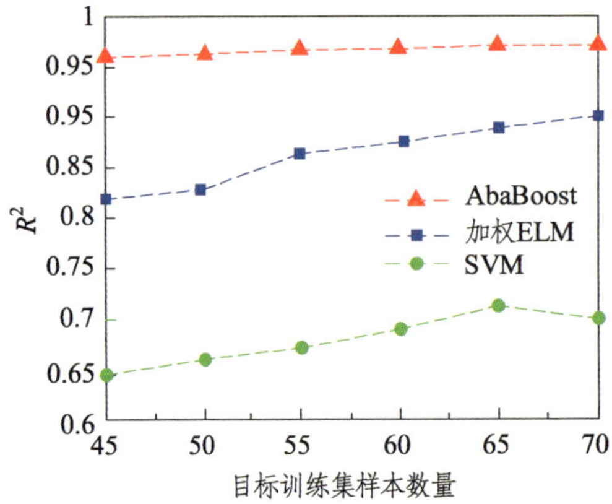

（a）烟碱的模型

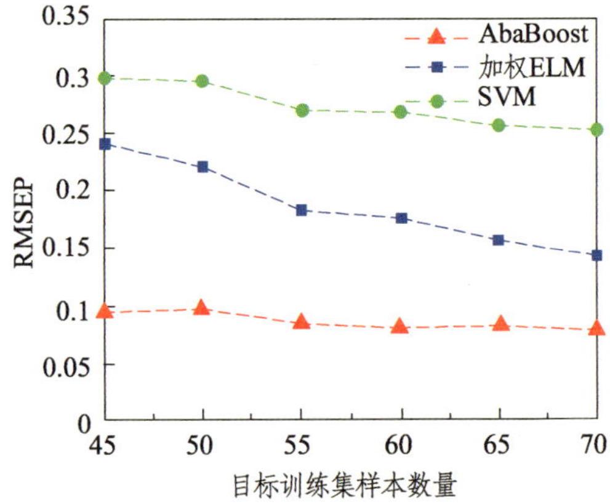

（b）烟碱的模型

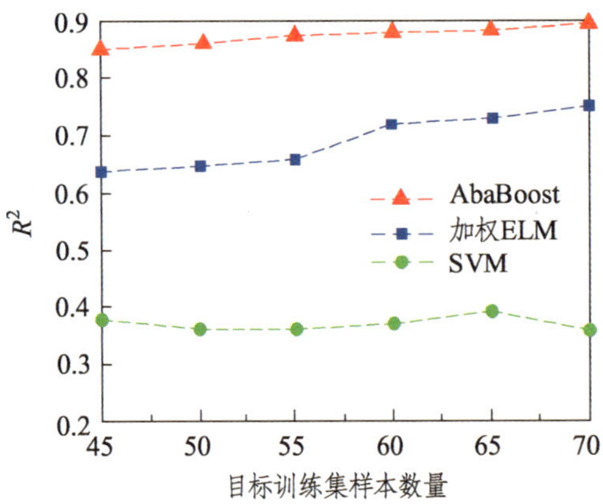

（c）氯的模型

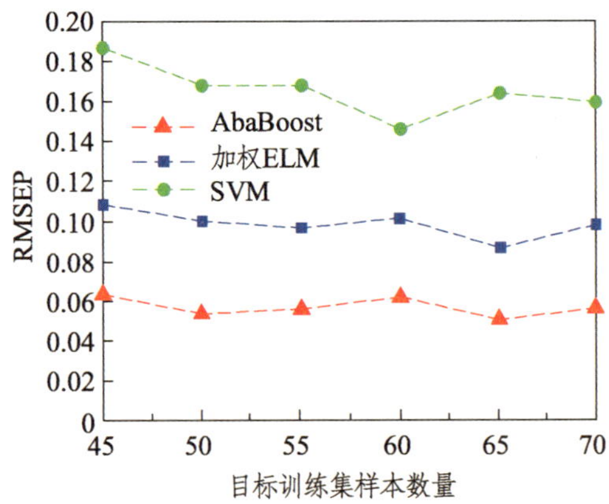

（d）氯的模型

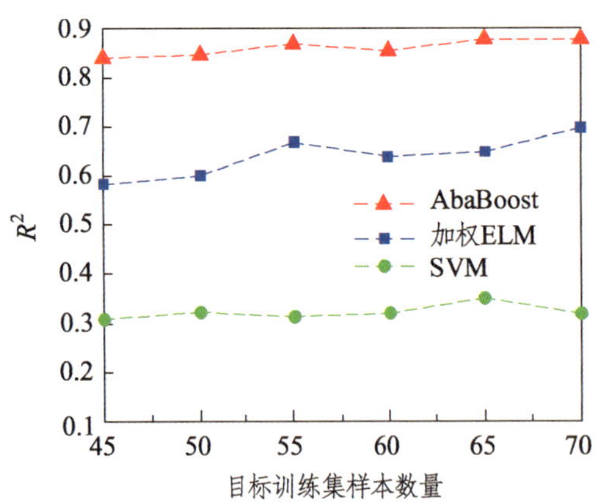

（e）钾的模型

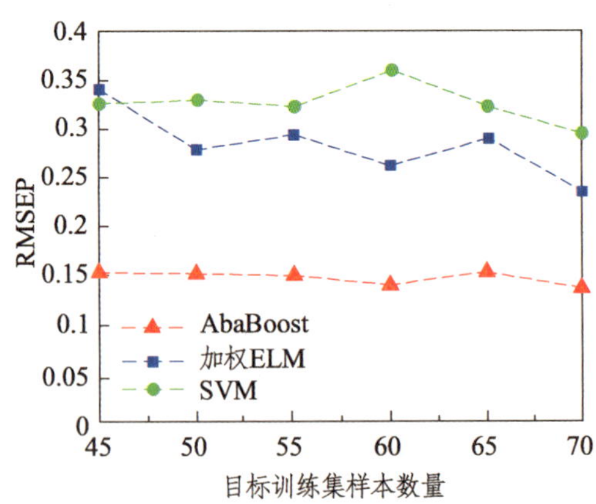

（f）钾的模型

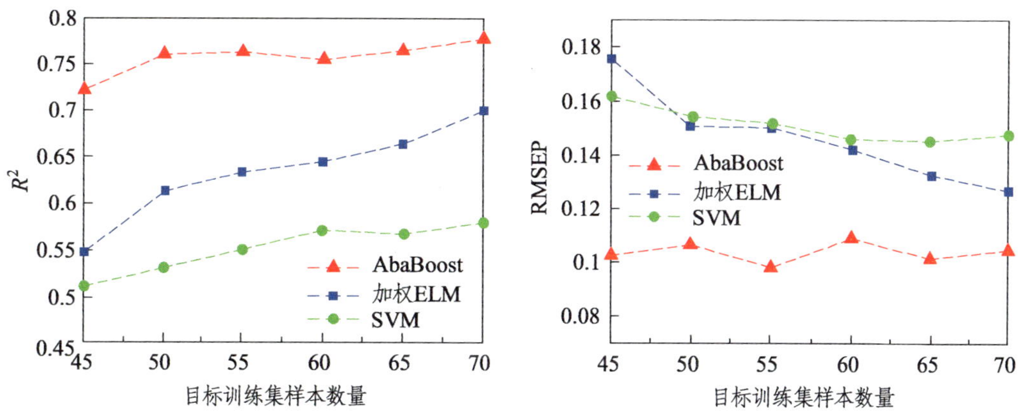

（g）总氮的模型　　　　（h）总氮的模型

图 11-5　关于四个化学成分目标域训练集样本数与不同模型的 R^2/RMSEP 之间的关系

注：① AdaBoost（Adaptive Boosting）是一种集成学习算法，通过将多个弱分类器组合成一个强分类器来提高整体的预测准确性。AdaBoost 的核心思想是在每一轮迭代中，增加上一轮弱分类器错误分类样本的权重，减少正确分类样本的权重，从而迫使新的弱分类器更加关注难以分类的样本。最终，通过加权投票或加权平均的方式，将所有弱分类器的结果组合成一个强分类器。

② 加权 ELM（Weighted ELM）是一种改进的极限学习机（Extreme Learning Machine, ELM）算法，旨在通过引入权重来优化 ELM 的性能。传统的 ELM 算法在训练过程中随机生成输入层权重和偏置，并通过最小二乘法求解输出权重。这种方法虽然简单快速，但存在模型不稳定和泛化能力受限的问题。

③ 支持向量机（Support Vector Machine, SVM）是一类按监督学习（supervised learning）方式对数据进行二元分类的广义线性分类器（generalized linear classifier），其决策边界是对学习样本求解的最大边距超平面（maximum-margin hyperplane）

（3）模型验证。

将烟碱、氯、钾和总氮的 NIRS 定量分析模型从源域（XW、TR）向目标域（HZ）转移，以验证所提出的迁移学习方法的有效性。在共 85 个样品中，随机选择 30 个样品作为源域样本，从目标域随机选择 15 个样品作为测试集，在余下的目标域样品中随机选择 30 ~ 40 个样品作为训练集。其他参数的设置与（1）的①保持一致。由于篇幅的限制，以下的结果只展示了测试集的 R^2。图 11-6 和图 11-7 分别展示了从 XW 和 TR 转移到 HZ 的结果。

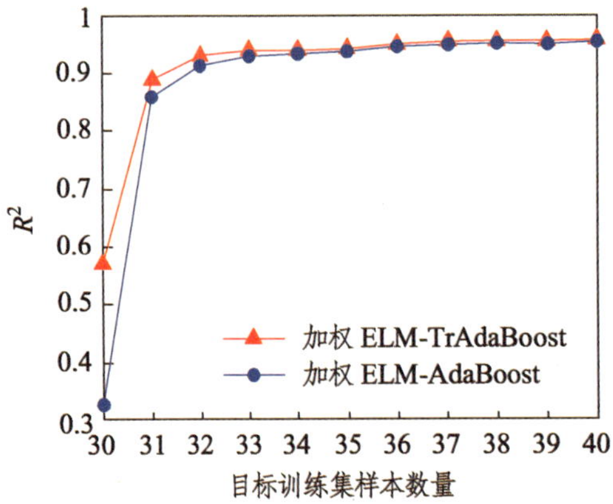

（a）烟碱

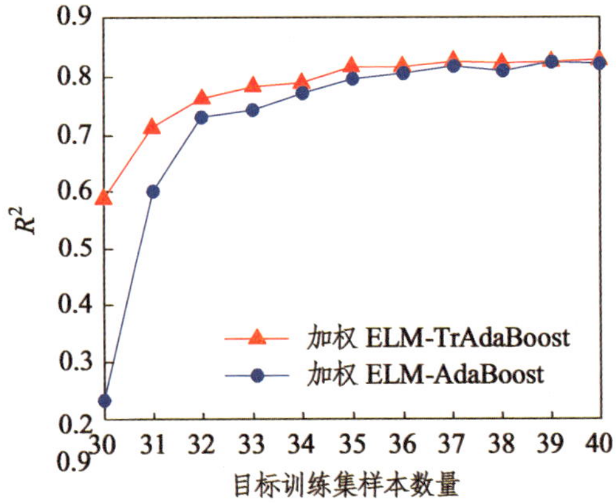

（b）氯

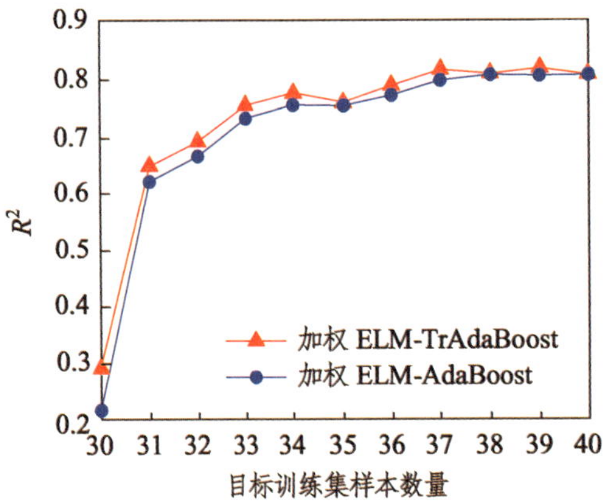

（c）钾

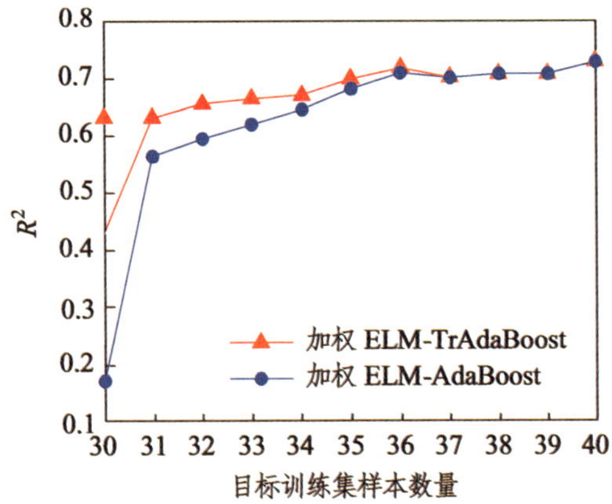

（d）总氮

图 11-6 XW 转移到 HZ 时目标域样本数量与不同模型的 R^2 之间的关系

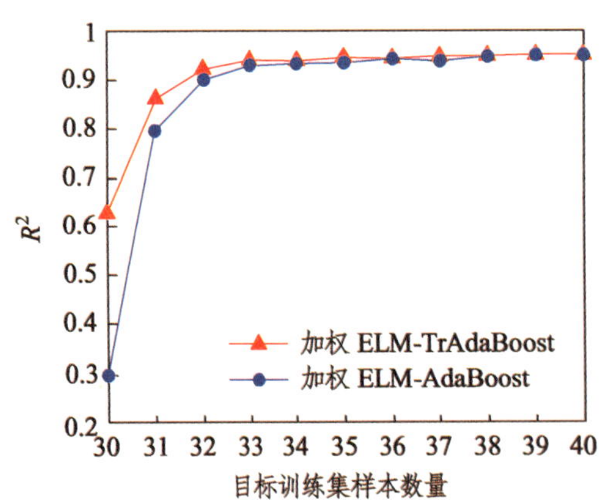

（a）烟碱

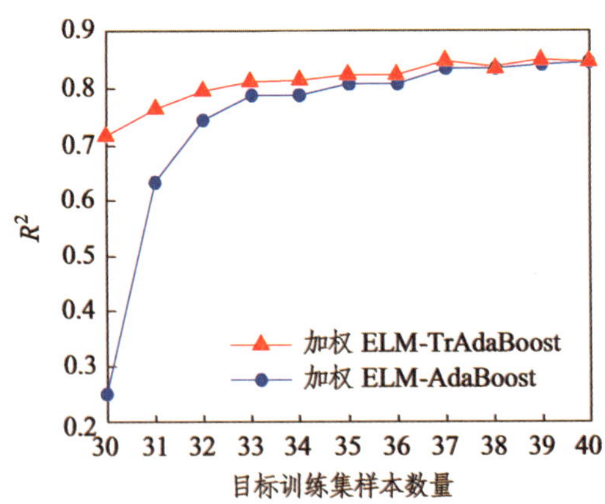

（b）氯

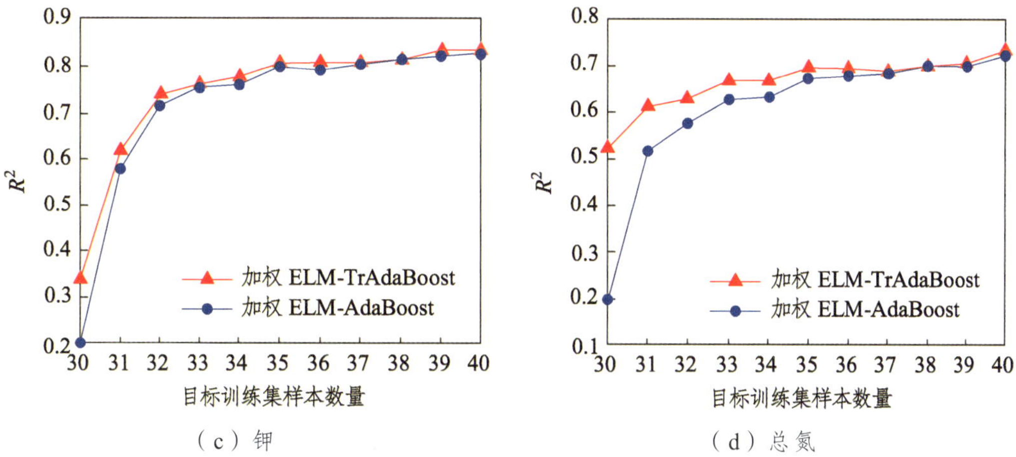

图 11-7 TR 转移到 HZ 时目标域样本数量与不同模型的 R^2 之间的关系

4. 结 论

将一种新型的基于样本的迁移学习方法应用于跨仪器的烟草定量分析模型，该方法结合了 SNV、PCA、Weighted ELM 和 TrAdaBoost 算法。结果表明，该方法可以实现不同仪器之间的样本转移。在本研究中，从一个源域到一个目标域的转移已经实现，并具有良好的模型性能。烟草中四种化学成分（烟碱、氯、钾和总氮）的 TrAdaBoost 模型的 R^2 分别达到 0.957 3、0.823 6、0.816 5 和 0.727 4（以从 XW 转移到 HZ 为例）。在实际工业生产过程中，数据往往涉及多个域的分布，如何将多个源域的信息传输给目标域是一个很有意义的课题。本研究所提出的算法应该在不同的样品状态、不同的成分之间的校准转移方面进行更多的实验研究。

11.2.2 近红外光谱分析法测定烟草中的淀粉含量[51]

1. 材料、设备及仪器

2013-2015 年云南、河南、吉林、福建和贵州等 10 个产地的烤烟样品 160 个，其中 140 个作为建模样品，20 个作为验证样品。MPA 型傅里叶近红外光谱仪（内置镀金漫反射积分球，窗口 2 cm，旋转石英样品杯，PbS 探测器，数据分析软件），德国 Bruker 公司；AA3 连续流动分析仪，BranLuebbe 公司；AE200S 型电子天平（感量 0.000 1 g），瑞士梅特勒公司。

2. 样品预处理及近红外光谱的采集

按 YC/T 31—1996《烟草及烟制品 试样的制备和水分测定 烘箱法》对烟叶样品进行处理及水分测定，粉碎，粒度 60 ~ 80 目。取约 40 g 烟叶粉末，置于石英测量杯中，并放入 600 g 压样器，压约 30，用镀金漫反射体做背景，放入旋转台内，在室温条件下，按下列参数条件进行扫描：分辨率 8 cm^{-1}，扫描次数 64 次，扫描范围 4 000 ~ 12 000 cm^{-1}。

3. 模型的建立及验证

采用连续流动法测定烟叶粉末样品中的淀粉含量。采用数据分析软件中自带的消除常数法、减去一条直线法、最大最小归一化法和一阶导数+多元散射校正（MSC）法软件对样品的近红外光谱进行预处理，而后采用偏最小二乘法将处理好的近红外光谱和连续流动法测定的淀粉数据拟合，建立相应的数学模型，并使用交互验证方法对模型进行验证，即每次交互剔除 1 个或多个样品，用其他样品建模来预测被剔除样品，依次进行，再用另外 20 个烤烟样品的近红外光谱进行外部验证，即将这些样品的近红外光谱代入模型，预测其淀粉的含量，并与其连续流动法的检测数据对比，检验模型的预测能力。

4. 结果与讨论

（1）烟草粉末的近红外漫反射光谱。

由图 11-8 可见，在 4 000 ~ 12 000 cm^{-1} 谱区内，烟草的近红外漫反射光谱有独特的吸收特征，烟草中含有大量的组成淀粉类物质的 C-H、N-H、O-H、C-O、C-C、C-O 基团，在 4 000 ~ 5 300 cm^{-1} 的合频区形成强烈的吸收；在 5 300 ~ 7 500 cm^{-1} 的倍频区也有较为强烈的吸收，其明显的烟草近红外漫反射光谱吸收特征为烟草中淀粉的定量分析提供了丰富的信息基础。

（2）光谱预处理方法对定量分析的影响。

为探寻适宜的光谱预处理方法，选择 7 500 ~ 4 200 cm^{-1} 范围内的光谱数据，采用 6 种方法对光谱进行预处理，对 140 个烟草样品建立校正模型。如表 11-9 显示，消除常数法模型的 R^2 和 RMSECV 分别达到最大和最小。因此，选用消除常数法进行 NIR 光谱的预处理，所建立模型的交互验证 NIR 预测值与化学测定值的相关曲线（图 11-8）良好，说明该模型对于烤烟样品中淀粉指标近红外定量模型的预测值均能很好地逼近其化学值。

表 11-9　不同光谱预处理方法模型的 R^2 和 RMSECV

预处理方法	决定系数（R^2）	交互验证均方根误差（RMSECV）
无预处理	85.60	6.21
消除常数法	94.30	3.65
最大最小归一化法	93.10	4.02
矢量归一法	90.70	5.37
一阶导数	91.20	4.85
减去一条直线法	92.80	3.89

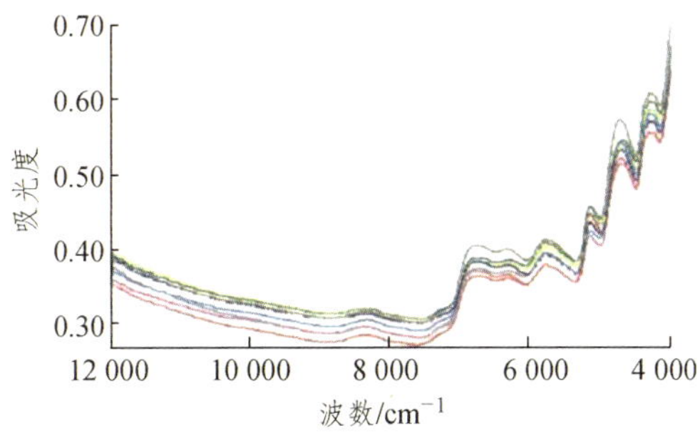

图 11-8　烟草粉末的近红外漫反射光谱示意图

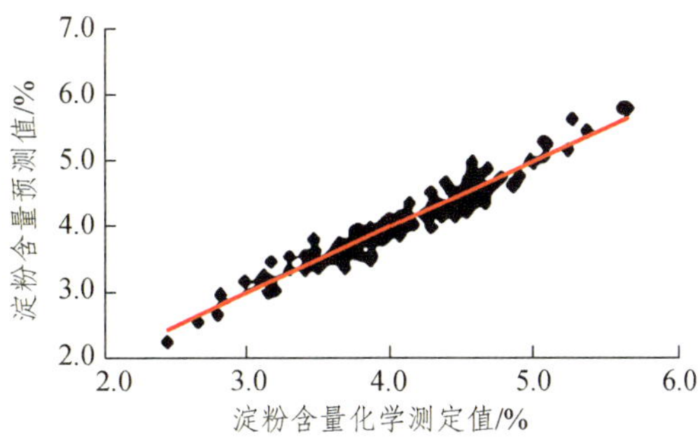

图 11-9　淀粉预测模型交互验证预测值与化学测定值的散点图

（3）模型预测的准确性。

为检验所建近红外模型的预测准确性，采用外部验证法进行，即将另外 20 个烤烟样品的近红外光谱数据代入模型，预测其淀粉的含量，并与其连续流动分析法测定值对比。模型预测值与其连续流动分析法测定值的相对偏差都在 5%以内，说明所建模型的预测准确性较高，适合淀粉含量的预测。

（4）精密度。

任取同一烤烟样品 6 份，各扫描 1 次，将所得近红外光谱代入建立的校正模型，计算其淀粉的含量。结果得出淀粉的 RSD 值为 3.76%，表明该方法具有良好的重复性。

5. 结　论

该试验选择 7 500 ~ 4 200 cm^{-1} 范围内的光谱数据，采用消除常数法建立的烟叶中淀粉含量的近红外预测模型可以快速测定烟叶中的淀粉含量。该方法具有简便、快速、低成本、不破坏烟叶样品等优点，且其测定结果与烟草行业标准方法较为接近，准确度高、重复性好，适用于批量快速测定烟叶中淀粉含量，可为烟叶的调制提供参考依据。

11.2.3　近红外光谱分析法测定烤烟中的蛋白质含量[52]

1. 材料、设备及仪器

收集贵州省不同烟叶种植地区的初烤烟叶样品和云南、四川、重庆、山东、福建、河南、辽宁等地区的部分烤烟样品，从中选取不同部位、不同等级的初烤烟叶样品 189 份。傅里叶变换近红外漫反射光谱仪（德国 Bruker Verctor 22/N）。全自动连续流动化学成分分析仪（法国 Alliance Futura）。

2. 样品预处理及近红外光谱的采集

烟叶样品磨成粉状，粒度为 60 目。用 Verctor 22/N 型傅里叶变换近红外漫反射光谱仪采集样品的光谱数据，扫描谱区为 4 000 ~ 8 000 cm^{-1}，扫描次数为 64 次，分辨率为 8 cm^{-1}。采用烟草总蛋白质测定法。精确称取一定量的样品经沉淀蛋白质、洗去水溶性含氮化合物、消化等处理后用连续流动化学成分分析仪测定蛋白质为建立 NIRS 测定烤烟中蛋白质含量的数学模型提供参考值。

3. 模型的建立与验证

采用数据分析软件中的偏最小二乘法（PLS）及内部交互验证法（Cross Validation）建立光谱与化学成分间的关系模型，并通过比较样品预测值与化学值的决定系数（R^2）和交互验证均方根误差（RMSECV）来衡量模型的质量。选取已知化学值而未参与建模的样品 50 份，用这些样品对已建模型进行预测性能的验证分析。

4. 结果与讨论

（1）初烤烟叶样品的近红外光谱。

在 4 000 ~ 8 000 cm^{-1} 谱区内，初烤烟叶样品有独特的近红外漫反射光谱。不同初烤烟叶样品的近红外光谱存在较大差异，光谱反映出的信息主要是样品中的 C-H、N-H、O-H、S-H 的倍频和合频信息，很难用传统分析方法通过 Lambere-Beer 定律直接从光谱判定计算出样品中某成分的含量，需要采用化学计量学方法对得到的近红外光谱数据进行处理。因为化学计量学应用数学和统计学方法并借助计算机技术，对矢量型或矩阵型的化学数据进行处理，可得到常规无法获得的结果。

（2）蛋白质分析模型的优化。

共收集不同产地的初烤烟叶样品千余份用化学法测定其蛋白质含量。烟叶蛋白质含量最小 5.42%，最高 10.59%，平均值 7.82%，选取其中有代表性的样品 189 个建立数学模型。

蛋白质分析模型初步建立后，应用数据分析软件经过多次计算和优化，剔除部分异常样品，选择最佳光谱预处理方法、最佳谱区、最优主成分维数，确定蛋白质分析模型的最佳条件。通过比较多种光谱预处理方法的效果，以 17 平滑点，一阶导加直线递减方法对光谱数据进行预处理的效果最好。最佳建模谱区为：3 764.5 ~ 7 825.9 cm^{-1}，最佳主成分维数 Rank 为 9，实际参加建模样品 183 个。由初烤烟叶中蛋白质模型的近红外预测值，其决定系数（R^2）和交互验证均方根误差（RMSECV）分别为：93.53 和 0.246。

（3）蛋白质分析模型的验证。

随机抽取 50 份已知化学值的烟叶样品，用优化后的蛋白质分析模型进行预测，考察模型的预测能力，并将近红外预测值与化学值作比较，结果显示初烤烟叶中的蛋白质含量的变化为 10.20% ~ 5.28%，绝对偏差为 0% ~ 0.36%，平均绝对偏差 0.16%；相对偏差为 0.01% ~ 4.63%，平均相对偏差 2.18%。表明近红外模型预测结果与化学值基本吻合，其准确度接近化学方法，预测效果较好。

5. 结　论

本试验建立了运用近红外漫反射光谱法定量测定初烤烟叶中的蛋白质含量的数学模型。该数学模型经过两年的试用，稳定性好。运用近红外法测定的结果与化学方法测试结果相吻合，测定精度基本达到化学分析法的精度，具有实用性。近红外漫反射光谱法测定烟叶样品中的蛋白质含量准确，测定速度快，无需任何试剂，可在短时间内测定大量样品。所建的数学模型可用来准确、快速地测定初烤烟叶中的蛋白质含量，但如果所测样品的年份、地区或种类超出建模范围，必须在模型中加入该类烟叶的标准样品，对数学模型进行校正，否则近红外光谱法测定值的精度将难以得到保证。

11.2.4　近红外光谱分析法测定烤烟中的部分无机元素的含量[53]

1. 材料设备及仪器

收集贵州省不同烟叶种植地区的初烤烟叶样品 400 份，50 °C烘干，样品磨成粉末状，粒度为 0.25 mm，水分控制在 6% ~ 10%。

傅里叶变换近红外漫反射光谱仪（德国 Bruker 公司 Verctor 22/N）、原子吸收光谱仪（美国 PE 公司 AA-300 型）。

2. 样品预处理及近红外光谱的采集

采用烟草中钙、镁、铁、锰、锌含量的测定法（原子吸收法）。精确称取 2 g 烟末样品，样品经干式灰化后，用硝酸处理并稀释至适当的浓度范围，用原子吸收光谱仪检测其中的钙、镁、铁、锰、锌含量，为建立 NIRS 测定烤烟中钙、镁、铁、锰、锌含量的数学模型提供标样。

将制备好的初烤烟叶粉末样品，用 Verctor 22/N 型傅里叶变换近红外漫反射光谱仪采集光谱数据，扫描谱区范围 4 000 ~ 8 000 cm^{-1}，扫描次数为 64 次，分辨率为 8 cm^{-1}。

3. 模型的建立与验证

采用数据分析软件中的偏最小二乘法（Modified PLS）及内部交互验证法建立优化光谱与化学成分间的关系模型，并通过比较样品预测值与化学值的决定系数（R^2）

和交互验证均方根误差（RMSECV）来衡量模型的质量。

选取已知化学值而未参与建模的样品 40 份，用这些样品对已建模型进行预测性能的验证分析。

4. 实验结果

（1）烤烟近红外定量分析模型的建立。

从 400 份经化学检测方法检测过的烤烟样品中，按产地、部位、等级及成分含量的高、中、低挑选一定量具有代表性的样品，其样品量、含量范围见表 11-10，按一一对应原则，用数据分析软件，建立相应的数学模型。经过多次计算并应用软件中的自动优化功能，选择最佳光谱预处理方法、最佳谱区、最佳主成分数（注：本编中“主成分数”与“主因子数”两者意义一样），以寻找建立数学模型的最佳条件。在模型优化时，对同一样品集的同一组分决定系数（R^2）越大，MSECV 越小，即 PLS 算法所提取的光谱信息与分析组分的相关性越好，得到的模型越好，最后建立的最佳近红外数学模型其主要参数如表 11-10 所示。近红外预测值和化学实测值之间的散点图见图 11-10 ~ 图 11-14。

表 11-10　定量数学模型的主要参数

化学成分	钙	镁	铁	锰	锌
建模样本数/个	214	214	126	150	157
含量范围/%	1.09 ~ 3.86	0.13 ~ 1.29	0.12 ~ 1.40	0.04 ~ 0.46	8.23 ~ 67.24（mg/kg）
谱区范围/cm^{-1}	7 625.5 –3 976.7	7 394.1 –3 830.1	7 185.8 –3 992.1	7 625.5 –3 976.7	625.5 –3 976.7
最佳主成分数	9	10	10	7	7
R^2/%	90.50	94.95	91.39	77.42	80.17
RMSECV	0.160	0.047 5	0.081 3	0.041 6	5.03

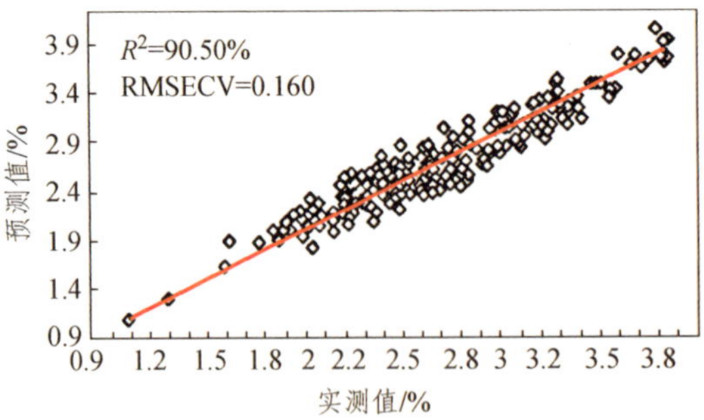

图 11-10　初烤烟叶中钙含量的实测值与预测值的散点图

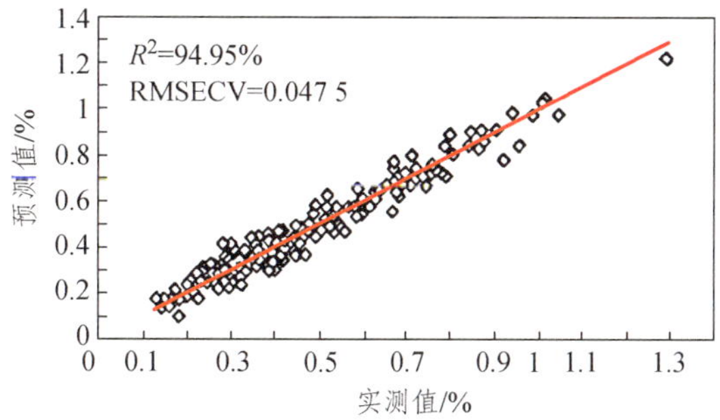

图 11-11 初烤烟叶中镁含量的实测值与预测值的散点图

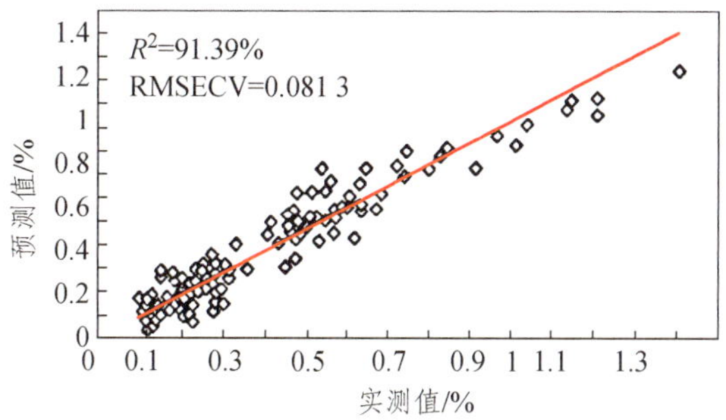

图 11-12 初烤烟叶中铁含量的实测值与预测值的关系

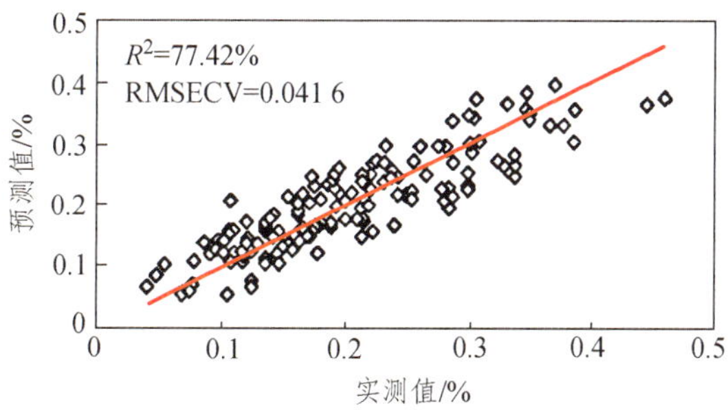

图 11-13 初烤烟叶中锰含量的实测值与预测值的关系

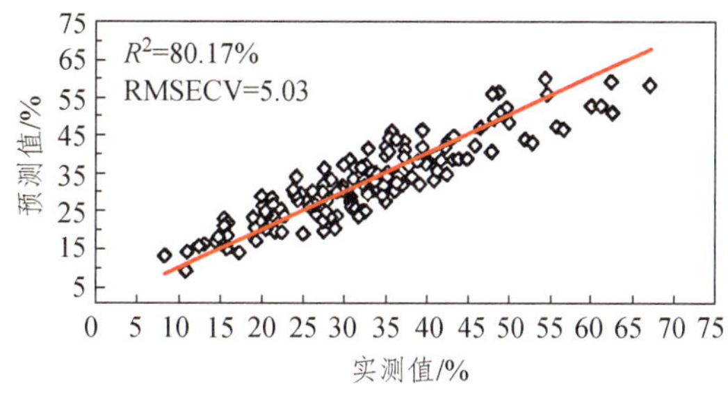

图 11-14 初烤烟叶中锌含量的实测值与预测值的散点图

由图 11-10～图 11-14 可见，钙、镁、铁、锰、锌模型预测值和实测值之间呈显著的线性相关。钙、镁、铁三种成分的决定系数（R^2）均高于 90.50%，RMSECV 均低于 0.160，说明所建模型较好；而锰、锌的决定系数（R^2）分别为 77.42%、80.17%，交互验证均方根误差 RMSECV 为 0.041 6、5.03，说明所建模型的精度还有待提高。

（2）NRS 检测初烤烟叶中钙、镁、铁、锰、锌含量数学模型的验证。

随机抽取 40 份已知化学值的烟叶样品，用创建的 NIRS 钙、镁、铁、锰、锌含量数学模型测试，并将 NS 的测定值与化学法实测值作比较。结果表明（见表 11-11），初烤烟叶中钙含量的变化为 1.09%～3.86%，平均绝对差 0.18，平均相对偏差 1.52%；初烤烟叶中镁含量的变化为 0.15%～0.79%，平均绝对差 0.04，平均相对偏差 2.77%；初烤烟叶中铁含量的变化为 0.09%～0.84%，平均绝对差 0.04，平均相对偏差 3.28%；初烤烟叶中锰含量的变化为 0.05%～0.39%，平均绝对差 0.03，平均相对偏差 4.76%；初烤烟叶中锌含量的变化为 15.32～54.61 mg/kg，平均绝对差 4.04，平均相对偏差 3.42%；从上述结果看近红外法与化学法之间的相对偏差均小于 5%。表明 NIRS 检测初烤烟叶中钙、镁、铁、锰、锌含量数学模型已具有一定的实用价值。

5. 结　论

本试验中建立了运用近红外漫反射光谱法（NIRS）定量测定初烤烟叶中钙、镁、铁、锰、锌含量的数学模型。从近红外模型评价指标及利用外部样品对所建模型的检验看，钙、镁、铁三种成分的决定系数（R^2）均高于 90.50%，RMSECV 均低于 0.160，近红外预测值与实测值间的平均相对偏差均小于 3.28%，说明所建模型较好，NIRS 法测定的结果与化学方法测试结果相吻合，已具有实用性，可用近红外漫反射光谱法快速定量测定初烤烟叶中的钙、镁、铁含量；所建的锰、锌近红外模型，决定系数（R^2）分别为 77.42%、80.17%，R、RMSECV 分别为 0.041 6、5.03，近红外预测值与实测值间的平均相对偏差小于 4.76%，其模型也具有一定的实用性，但由于锰、锌本身含量较低（属微量元素），在实际检测中仍误差较大，因此所建的近红外漫反射光谱法定量测定初烤烟叶中锰、锌含量的数学模型的精度还有待提高，目前仅可用来快速预测初烤烟叶样品中锰、锌含量趋势。

11.2.5　近红外光谱分析法测定烟草中的生物碱含量[54]

1. 材料、设备及仪器

青烟叶样品 123 份，烤烟叶样品 412 份（其中包含 123 份青烟叶的对应烤后样品）。Antaris Ⅱ FT-NIR 近红外光谱仪（配备积分球漫反射采样系统）；Omnic 软件；数据分析软件光谱分析化学计量学建模。

采用气相色谱－氢火焰离子化探测器（GC-FID）的方法进行检测，外标法定量，对烟草样品碱化处理后用甲叔醚溶液过夜萃取，然后进行分析。

GC-FID 条件：细管柱，DB-5（30 m × 0.32 mm × 1 μm）；进样量为 1 μL，不分流进样；进样口温度为 250 °C；载气为 He，恒流，体积流量为 1.7 mL/min；程序升温：110 °C 下保持 5 min，然后以 10 °C /min 的速率升至 185 °C，再以 6 °C /min 的速率升至 250 °C 保持 10 min；FID 探测器温度为 300 °C。

2. 样品预处理及近红外光谱的采集

青烟叶采摘后经干冰冷冻方式运输后，在液氮下粉碎、磨粉、整理，于−80 °C 超低温冰箱中保存以备用。测试前，需要将样品取出放于干燥皿中，静置 24 h 至室温，然后进行近红外光谱扫描。环境温度为 20 ~ 24 °C，相对湿度为 55% ~ 65%，近红外光谱扫描范围为 4 000 ~ 10 000 cm^{-1}，分辨率为 8 cm^{-1}，扫描 64 次，取平均值。

3. 模型的建立与验证

通过残差分析剔除化学值与预测值差别较大的样品，通过学生化残差（残差与相对标准偏差的比值）分析，剔除化学值异常的样品。

考察所建模型校正集与验证集的相关系数 R，以交互验证均方根误差（RMSECV）、预测标准误差（SEP）和校正标准误差（SEC）的比值、验证集标准偏差（SD）与 SEP 的比值作为评价模型优劣的指标，当 R 大于 0.9，SEP 与 SEC 的比值介于 0.8 ~ 1.2，SD 与 SEP 的比值大于 2.0 时，所建模型预测效果较好。[55]

基于青烟叶样品及烤烟叶样品的化学实测值与近红外光谱数据进行建模及验证，对近红外光谱进行一阶导数处理，Norris 平滑（段长 5，段间距 5），采用偏最小二乘（PLS）法建立 4 种生物碱化学含量与近红外光谱的数学模型，并进行验证。

4. 结果与讨论

（1）尼古丁的近红外定量分析模型的建立与验证。

分别建立青烟叶、烤烟叶样品的尼古丁含量与近红外光谱的定量分析模型，青烟叶建模 106 个样品，独立验证 11 个样品，剔除 6 个异常值，交互验证预测 27 个样品；烤烟叶建模 373 个样品，独立验证 37 个样品，剔除 2 个异常值，交互验证预测 187 个样品。校正集及验证集的 R、RMSECV、SEP 与 SEC 的比值、SD 与 SEP 的比值以及含量范围见表 11-11，尼古丁含量预测值与实测值的散点图如图 11-15。

（2）降烟碱的近红外定量分析模型的建立与验证。

分别建立青烟叶、烤烟叶样品的降烟碱含量与近红外光谱的定量分析模型，青烟叶建模 101 个样品，独立验证 14 个样品，剔除 8 个异常值，交互验证预测 26 个样品；烤烟叶建模 352 个样品，预测 37 个样品，剔除 23 个异常值，交互验证预测

192 个样品。校正集及验证集的 R、RMSECV、SEP 与 SEC 的比值、SD 与 SEP 的比值以及含量范围见表 11-12 所示，降烟碱含量预测值与实测值的散点图见图 11-16 所示。

表 11-11　青烟叶及烤烟叶中尼古丁含量近红外数学模型评价结果

样品集		R	RMSECV	SEP/SEC	SD/SEP	因子数	质量分数范围/%
青烟叶	校正集	0.995 6	0.56	0.16	5.88	15	0.53 ~ 4.11
	验证集	0.988 9					1.07 ~ 2.84
烤烟叶	校正集	0.994 5	0.12	0.85	9.18	19	0.67 ~ 4.99
	验证集	0.994 0					0.32 ~ 3.76

注：SEP 为预测标准误差，SEC 为校正标准误差，SD 为标准偏差，R 为相关系数，RMSECV 为交互验证均方根误差。

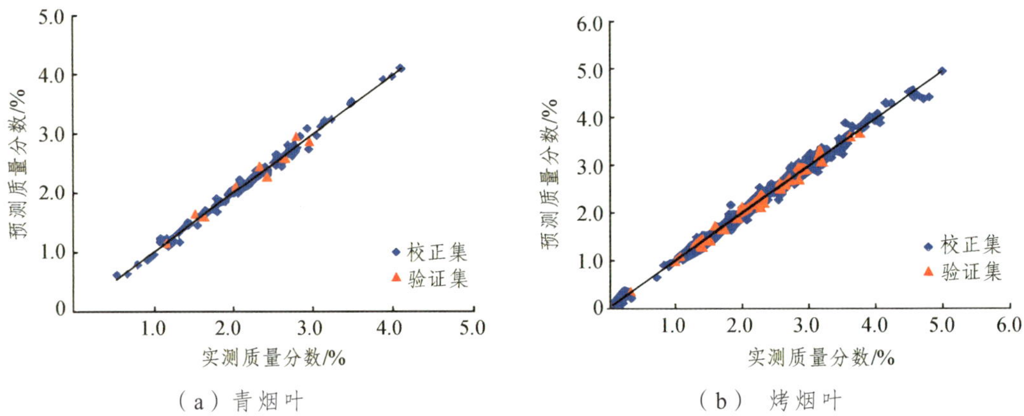

图 11-15　青烟叶、烤烟叶中尼古丁含量预测值与实测值的散点图

表 11-12　青烟叶及烤烟叶中降烟碱含量近红外数学模型评价结果

样品集		R	RMSECV	SEP/SEC	SD/SEP	因子数	质量分数 × 10^3
青烟叶	校正集	0.953 2	258.49	0.99	3.09	19	0.121 6 ~ 2.340 7
	验证集	0.945 8					0.169 1 ~ 1.528 6
烤烟叶	校正集	0.986 9	305.20	0.81	2.20	22	0.049 6 ~ 8.955 9
	验证集	0.985 4					0.117 5 ~ 0.573 7

注：SEP 为预测标准误差，SEC 为校正标准误差，SD 为标准偏差，R 为相关系数，RMSECV 为交互验证均方根误差。

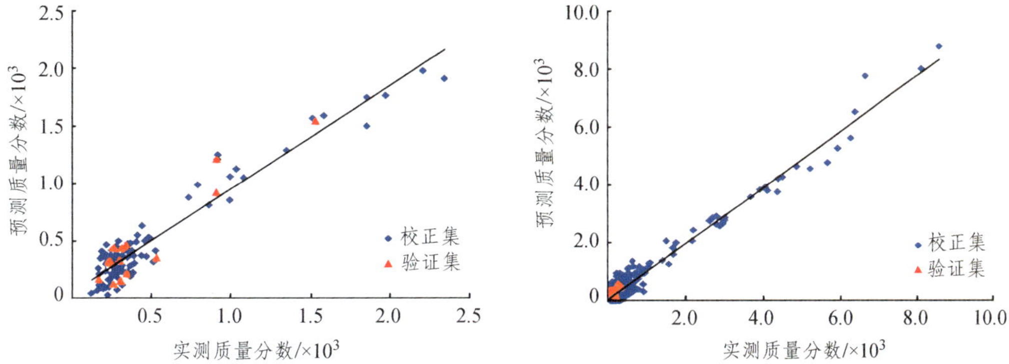

（a）青烟叶　　（b）烤烟叶

图 11-16　青烟叶、烤烟叶中降烟碱含量预测值与实测值的散点图

由图 11-16 可以看出，青烟叶及烤烟叶样品中，降烟碱含量高的样品数量较少，绝大多数样品的降烟碱含量落在图中较低水平且分布相对集中。

考虑到烟草种植的实际情况以及日常检测样品的含量区间范围，去掉样品中的转化株样品进行二次建模，可以根据实测情况应用不同的降烟碱模型对降烟碱含量进行预测，以提高预测准确性。非转化株样品所建模型的评价结果见表 11-13，散点图如图 11-17 所示。

表 11-13　青烟叶及烤烟叶中降烟碱近红外数学模型评价结果（非转化株）

样品集		R	RMSECV	SEP/SEC	SD/SEP	因子数	质量分数 ×10⁴
青烟叶	校正集	0.959 3	30.13	0.84	2.70	10	1.215 8 ~ 4.729 9
	验证集	0.945 0					1.691 4 ~ 3.428 4
烤烟叶	校正集	0.901 8	49.14	0.97	2.20	6	0.496 4 ~ 6.581 0
	验证集	0.910 7					0.982 0 ~ 4.741 2

注：SEP 为预测标准误差，SEC 为校正标准误差，SD 为标准偏差，R 为相关系数，RMSECV 为交互验证均方根误差。

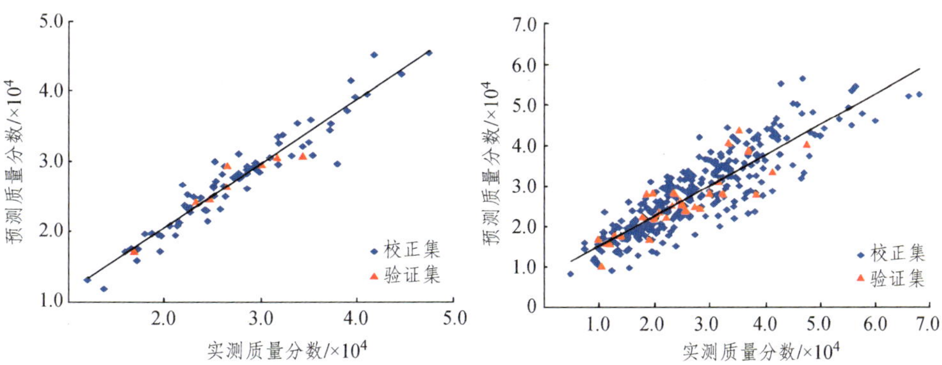

（a）青烟叶　　（b）烤烟叶

图 11-17　青烟叶、烤烟叶中降烟碱含量预测值与实测值的散点图（非转化株）

由表 11-13、图 11-17 中数据可以看出，去掉转化株样品后所建模型，青烟叶及烤烟叶数据模型各评价指标变化不大，*R* 值仍在 0.90 附近，且主因子数（注：本编中“主因子数”与“主成分数”两者意义一样）减小至 10、6，SEP 与 SEC 的比值为 0.84、0.97，SD 与 SEP 的比值均大于 2.0，模型各项评价指标均较好。在日常检测中，针对非转化株样品，可应用本模型进行预测，以提高预测准确性。

（3）新烟草碱的近红外定量分析模型的建立与验证。

分别建立青烟叶、烤烟叶样品的新烟草碱含量与近红外光谱的定量分析模型，青烟叶建模 112 个样品，预测 7 个样品，剔除 4 个异常值，交互验证预测 28 个样品；烤烟叶建模 366 个样品，预测 38 个样品，剔除 8 个异常值，交互验证预测 182 个样品。校正集及验证集的 *R*、RAMSECV、SEP 与 SEC 的比值、SD 与 SEP 的比值以及含量范围见表 11-14，新烟草碱含量预测值与实测值的散点图如图 11-18 所示。

表 11-14 青烟叶及烤烟叶中新烟草碱含量近红外数学模型评价结果

样品集		*R*	RMSECV	SEP/SEC	SD/SEP	因子数	质量分数 × 10^4
青烟叶	校正集	0.928 9	46.13	0.83	2.04	13	1.248 6 ~ 5.891 2
	验证集	0.886 1					1.875 7 ~ 3.368 4
烤烟叶	校正集	0.943 1	47.75	0.81	3.10	17	0.924 7 ~ 6.806 7
	验证集	0.951 7					1.199 0 ~ 5.287 8

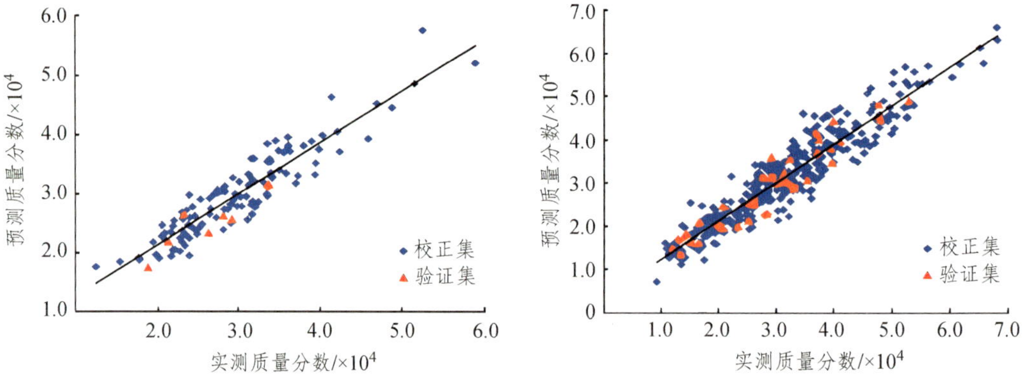

（a）青烟叶　　（b）烤烟叶

图 11-18　青烟叶、烤烟叶中新烟草碱含量预测值与实测值的散点图

（4）假木贼碱的近红外定量分析模型的建立与验证。

分别建立青烟叶、烤烟叶样品的假木贼碱含量与近红外光谱的定量分析模型，青烟叶建模 109 个样品，预测 8 个样品，剔除 6 个异常值，交互验证预测 28 个样品；烤烟叶建模 366 个样品，预测 37 个样品，剔除 9 个异常值，交互验证预测 178

个样品。校正集及验证集的 R、RMSECV、SEP 与 SEC 的比值、SD 与 SEP 的比值以及含量范围见表 11-15，假木贼碱含量预测值与实测值的散点图如图 11-19 所示。

表 11-15　青烟叶及烤烟叶中假木贼碱含量近红外数学模型评价结果

样品集		R	RMSECV	SEP/SEC	SD/SEP	因子数	质量分数 ×10⁴
青烟叶	校正集	0.888 9	24.80	0.87	2.20	5	0.647 6～1.970 6
	验证集	0.899 4					0.948 0～1.714 5
烤烟叶	校正集	0.958 5	18.74	0.84	3.93	13	0.444 8～3.793 3
	验证集	0.967 8					0.605 6～2.702 8

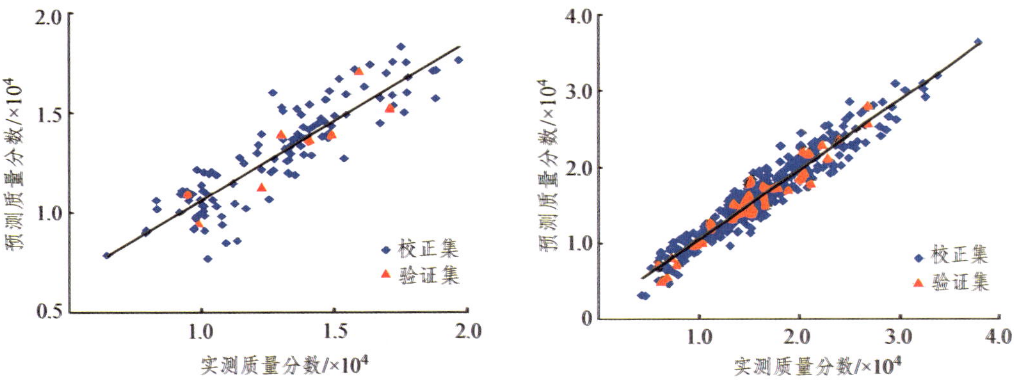

（a）青烟叶　　（b）烤烟叶

图 11-19　青烟叶、烤烟叶中假木贼碱含量预测值与实测值的散点图

（5）青烟叶及烤烟叶生物碱含量分析。

经过（2）中对降烟碱含量的考察结果可知，在本批样品中包含部分转化株烟草样品，为了进一步研究转化株和非转化株样品烘烤调制前、后生物碱含量的变化，选取青烟叶及烤烟叶样品中样品植株信息相对应的样品共 83 份，进行烤前、烤后生物碱含量的分析。以同一样品烤后含量与烤前含量的比值来表征烘烤调制过程生物碱含量的变化，见表 11-16。

表 11-16　烟叶烘烤调制前、后生物碱含量的变化

生物碱种类	烤后含量与烤前含量的比值	
	非转化株	转化株
尼古丁	0.99	0.21
降烟碱	1.23	3.59
新烟草碱	1.01	1.11
假木贼碱	1.16	1.21

由表 11-16 中可以看出，正常烟草非转化植株，烘烤调制前、后 4 种生物碱的含量基本不变。转化株烘烤调制前、后新烟草碱、假木贼碱含量变化不大，尼古丁含量明显减小，降烟碱含量显著增大，这表明转化株在烘烤调制过程中发生了尼古丁向降烟碱转化的过程，从而导致尼古丁含量减小，降烟碱含量增大，与文献报道一致。这种转化过程发生的原因如下：转化株中含有烟碱转化基因，可生成数量较多的高活性烟碱去甲基化酶，在烘烤调制初始阶段，酶活性的提高促使了尼古丁向降烟碱的转化。

5. 结　论

青烟叶及烤烟叶样品的近红外数学模型各项评价指标较好，表明所建近红外预测模型准确、可靠，近红外光谱技术可用于各类生物碱，包括微量生物碱的快速定量检测。其预测值与实测值的 R 约为 0.9，预测标准误差与校正标准误差比值均为 0.8 ~ 1.2，验证集标准偏差与预测标准误差比值均大于 2.0，模型预测值与其化学测定值之间不存在显著性差异，该模型对样品烟碱含量的预测效果良好。利用近红外技术检测能有效地解决烟草成分分析问题，节约成本，对环境友好，能够满足烟草工业在线检测需要且可以广泛应用于烟草行业的鉴定过程。

11.2.6　近红外光谱分析法测定烟草中的水溶性糖含量[56]

1. 材料、设备及仪器

收集 700 个烤烟烟叶样本，产区包括云南、四川、山东、江西、湖南、湖北、河南、贵州、广西、福建、安徽共 11 个，等级包括 B1F、B2F、B3F、C1F、C2F、C3F、X1F、X2F、X3F 共 9 个，样本涵盖主要产区和等级。Antaris 傅里叶变换近红外光谱仪，配有积分球漫反射采样系统和样品杯旋转采样附件（Thermo，美国）；Futura 全自动连续流动分析仪（Alliance，法国）；Cyclotec 1093 旋风式样品磨；SC101 型鼓风电热恒温干燥箱（浙江嘉兴新塍电器厂）。

2. 样品预处理及近红外光谱的采集

将所有样本按照烟草行业标准 YC/T 31—1996《烟草及烟草制品 试样的制备和水分测定烘箱法》制备成粉末样本（粒径≥40 目，水分含量 5% ~ 7%），其中 600 个作为建模样本集，100 个作为预测样本集。将烟叶粉末样本装入样品杯，并用压样器压实，然后采集光谱，光谱采集范围：3 800 ~ 10 000 cm^{-1}，光谱分辨率：8 cm^{-1}，扫描次数：64 次，样品杯方式：旋转。

3. 模型的建立与验证

按照烟草行业标准《烟草及烟草制品 水溶性糖的测定 连续流动法》（YC/T 159—2002）对所有样本的水溶性总糖和还原糖含量进行测定。使用数据分析软件进行水溶性总糖和还原糖近红外定量模型的建立和优化,建模方法选择偏最小二乘法,使用多元散射校正，二阶微分与诺里斯导数滤波法处理光谱。

4. 结果与讨论

（1）近红外定量模型的评价。

评价近红外定量模型的优劣一般采用内部交互验证和外部验证，所谓内部交互验证是指从建模样本集中剔除一个或多个样本，用剩余的样本建立模型来预测剔除的样本，重复该过程直至所有样本都被剔除并预测过，该验证主要考察模型的稳定性和内部预测能力，避免模型出现过拟合现象；而外部验证则是用已建立的模型来预测多个未知样本，主要考察模型的实际预测能力，是评价模型好坏的主要方法，评价指标为预测均方根误差（RMSEP）。

用三种不同的光谱范围选择方法建立水溶性总糖和还原糖的近红外定量模型，并对含 100 个样本的预测样本集进行预测。按照前文提到的四种选择方法选择光谱范围，其预测结果见表 11-18 和表 11-19。

表 11-18　不同光谱范围选择方法对水溶性总糖近红外定量模型的影响

光谱范围选择方法评价指标	*a*	*b*	*c*	*d*
相关系数（R）	0.962	0.916	0.976	0.978
交互验证均方根误差（RMSECV）	1.04	1.55	0.819	0.787
预测均方根误差（RMSEP）	0.606	1.18	0.595	0.565

表 11-19　不同光谱范围选择方法对水溶性还原糖近红外定量模型的影响

光谱范围选择方法评价指标	*a*	*b*	*c*	*d*
相关系数（R）	0.955	0.857	0.962	0.964
交互验证均方根误差（RMSECV）	0.906	1.57	0.811	0.801
预测均方根误差（RMSEP）	0.770	1.43	0.709	0.693

从表 11-18 和表 11-19 的数据可以看出，通过不同的光谱范围选择方法来建立的近红外定量模型，其相关系数、交互验证均方差和预测均方差存在较大的差异，通过分子化学结构分析确定光谱范围后建立模型的内部验证指标明显优于其他 3 种方法，其外部验证的实际预测效果也最好。最终得到水溶性总糖、还原糖的化学测量值和模型预测值的关系如图 11-20 和图 11-21 所示。

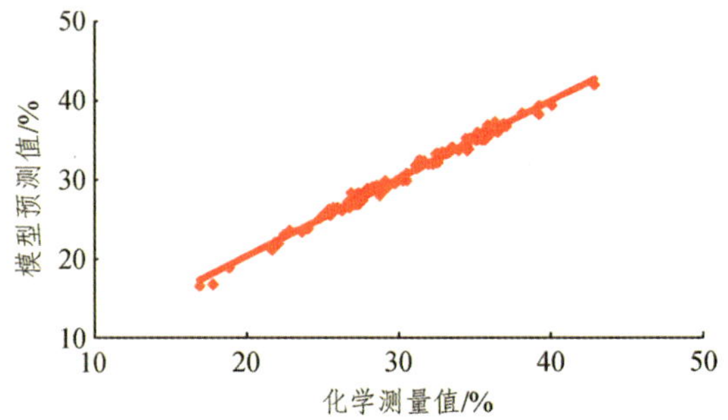

图 11-20　总糖的测定值和模型预测值的散点图

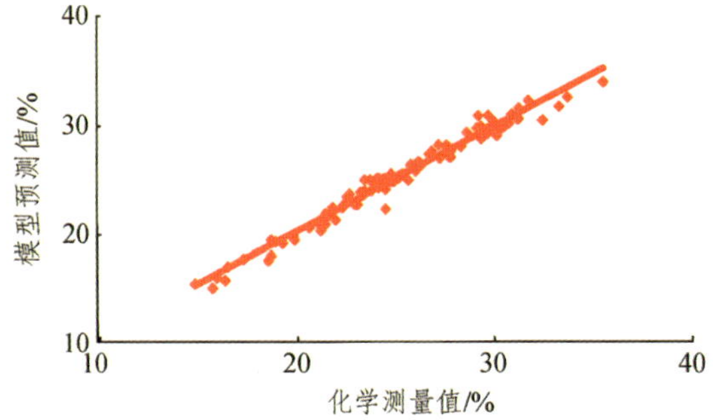

图 11-21　还原糖的测定值和模型预测值的散点图

5. 结　论

通过对烟草中水溶性糖的分子结构分析，结合傅里叶变换近红外漫反射光谱的特性，确定了水溶性糖中含氢基团在近红外谱区倍频与合频吸收带的近似位置，并结合连续流动法测得的烟草中水溶性糖含量数据进一步优化，得到最佳的光谱范围，在此基础上建立了水溶性总糖和还原糖的近红外定量模型，取得了较好的结果，模型的相关系数、交互验证均方根误差和预测均方根误差都优于其他 3 种光谱范围选择方法。近红外模型具有较好的稳定性和预测能力，该检测方法可以有效地应用于烟草水溶性总糖和还原糖含量的实际分析以及批量烟草样品的快速测定，有利于卷烟过程在线烟丝质量检测和现场监测控制。在实际应用中需要根据原料、产品和配方的不同及时对模型进行维护与优化，进一步扩充建模样本数量来提高样本的代表性和模型的稳定性。

11.2.7　近红外光谱分析法测定烟草中的石油醚提取物含量[57]

1. 材料、设备及仪器

MPA 型傅里叶近红外光谱仪（内置镀金漫反射积分球，窗口 2 cm，ϕ10 cm 的石英旋转样品杯，PbS 探测器，数据分析软件，德国 Bruker 公司）；CS101-3 恒温干燥箱（重庆实验设备厂）。

烤烟烟叶样品 444 个，石油醚提取物含量范围在 3.06%～8.31%。四川省凉山、泸州、宜宾、攀枝花、达州、广元等地生产。其中，408 个样品用于建模，36 个样品用于验证。

2. 样品预处理及近红外光谱的采集

将烟叶样品碾成粉末，粒度 40～60 目。取约 5 g 的烟草粉末置于石英测量杯中，并放入 200 g 的压样器，用镀金的漫反射体做背景，放入旋转台内扫描，按下列条件进行光谱扫描：分辨率：8 cm^{-1}，扫描次数：64 次，谱区采集范围：3 700～12 000 cm^{-1}。

按烟草行业标准方法 YC/T 176—2003《烟草及烟草制品　石油醚提取物的测定》测定烟草中石油醚提取物含量，每个样品重复测定 2 次，2 次测定的平均值作为烟叶石油醚提取物含量的参考值。

3. 模型的建立与验证

将烟叶样品石油醚提取物含量参考值与对应的近红外光谱结合，应用数据分析软件（化学计量学算法为偏最小二乘法）进行数据处理，建立烟叶石油醚提取物近红外数学模型。使用内部交互验证对模型进行验证，并通过比较样品预测值与化学值的决定系数（R^2）和交互验证均方根误差（RMSECV）来衡量模型的质量。最后用未知样品（未参与建模）作外部验证，检验模型的预测能力及方法的准确性。

4. 结果与讨论

（1）烟草粉末的近红外漫反射光谱。

陶晓秋等人研究发现在 4 000～9 000 cm^{-1} 谱区内，烟草的近红外漫反射光谱有独特的吸收特征。烟草中存在大量组成脂质类物质的基团，例如 C-H、N-H、O-H、C=O、C=C、C-O 等。这些基团在波数 4 000～5 300 cm^{-1} 区间形成强烈的吸收特征峰；在 5 300～7 200 cm^{-1} 的一倍频有较为强烈的吸收。

（2）光谱预处理方法对定量分析的影响。

分别采用一阶导数、二阶导数、多元散射、矢量归一法对 330 个烟草样品的光谱进行预处理，选择 7 500～4 200 cm^{-1} 范围内的光谱数据建立校正模型，用 80 个样品作为检验集对模型进行检验。结果见表 11-20。

表 11-20　不同光谱预处理方法得到的结果

处理方法	校正	结果	检验	结果
	决定系数/%	校正标准差	决定系数/%	校正标准差
多元散射	93.57	0.237	95.41	0.244
二阶导数	93.44	0.234	95.50	0.233

续表

处理方法	校正	结果	检验	结果
	决定系数/%	校正标准差	决定系数/%	校正标准差
一阶导数+直线差减法	93.61	0.233	95.09	0.244
矢量归一法	93.39	0.239	95.50	0.249
未作处理	94.11	0.226	94.79	0.263

从表 11-20 可看出，不同的光谱预处理方法对定量分析的精度影响不太大。未作处理校正结果最好，但模型检验结果最差。综合比较校正结果和检验结果，二阶导数对光谱进行预处理所得的结果较好。

（3）烟草中石油醚提取物的定量分析模型。

陶晓秋等人采用二阶导数方法，选取的谱区范围为 7 500 ~ 4 200 cm^{-1}，应用自动优化功能对 408 个烟草样品的光谱进行优化、建模。优化得到建立数学模型的最佳条件为：最佳的光谱数据预处理法为 17 点平滑取二阶导数方法、最佳建模的谱区为 7 502 ~ 4 246.7 cm^{-1}、最佳主成分维数为 7。在此条件下建立的石油醚提取物的校正模型，并且经过内部交互验证，预测值和化学值有较好的相关性，如图 11-22 和图 11-23 所示。图中石油醚提取物的决定系数（R^2）为 93.44、交互验证均方根误差（RMSECV）为 0.234。

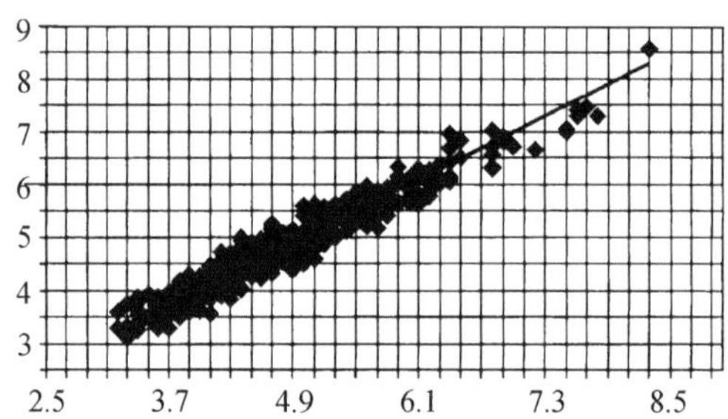

图 11-22　交互验证预测值与实测值的散点图

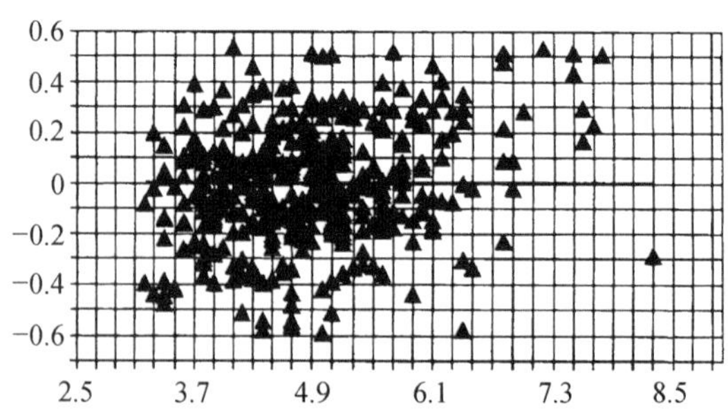

图 11-23　预测值与实测值残差分布

（4）定量分析模型检验。

为检验所建数学模型的预测能力，用 38 个未知烟叶样品进行外部验证，预测结果见表 11-21，这 38 个烟叶样品的石油醚含量范围为 3.3%～6.2%，平均相对误差为 3.34%。外部验证预测值与化学测定值的散点图及残差分布如图 11-24 和图 11-25 所示。外部验证的决定系数（R^2）为 92.66，外部验证预测均方根误差（RMSEP）为 0.186。

表 11-21　烟草中石油醚提取物的预测值与化学测定值比较

样品号	化学值/%	预测值/%	相对误差/%	样品号	化学值/%	预测值/%	相对误差/%
1	4.0	3.8	3.90	21	5.2	5.0	4.13
2	3.6	3.7	−1.72	22	4.0	4.4	−10.05
3	4.9	4.8	1.20	23	4.7	4.9	−3.57
4	3.6	3.5	3.08	24	5.2	5.4	−4.48
5	3.4	3.4	0.68	25	3.7	3.9	−5.11
6	4.6	4.4	5.30	26	4.3	4.1	5.09
7	4.2	4.1	2.12	27	4.6	4.5	2.22
8	4.0	4.0	0.25	28	3.3	3.3	−0.33
9	5.1	4.8	5.24	29	4.0	3.9	3.25
10	4.3	3.9	8.74	30	5.2	5.5	−6.29
11	3.6	3.4	4.19	31	3.9	3.9	−0.77
12	4.4	4.4	−0.59	32	5.2	5.0	3.9
13	6.2	6.0	2.45	33	4.2	4.2	0.12
14	4.2	4.1	2.76	34	3.4	3.4	−0.85
15	4.5	4.4	3.07	35	5.3	5.3	0.23
16	5.7	5.7	0.14	36	3.7	3.5	5.38
17	4.6	4.5	2.39	37	3.6	3.7	−3.53
18	4.4	4.5	−2.70	38	4.7	5.1	−8.94
19	5.0	4.7	5.88				
20	3.8	3.9	−2.32				

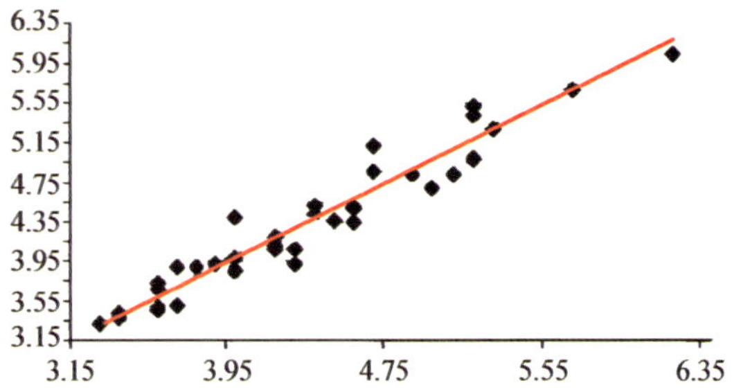

图 11-24 外部验证实测值与预测值的散点图

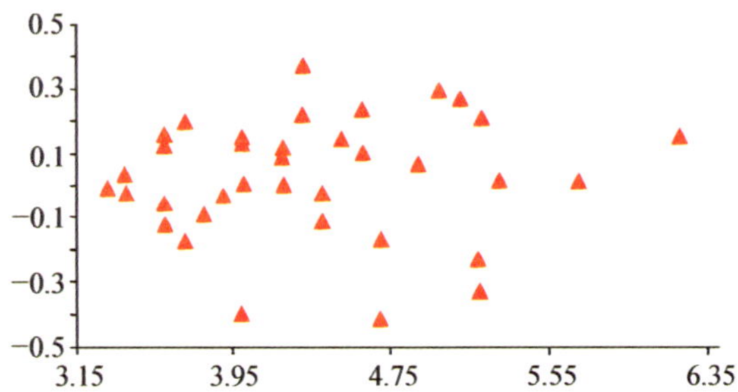

图 11-25 外部验证预测值与实测值残差分布

（4）方法的精密度。

取一预测样品，重复 8 次扫描其近红外光谱，将所得光谱代入建立的校正模型计算含量，以考察方法的精密度，结果显示，方法的相对标准偏差为 0.87%，表明本法的精密度相当好。

5. 结 论

建立了近红外光谱法测定烟草中石油醚提取物含量的方法。本法具有简便、快速、低消耗、低成本，不破坏烟叶样品等优点，且其测定结果与烟草行业标准方法的较为接近，重复性也相当好，适用于大批烟叶样品的石油醚提取物含量分析。

11.2.8 近红外光谱法测定烟叶中的 NNK 含量[58]

1. 材料、设备及仪器

共收集获得不同区域、不同等级部位、不同品种的单料烟样品 502 个，其中校正集样品 462 个，验证样品 40 个。区域包含云南、贵州、福建、江西和湖南烟叶产地；等级包含 C3F、B2F 和 X2F；品种包括 K326、红花大金元（红大）、云烟 87、翠碧 1 号和湘烟 3 号。将样品放入烘箱内，40 °C 排气烘烤 6 h，然后磨碎过 40 目筛，控制含水率在 5%~10%之间。

Antaris 傅里叶变换近红外光谱仪，美国 Thermo Nicolet 公司；API5500 Qtrap 质谱仪，美国应用生物系统公司；安捷伦 LC1200 高效液相系统，美国安捷伦公司；

Milli-Q50 超纯水仪，美国 Millipore 公司；T660/H 型超声波振荡器，德国 El'ma 公司；AG104 电子天平（感量：0.0001 g），瑞士梅特勒-托利多公司；GFL3017 型台式旋转振荡器，德国 Gesellschaft 公司；Sigma 3-15 离心机，德国 Sigma 公司。

2. 样品预处理及近红外光谱的采集

准确称取 1.0 g 烟末样品于 50 mL 的锥形瓶中，加入 30 mL 1 mol/L 的乙酸铵水溶液（含 10 ng/mL）内标，在超声振荡器上萃取 30 min，静置后取 2 mL 萃取液置于离心机上离心（5 min，10 000 r/min），取 1 mL 离心后上层清液经 0.22μm 水相滤膜过滤，进行 LC-MS/MS 分析。

在环境温度 22 ~ 26 °C、湿度 40% ~ 60%的条件下，将一定量的烟末装入样品杯中，用 100 g 重的压样器压平杯中样品后，然后采用近红外光谱仪测定其近红外光谱。光谱扫描范围 10 000 ~ 4 000 cm^{-1}，扫描次数 68 次，间隔 4 cm^{-1}，分辨率 8 cm^{-1}，扫描样品三次，三次扫描取平均光谱作为样品光谱。每次试验开机预热 30 min，并扫描背景是否稳定。

3. 谱区范围的选择及光谱数据预处理

为了充分提取光谱包含的有效特征信息，提高校正模型的预测精度，对原始光谱分别采用多元信号修正（MSC）、标准正则变换（SNV）两种方式及采用一阶导数和二阶导数结合 Savitzky Golay（SG）平滑滤波[窗口（7，3）]和 Norris 导数滤波（段长 7；段间距 3）对光谱进行预处理。其中采用多元信号修正，并采用二阶导数结合 SG 平滑滤波预处理效果相对较好，基线漂移、高频随机噪声、光散射、样本不均匀等影响实现有效去除。通过光谱预处理优化了原烟 NNK 的数字校正模型，结果见表 11-22。

表 11-22　烟叶中的 NNK 含量建模样品光谱不同预处理相关参数比较

	NNK		
	R	RMSEC	RMSEP
一阶导+SG 平滑	0.771 2	22.17	23.14
一阶导+Norris 导数	0.639 8	19.42	20.53
二阶导+SG 平滑	0.813 3	14.75	15.66
二阶导+Norris 导数	0.744 1	16.62	17.38
二阶导+MSC 修正+SG	0.913 2	7.85	8.02
二阶导+SNV 修正+SG	0.899 3	9.43	10.74

对于光谱谱区的选择，通过一系列的实验与分析，结合数据分析软件筛选，最终选择的谱区：4 362.19 ~ 4 335.19 cm^{-1}、5 885.68 ~ 5 488.42 cm^{-1}、7 119.80 ~ 6 039.96 cm^{-1}、

8 427.60 ~ 7 966.31 cm^{-1} 作为共同建模谱区。

4. 结果与讨论

（1）烟叶常规成分与 NNK 的相关性分析。

将 8 个产地共 24 种烟叶中 6 个化学成分逐一与其 NNK 含量进行相关分析，结果见表 11-23。皮尔逊积矩相关系数 T 检验的结果表明：（1）烟叶总糖和还原糖的含量及其 NNK 含量是显著负相关，其原因是烟叶中糖类化合物的主要为还原糖，可能抑制硝酸盐氧化成亚硝酸盐，进而降低了 NNK 的含量；（2）总氮和烟碱含量与其 NNK 含量是呈显著正相关，说明烟叶中的含氮化合物及烟碱可能为 NNK 的前体物，与文献报道相符；（3）烟叶中钾、氯含量与 NNK 含量无相关关系；钾、氯均为无机元素，且不具有氧化还原、催化等功效，因此对 NNK 的形成无干扰。烟叶中微量级主要常规化学成分含量与 NNK 含量呈现显著相关关系；烟叶近红外光谱变化可以有效预测其常规成分含量变化，因此亦可以间接反映其烟叶中 ng 级 NNK 的含量变化。

表 11-23　烟叶主要化学成分与 NNK 的相关性分析

化学成分	总糖	还原糖	总氮	烟碱	钾	氯
NNK	-0.753^{**}	-0.785^{**}	0.767^{**}①	0.796^{**}	−0.294	0.042

注：①**表示显著性水平为 0.01。

（2）近红外光谱测定烟叶中的 NNK 含量。

① 近红外光谱模型的建立。

由于原烟的区域、品种、烟叶部位等的差异，NNK 的检测值跨度很大（6 ~ 560 ng/g），经过比对分析，大多数样品 NNK 值在 100 ng/g 以内，因此可对其进行常规建模；对少量值在 100 ng/g 以上样品由于跨度很大，应对这些样品进行分段建模（由于检测值在 100 以上的样品数量不足，无法单独建模，因此暂作为异常样品剔除。利用数据分析软件，采用偏最小二乘法（PLS）将原烟样品检测的 NNK 值和相应近红外光谱进行拟合，根据优化条件，剔除部分异常样品后，建立相关的近红外定量分析校正模型，然后对模型进行内部交互验证，通过考察交互验证相关系数（R）和交互验证均方根误差（RMSECV），检验模型的预测能力（表 11-24、图 11-26）。从结果来看，模型采用主因子数 15，交互验证的相关系数 R 及交互验证均方根误差（RMSECV）较好。图 11-27 结果显示 NNK 含量近红外预测模型的 RMSECV 随主成分数增加逐渐降低并趋于平稳。

表 11-24　NNK 校正及交互验证模型的参数指标

模型	校正 *R*	RMSEC	交互 *R*	RMSECV	预测范围/（ng/g）
NNK	0.914 2	7.12	0.909 7	7.53	12～92

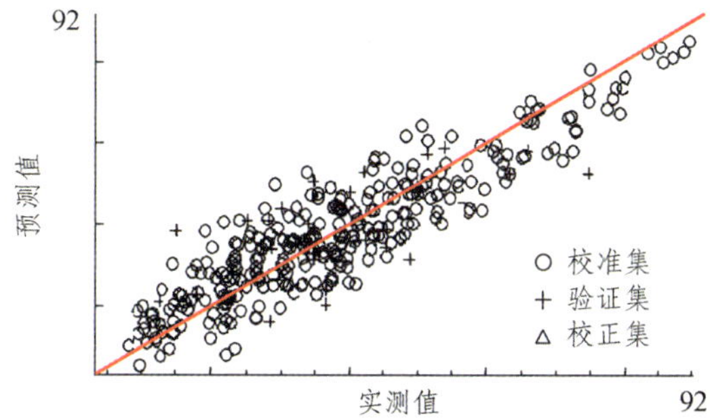

图 11-26　NNK 含量检测模型交互验证图

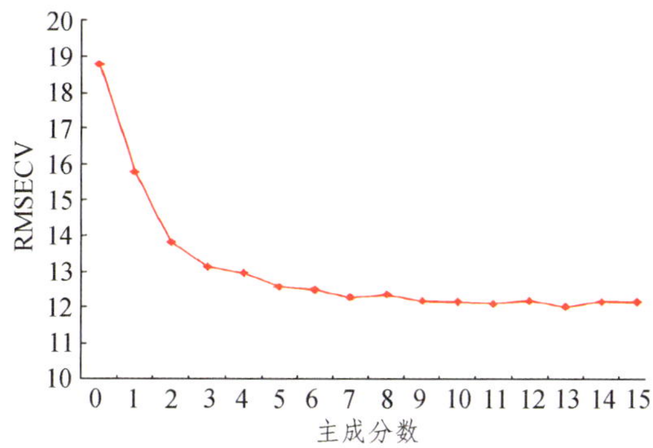

图 11-27　预测模型 RMSECV 随主成分数变化的趋势图

② 模型的适配性检验方法。

每个模型都有自己的适配范围，采用主成分空间分布法（PCA）和马氏距离法检验建立的定量校正模型能否直接用来预测样品。利用 PCA 对校正集样品光谱进行降维，用获得的主成分得分矩阵，计算马氏距离 MD_i。由图 11-28 可以看出，随着待测样品光谱的马氏距离 MD_i 的增大，预测的 NNK 的绝对偏差呈明显的增长趋势。所以，待测样品的马氏距离的大小直接关系到用近红外模型预测样品结果的准确性与否。

根据试验结果和马氏距离法判定依据，确定了用近红外模型预测样品的适配性步骤：（1）观察待测样品与建模样品光谱在主成分空间的分布；（2）计算模型建模样品的阈值 MD_L（根据允许的误差确定，一般 $MD_L=MD_i+2\sigma$，σ 为标准偏差）；（3）计算待测样品的马氏距离 MD_{uni}；（4）如果 $MD_{uni}<MD_L$ 则可以用模型直接预测样品的化学成分，反之则待测样品为离群样品，不能直接用来预测。

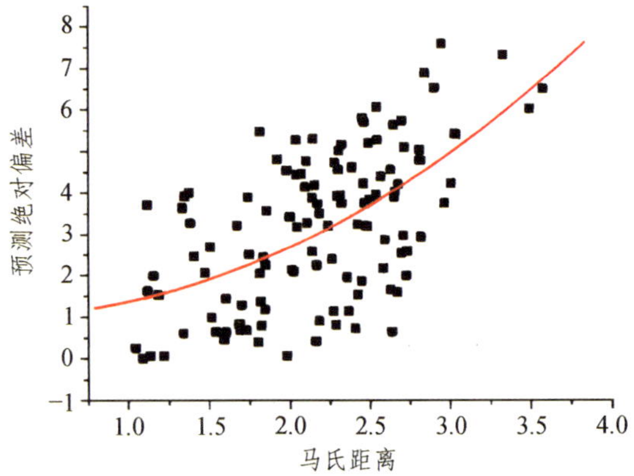

图 11-28　待测样品 NNK 预测绝对偏差随马氏距离的变化趋势图

③ 外部验证。

将 40 个原烟样品作为验证集样品中加入数学模型中，其近红外模型预测结果与 HPLC-MS/MS 实际检测值进行对比分析。原烟 NNK 预测值与检测值的相对偏差最大的为 14.80%，所有样品平均相对偏差为 6.88%。经过配对 t 检验，NNK|t|<2.08[查表 t0.05（21）值]，P>0.05。结果显示：两种方法对烟叶中 NNK 的测定结果无显著性差异。说明应用近红外数学模型预测原烟中 NNK 含量总体来说还是有较好的准确性。

④ 精密度试验。

随机抽取一个待测样品，连续扫描 11 次，用建立的近红外模型预测原烟的 NNK 值，并求出 6 次扫描预测结果的标准偏差为 0.85，原烟 NNK 的系统精密度 RSD 为 2.21%，结果表明，同一样品应用近红外模型预测的结果相对偏差很小，预测精密度很高（表 11-25）。

表 11-25　NNK 含量近红外模型精密度实验结果（n=11）

NNK 预测值				平均值	标准偏差	RSD/%
38.41	39.16	37.91	38.66	38.56	0.85	2.21
37.17	39.15	38.78	39.52			
37.41	39.88	38.19	-			

5. 结　论

上述用近红外模型预测原烟中 NNK 含量是可行的，而且该方法不需要样品前处理，操作简便，结果准确、可靠，适用于大批量样品的快速测定。但由于原烟中 NNK 的含量跨度很大，存在部分原烟中的 NNK 含量特高或特低，对于模型预测 NNK 值的适用范围还需具体分析及研究。可根据 NNK 含量高低不同，分别建立低中含量和高含量烟叶 NNK 近红外预测模型对烟叶中 NNK 进行检测。

12　成品卷烟的近红外光谱法分析

12.1　近红外光谱分析法表征卷烟品质特征差异[59]

1. 材料、设备及仪器

样品：分别采集红云红河集团某一品牌老、新叶组配方样品共 469 个，其中老叶组配方样品 74 个、新叶组配方样品 395 个。Nicolet Antaris FT-NIR 光谱仪、配有 InGaAs 探测器的积分球漫反射附件、5 cm 石英采样杯、旋转台等附件和 RESULTTM 集成软件及数据分析软件（美国 Nicolet 公司）；Cyclotec 1093 旋风样品磨（瑞典 FOSS 公司）。7890A/5975C 气/质联用仪（Agilent，美国）；色谱柱：HP-5MS 弹性石英毛细管柱（30 m × 0.25 mm × 0.25 μm，Agilent，美国）；7694E 顶空进样器（Agilent，美国）；恒温恒湿箱（Binder，美国）。

2. 样品预处理及近红外光谱的采集

参照 YC/T31—1996 制备试样，用旋风磨粉碎，过 0.45 mm 筛，装入密封袋中备用。在常温下开机预热 FT-NIR 光谱仪 2 h，将样品装入 5 cm 石英杯中，容量过半，轻压至平，置于旋转台上，调用 Resulttm 集成软件所设定的参数设置采集样本的近红外漫反射光谱数据。光谱采集条件为：光谱范围：10 000 ~ 4 000 cm^{-1}；分辨率：8 cm^{-1}；扫描次数：78 次；光谱格式：*.spc。

利用在用原料库代表性库存陈化烟叶样品，建立 11 种陈化烟叶常规化学成分的近红外校正模型，用于预测研究样品的化学成分含量，对新、老配方叶组产品稳定性进行评价。校正模型的有关统计指标，见表 12-1。

表 12-1　陈化烟叶近红外校正模型的有关统计指标

模型名称	校正集样本量	相关系数（*R*）	主成分数	校正标准误差（SEC）/%	交互验证均方根误差（RMSECV）/%	预测范围/%
总植物碱	800	0.994 8	11	0.068 2	0.077 06	0.86 ~ 4.27
总氮	920	0.960 7	12	0.081 7	0.090 05	1.33 ~ 3.13
总糖	900	0.975 2	9	0.882 0	0.966 49	10.07 ~ 36.77

续表

模型名称	校正集样本量	相关系数（R）	主成分数	校正标准误差（SEC）/%	交互验证均方根误差（RMSECV）/%	预测范围/%
还原糖	800	0.964 4	6	0.918 0	0.908 70	8.48 ~ 31.80
K_2O	950	0.985 6	24	0.985 6	0.100 00	1.11 ~ 3.96
氯	957	0.992 0	29	0.023 6	0.031 18	0.17 ~ 1.39
pH 值	948	0.933 5	10	0.059 6	0.065 35	4.50 ~ 5.30
灰分	952	0.977 9	11	0.269 0	0.309 99	8.00 ~ 14.5
多酚总量	946	0.978 5	15	0.987 0	1.176 17	15.0 ~ 401.01
绿原酸	953	0.979 5	16	0.666 0	0.837 52	6.50 ~ 28.00
芸香苷	962	0.973 0	17	0.519 0	0.676 87	5.00 ~ 16.00
莨菪亭	901	0.932 7	11	0.039 7	0.046 4	0.002 6 ~ 1.707 5

3. 色谱指纹图谱的采集

（1）仪器条件。

顶空进样器条件：加热温度：130 ℃，加热时间：30 min，进样时间：1 min，进样量：3 mL。进样环温度 140 ℃；传输线温度：150 ℃。

GC/MS 条件：进样口温度为 260 ℃，载气为 He，流速为 1 mL/min，分流比为 10∶1，GC/MS 接口温度为 280 ℃，离子源为 EI 源，电子能量为：70 eV，扫描范围为 35 ~ 455 amu，炉温升温条件：50℃（1 min）—3℃/min-150℃（1 min）—10℃/min-250℃（1 min），标准谱库为 NIST05，Wiley 275 谱库。

（2）样品制备及分析。

取 100 支卷烟叶组充分混合均匀，置于恒温恒湿箱（22 ℃，60% RH）平衡 48 h 后，装入棕色磨口瓶中待用。称取 0.500 g 样品于 20 mL 顶空瓶中，加入 1 μL 的萘乙醇溶液（浓度为 25 mg/mL）作为内标。将顶空瓶放置于设置好条件的顶空进样器中，进行 GC/MS 分析，新、老叶组配方样品的总离子流如图 12-1 所示。

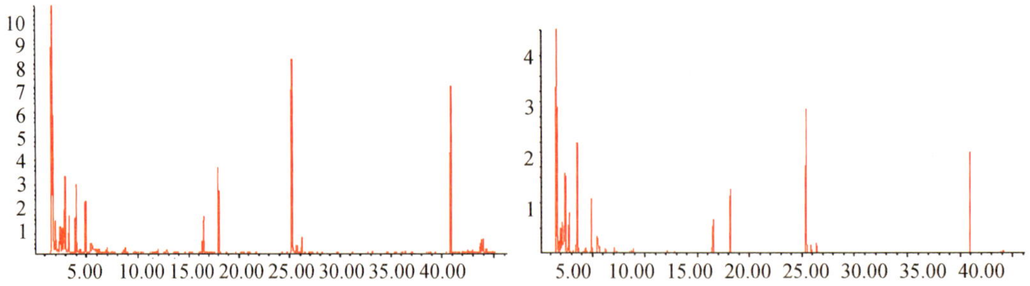

图 12-1 老叶组配方（左）和新叶组配方（右）总离子流图对比

（3）老、新叶组配方样品差异表征。

烟草的主要化学成分及含量比例很大程度上决定了卷烟产品的品质，在对新、老叶组配方产品差异性评价的过程中，遵循从整体到局部的原则，先从光谱信息入手，逐步深入，最终找出表征新、老配方产品品质差异的特征化学指标。本文采用近红外光谱及色谱指纹图谱的整体信息，通过主成分分析结合马氏距离（PCA-MD）分类算法，对新、老叶组配方产品进行差异性分析。采用偏最小二乘-判别分析（PLS-DA）、回归分析、相关性分析等方法，对挥发性成分进行特征指标筛选和差异性分析，筛选出对新老叶组配方差异性评价具有重要作用的特征指标。结合主成分分析中的因子载荷矩阵分析方法，计算各化学组分及挥发性成分对老、新叶组配方分类的贡献率，表征老、新叶组配方化学组分的差异。

4. 结果与讨论

（1）老、新叶组配方的主要化学成分差异性分析。

① 光谱指纹图谱差异性分析。

对所采集的老、新叶组配方样品近红外光谱进行适当的信号降噪处理、异常值检验、光谱预处理和最大主成分数等优化，应用 PCA-MD 算法进行分类处理，建立类模型，其基本参数见表 12-2。

表 12-2　建立光谱类模型的基本参数设置

项目	参数设置
最大主成分数	10
建模谱区	10 000 ~ 4 000 cm^{-1}
数据预处理	标准化
信号降噪处理	二阶导数+ Norris 滤波器（7, 5）
建模算法	PCA-MD 法

从老、新叶组配方样品光谱的主成分得分投影图可明显地观察到分为两个部分（见图 12-2）。因为近红外光谱能表征样品的整体理化信息的变化，所以，叶组配方改变前后，样品内在质量有着显著的差异。

② 特征化学成分指标差异性分析。

对挑选的 8 个指标（烟碱、还原糖、K_2O、钾氯比、灰分、绿原酸、芸香苷和多酚总量）进行 PLS-DA 分析，分析结果如图 12-3 所示。

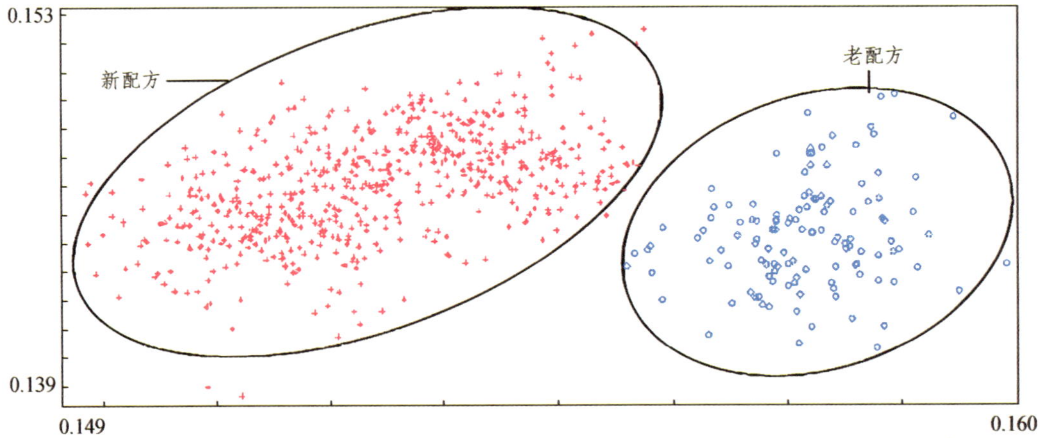

图 12-2　新老叶组配方光谱主成分得分示意图

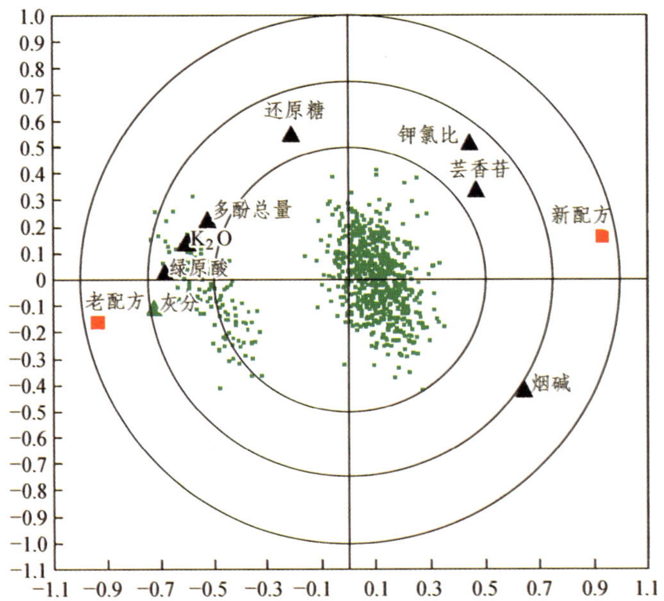

图 12-3　新老叶组配方常规化学成分载荷得分示意图

从图 12-3 可以看出，对新、老叶组配方特征化学指标值进行 PLS-DA 分析后，两个叶组配方的样品明显区分开（类中心相距较远），不同的特征指标分布在两个类中心附近（离类中心较近的指标，说明该指标对于分类有较大贡献），说明所挑选的特征指标能准确表征新老叶组配方产品的差异，可用于新老叶组配方差异性分析。通过分析第一个主成分对新、老配方分类的累计贡献率达到 87.50%，可以解释模型的大部分信息，通过第一个主成分指标的贡献可计算得到各个特征对新、老配方分类的总体贡献率，见表 12-3。从表中可以看出，灰分、绿原酸等 5 种化学成分对老叶组配方有重要贡献。烟碱、芸香苷等 3 种化学成分对新叶组配方有重要贡献。

表 12-3　主要化学成分对新老配方贡献系数表

老配方叶组（n=74）		新配方叶组（n=395）	
指标	贡献系数	指标	贡献系数
灰分	0.261 0	烟碱	0.227 1
绿原酸	0.259 1	芸香苷	0.202 8
K_2O	0.224 6	钾氯比	0.200 7
多酚总量	0.183 7		
还原糖	0.045 4		

（2）老、新叶组配方的挥发性成分差异性分析。

① 色谱指纹图谱差异性分析。

应用 PCA-MD 法，对所采集的气相色谱指纹图谱进行信号降噪处理、异常值检验、光谱标准化预处理、建模谱区选择，确定最大主成分数为 10，建立了稳健的相应判别分类模型，新、老叶组配方色谱主成分得分图如图 12-4 所示，从图中可以看出，老、新叶组配方色谱信息分类可以明显地分为两个部分，说明两个叶组配方产品内在质量有显著性差异。

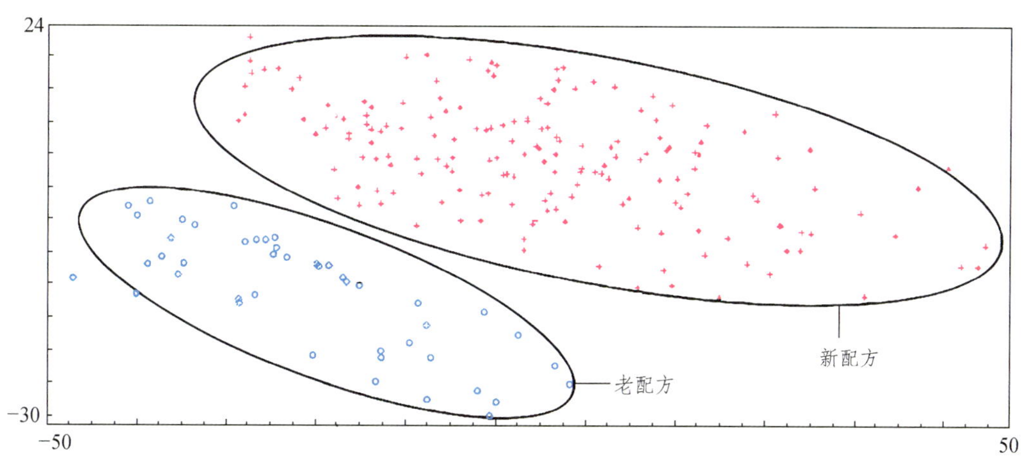

图 12-4　新老叶组配方色谱主成分得分图

② 特征挥发性成分指标差异性分析。

采用 PLS-DA 对老、新叶组配方特征挥发性成分指标差异性进行分析，结果如图 12-5。

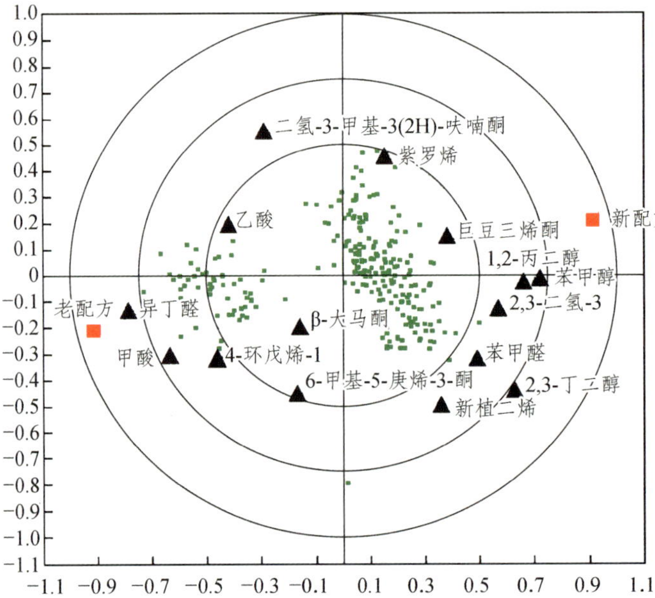

图 12-5 新老叶组配方挥发性成分载荷得分图

从图 12-5 可以看出，对新、老叶组配方特征化学指标值进行 PLS-DA 分析后，两个叶组配方的样品类中心相距较远，不同的特征指标分布在两个类中心附近，说明筛选出的特征指标可用于新老叶组配方差异性分析。第一个主成分对新、老配方分类的累计贡献率达到 87.50%，可以解释模型的大部分信息，通过第一个主成分指标的贡献，计算得到各个特征对新老配方分类的总体贡献率。计算结果见表 12-4，从表中可以看出，1, 3-丙二醇等 8 种化学成分对新配方叶组有重要贡献，异丁醛等 7 种化学成分对老配方叶组有重要贡献。

表 12-4 挥发性成分对新老配方贡献系数表

老配方叶组（n=60）		新配方叶组（n=192）	
指标	贡献率	指标	贡献率
异丁醛	0.213 1	1,3-丙二醇	0.184 5
甲酸	0.168 7	2,3-丁二醇	0.125 7
乙酸	0.091 3	苯甲醛	0.136 5
二氢-3-甲基-3（2H）-呋喃酮	0.034 6	苯甲醇	0.160 4
4-环戊烯-1,3-二酮	0.124 3	2, 3-二氢-3,5-二羟基-6-甲基-4H-吡喃-4-酮	0.142 6
6-甲基-5-庚烯-3-酮	0.037 4	巨豆三烯酮	0.100 1
β-大马酮	0.038 7	新植二烯	0.071 2
		紫罗烯	0.048 3

（3）老、新叶组配方产品评吸评价。

对两个老料配方调整的代表性卷烟样品进行感官指标分析，评价结果发现新叶组配方（XZY）香气饱满，丰富，舒适感好，透发性好，稍有毛刺，老叶组配方（YZY）香气透发，丰富、分散，干刺感明显；新叶组配方和老叶组配方样品间在舒适感上存在一定的差异。

烟叶中还原糖是影响烟气醇和与吃味特征的主要因素，含糖量高的烟叶吃味平淡，含糖量低的烟叶吃味辛辣，易引起呛刺；烟叶中烟碱含量低时产生的烟气劲头小，吃味平淡，含量高时刺激性大，烟味苦而辛辣。本研究中在新配方中烟碱含量稍高，老配方中还原糖较高，这与评吸结果中老配方干刺感明显而新配方稍有毛刺一致。一般等级较好的烟叶多酚含量较高，老配方中绿原酸、多酚总量较高，而新配方中芸香苷含量较高些，另外醇羟基是重要的致香基团，是烟草香气重要来源，如苯甲醇、1, 3-丙二醇、2, 3-丁二醇、巨豆三烯酮等，醛酮类化合物分子中羰基也是重要的致香基团，但是低分子质量的醛酮具有强烈的刺激性，对烟草感官质量不利，高分子质量如苯甲醛、β-大马酮等具有优美的香气，对烟草香味特征有利。这些因素均导致新、老配方品质差异的因素，能很好地解释卷烟抽吸感受。

常量化学成分指标如灰分、烟碱、还原糖等成分主要用于烟叶或烟丝某一方面品质的评价，对于卷烟抽吸风格无法解释，而微量化学成分指标如色谱检测到的成分之间协同作用决定了卷烟抽吸的风格特征，强调的是样品化学信息的完整面貌即整体性，反映的是综合的质量信息，本文将常量化学成分指标和微量化学成分指标两者结合对卷烟品质进行评价，一方面可对原料品质和抽吸品质之间相关性进行评价，另外两者可以互补。

5. 结　论

二维空间指纹图谱指从两个维度空间利用化学计量学进行信息提取以获得不同特征样品在两个维度上的定性、定量信息。本文采集光谱和色谱技术结合常量化学成分指标与微量化学成分指标二维信息对不同叶组配方卷烟产品进行差异性研究，并对产品内在主要化学成分指标和挥发性成分含量差异性进行分析。从文中的新老新叶组配方卷烟挥发性成分载荷得分示意图可以明确看出样本之间的差异，样本与荷载变量的比较可用于获取聚类的相似性以及载荷变量间、载荷变量与样本之间的关联等相关信息，能较好地解释卷烟抽吸品质与化学成分之间的相关性，具有较好的分析应用价值。

12.2 近红外光谱分析法鉴定成品烟的真伪[60]

1. 材料、设备及仪器

红云红河烟草（集团）有限责任公司生产的50批云烟（印象）、云烟（软珍品）和云烟（紫）样品，每批取20支烟，每牌号共取样1 000支用于模型构建；假冒云烟（印象）、云烟（软珍品）和云烟（紫）烟支样品各20个，以及云烟（红）和红山茶（紫）若干个用于模型的验证。以上样品均由红云红河烟草（集团）有限责任公司技术中心三级站提供。实验前，烟支在温度（22±1）℃、湿度（60±2）%平衡24小时。

Nicolet Antaris型傅里叶变换近红外光谱仪（美国热电尼高利公司），配备数据分析软件。

2. 样品预处理及近红外光谱的采集

样品的光谱是分批采集的，即对每批取样后一周内完成样品的光谱采集。光谱按以下条件进行采集。

采集方式：积分球漫反射；扫描范围：4 000 ~ 10 000 cm^{-1}；分辨率：8 cm^{-1}；扫描次数：30次；参比设置：用积分球的镀金内壁作背景，每次采集样品光谱前均须采集背景光谱；光谱采集时，去除样品池上的样品杯和样品杯旋转器附件。每次取样2支卷烟，放入自行设计的有机玻璃“烟支采谱固定器”装置中（见图12-6）。该装置能确保装入的两支烟紧密接触且不变形，起到固定和定位的作用。将装入烟支的“烟支采谱固定器”平放到光谱仪的样品池光孔处，使光孔正对两支卷烟（非滤棒部分）的中部位置。由于近红外光具有一定的穿透性，因此采集到的光谱中包含了两支烟卷烟纸及烟丝的综合光谱信息。

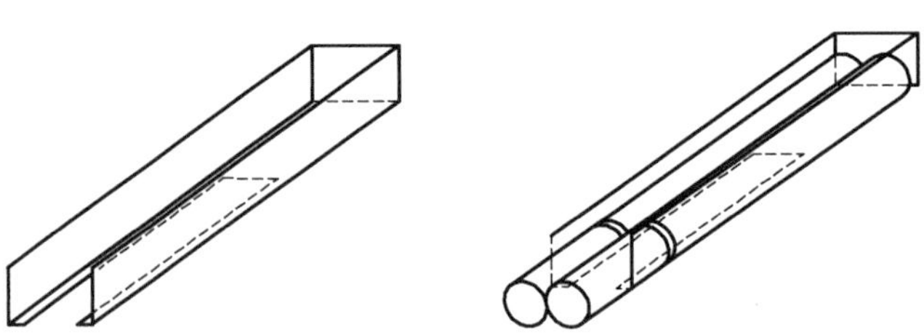

图12-6　自行设计的有机玻璃“烟支采谱固定器”（左图），装入两支卷烟后的示意图（右图）

3. 模型构建

应用数据分析软件中的相似度匹配（Similarity Match）的定性分析方法建立以上各牌号卷烟的相似度匹配模型。

4. 结果与讨论

（1）烟支近红外光谱。

由于真假烟烟支样品的主要材料均为烟草成分和包装纸材，它们的原始 FT-NIR 光谱中很难看出真假烟支的光谱差别，同时，由于烟支内部烟丝及相关辅料的不均匀性不可避免地造成 NIR 光谱基线的漂移，因此，在模型构建过程中需要对烟支原始 FT-NIR 光谱进行必要的预处理。

（2）光谱预处理及模型参数的选择。

通过对模型的多次优化计算，选择了表 12-5 中的参数建立 3 种卷烟牌号的相似度匹配模型。

表 12-5　烟支相似度匹配模型的建模优化参数

模型	平滑处理	基线校正	光谱范围（波数）
云烟（印象）	Norris 导数滤波	二阶导数	4 200 ~ 9 000 cm^{-1}
云烟（软珍品）	Savitzky-Golay（SG）平滑滤波	二阶导数	4 500 ~ 8 000 cm^{-1}
云烟（紫）	Savitzky-Golay（SG）平滑滤波	二阶导数	4 000 ~ 8 500 cm^{-1}

（3）模型的外部验证。

为了检验以上 3 个牌号卷烟的相似度匹配模型对真伪烟支鉴别的准确性，分别对 60 个烟支样品（包括模型校正集牌号烟支、模型校正集牌号的伪品烟支和其他牌号的烟支各 20 支）进行预测，每个样品两支烟，分别得到每个样品与校正集样品的相似度匹配值（Similarity Match Value，SMV）。

SMV 的范围为 0 ~ 100，其值越高，说明待测样品的与校正集样品的光谱信号越相似。通过多次实验和反复验证，我们确定了三个牌号 SMV 的临界值（Critical Value，CV）分别为：云烟（印象）95.25、云烟（软珍品）85.89 和云烟（紫）92.36，即待测样品与校正集样品光谱的相似度匹配值≥CV 的鉴定为同一牌号的烟支，否则判为模型牌号的伪品。结果见表 12-6、表 12-7 和表 12-8。

结合各模型的临界值，对三个云烟系列牌号的相似度匹配预测模型的检验结果表明，它们对烟支真伪都具有很高的鉴别判断能力。其中，云烟（印象）相似度匹配模型对 60 支卷烟的鉴别完全正确，鉴别准确率达到 100%；云烟（软珍品）相似度匹配模型误判一个样品，将 1 个云烟（紫）样品误鉴别为云烟（软珍品），鉴别准确率为到 98.3%。和云烟（紫）相似度匹配模型误判两个样品，鉴别准确率为到 96.7%。

表 12-6 云烟（印象）相似度匹配模型对 60 个烟支样品的鉴别结果

序号	样品类型	SMV	SMV-CV	鉴别结果	序号	样品类型	SMV	SMV-CV	鉴别结果
1	云烟（印象）	100.00	4.75	真	31	伪云烟（印象）	81.59	−13.66	伪
2	云烟（印象）	100.00	4.75	真	32	伪云烟（印象）	83.07	−12.18	伪
3	云烟（印象）	100.00	4.75	真	33	伪云烟（印象）	82.44	−12.81	伪
4	云烟（印象）	100.00	4.75	真	34	伪云烟（印象）	82.15	−13.10	伪
5	云烟（印象）	100.00	4.75	真	35	伪云烟（印象）	89.66	−5.59	伪
6	云烟（印象）	100.00	4.75	真	36	伪云烟（印象）	82.00	−13.25	伪
7	云烟（印象）	98.51	3.26	真	37	伪云烟（印象）	86.22	−9.03	伪
8	云烟（印象）	100.00	4.75	真	38	伪云烟（印象）	88.30	−6.95	伪
9	云烟（印象）	100.00	4.75	真	39	伪云烟（印象）	89.08	−6.17	伪
10	云烟（印象）	100.00	4.75	真	40	伪云烟（印象）	88.67	−6.58	伪
11	云烟（印象）	100.00	4.75	真	41	云烟（紫）	88.64	−6.61	伪
12	云烟（印象）	100.00	4.75	真	42	云烟（紫）	88.72	−6.53	伪
13	云烟（印象）	100.00	4.75	真	43	云烟（紫）	87.25	−8.00	伪
14	云烟（印象）	100.00	4.75	真	44	云烟（紫）	89.14	−6.11	伪
15	云烟（印象）	98.00	2.75	真	45	云烟（紫）	89.73	−5.52	伪
16	云烟（印象）	100.00	4.75	真	46	云烟（软珍品）	91.25	−4.00	伪
17	云烟（印象）	99.50	4.25	真	47	云烟（软珍品）	91.15	−4.10	伪
18	云烟（印象）	98.61	3.36	真	48	云烟（软珍品）	89.48	−5.77	伪
19	云烟（印象）	100.00	4.75	真	49	云烟（软珍品）	90.88	−4.37	伪
20	云烟（印象）	100.00	4.75	真	50	云烟（软珍品）	90.77	−4.48	伪
21	伪云烟（印象）	82.65	−12.60	伪	51	云烟（红）	88.76	−6.49	伪
22	伪云烟（印象）	81.12	−14.13	伪	52	云烟（红）	87.05	−8.20	伪
23	伪云烟（印象）	82.66	−12.59	伪	53	云烟（红）	86.11	−9.14	伪
24	伪云烟（印象）	81.35	−13.90	伪	54	云烟（红）	89.2	−6.05	伪
25	伪云烟（印象）	81.06	−14.19	伪	55	云烟（红）	87.27	−7.98	伪
26	伪云烟（印象）	82.2	−13.05	伪	56	红山茶（紫）	86.72	−8.53	伪
27	伪云烟（印象）	81.04	−14.21	伪	57	红山茶（紫）	86.11	−9.14	伪
28	伪云烟（印象）	82.87	−12.38	伪	58	红山茶（紫）	86.49	−8.76	伪
29	伪云烟（印象）	81.53	−13.72	伪	59	红山茶（紫）	86.36	−8.89	伪
30	伪云烟（印象）	82.1	−13.15	伪	60	红山茶（紫）	88.01	−7.24	伪

表 12-7　云烟（软珍品）相似度匹配模型对 60 个烟支样品的鉴别结果

序号	样品类型	SMV	SMV-CV	鉴别结果	序号	样品类型	SMV	SMV-CV	鉴别结果
1	云烟（软珍品）	100	14.11	真	31	伪云烟（软珍品）	71.34	−14.55	伪
2	云烟（软珍品）	100	14.11	真	32	伪云烟（软珍品）	72.87	−13.02	伪
3	云烟（软珍品）	100	14.11	真	33	伪云烟（软珍品）	71.4	−14.49	伪
4	云烟（软珍品）	98.36	12.47	真	34	伪云烟（软珍品）	71.13	−14.76	伪
5	云烟（软珍品）	98.44	12.55	真	35	伪云烟（软珍品）	71.14	−14.75	伪
6	云烟（软珍品）	90.25	4.36	真	36	伪云烟（软珍品）	81.32	−4.57	伪
7	云烟（软珍品）	90.44	4.55	真	37	伪云烟（软珍品）	82.14	−3.75	伪
8	云烟（软珍品）	100	14.11	真	38	伪云烟（软珍品）	72.71	−13.18	伪
9	云烟（软珍品）	99.22	13.33	真	39	伪云烟（软珍品）	78.18	−7.71	伪
10	云烟（软珍品）	99.25	13.36	真	40	伪云烟（软珍品）	78.01	−7.88	伪
11	云烟（软珍品）	100	14.11	真	41	云烟（紫）	81.13	−4.76	伪
12	云烟（软珍品）	100	14.11	真	42	云烟（紫）	84.38	−1.51	伪
13	云烟（软珍品）	100	14.11	真	43	云烟（紫）	83.62	−2.27	伪
14	云烟（软珍品）	100	14.11	真	44	云烟（紫）	86.44	0.55	真
15	云烟（软珍品）	100	14.11	真	45	云烟（紫）	81.55	−4.34	伪
16	云烟（软珍品）	100	14.11	真	46	云烟（红）	83.06	−2.83	伪
17	云烟（软珍品）	100	14.11	真	47	云烟（红）	80.62	−5.27	伪
18	云烟（软珍品）	100	14.11	真	48	云烟（红）	82.89	−3	伪
19	云烟（软珍品）	100	14.11	真	49	云烟（红）	81.84	−4.05	伪
20	云烟（软珍品）	100	14.11	真	50	云烟（红）	80.34	−5.55	伪
21	伪云烟（软珍品）	71.56	−14.33	伪	51	红山茶（紫）	75.97	−9.92	伪
22	伪云烟（软珍品）	72.2	−13.69	伪	52	红山茶（紫）	74.71	−11.18	伪
23	伪云烟（软珍品）	70.82	−15.07	伪	53	红山茶（紫）	77.02	−8.87	伪
24	伪云烟（软珍品）	70.6	−15.29	伪	54	红山茶（紫）	76.67	−9.22	伪
25	伪云烟（软珍品）	71.85	−14.04	伪	55	红山茶（紫）	76.91	−8.98	伪
26	伪云烟（软珍品）	70.74	−15.15	伪	56	云烟（印象）	75.72	−10.17	伪
27	伪云烟（软珍品）	73.1	−12.79	伪	57	云烟（印象）	74.91	−10.98	伪
28	伪云烟（软珍品）	70.97	−14.92	伪	58	云烟（印象）	76.49	−9.4	伪
29	伪云烟（软珍品）	71.78	−14.11	伪	59	云烟（印象）	75.36	−10.53	伪
30	伪云烟（软珍品）	70.84	−15.05	伪	60	云烟（印象）	75.01	−10.88	伪

表 12-8 云烟（紫）相似度匹配模型对 60 个烟支样品的鉴别结果

序号	样品类型	SMV	SMV-CV	鉴别结果	序号	样品类型	SMV	SMV-CV	鉴别结果
1	云烟（紫）	99.82	7.46	真	31	伪云烟（紫）	79.66	−12.7	伪
2	云烟（紫）	99.94	7.58	真	32	伪云烟（紫）	80.51	−11.85	伪
3	云烟（紫）	98.44	6.08	真	33	伪云烟（紫）	82.54	−9.82	伪
4	云烟（紫）	98.69	6.33	真	34	伪云烟（紫）	81.41	−10.95	伪
5	云烟（紫）	100	7.64	真	35	伪云烟（紫）	85.07	−7.29	伪
6	云烟（紫）	100	7.64	真	36	伪云烟（紫）	84.27	−8.09	伪
7	云烟（紫）	100	7.64	真	37	伪云烟（紫）	81.31	−11.05	伪
8	云烟（紫）	100	7.64	真	38	伪云烟（紫）	80.75	−11.61	伪
9	云烟（紫）	100	7.64	真	39	伪云烟（紫）	86.68	−5.68	伪
10	云烟（紫）	100	7.64	真	40	伪云烟（紫）	87.48	−4.88	伪
11	云烟（紫）	100	7.64	真	41	云烟（软珍品）	89.97	−2.39	伪
12	云烟（紫）	100	7.64	真	42	云烟（软珍品）	90.72	−1.64	伪
13	云烟（紫）	100	7.64	真	43	云烟（软珍品）	89.3	−3.06	伪
14	云烟（紫）	100	7.64	真	44	云烟（软珍品）	92.78	0.42	真
15	云烟（紫）	100	7.64	真	45	云烟（软珍品）	92.24	−0.12	伪
16	云烟（紫）	100	7.64	真	46	云烟（红）	92.39	0.03	真
17	云烟（紫）	99.45	7.09	真	47	云烟（红）	88.91	−3.45	伪
18	云烟（紫）	99.24	6.88	真	48	云烟（红）	88.92	−3.44	伪
19	云烟（紫）	98.99	6.63	真	49	云烟（红）	87.76	−4.6	伪
20	云烟（紫）	98.85	6.49	真	50	云烟（红）	88.82	−3.54	伪
21	伪云烟（紫）	80.69	−11.67	伪	51	红山茶（紫）	91.02	−1.34	伪
22	伪云烟（紫）	81.91	−10.45	伪	52	红山茶（紫）	91.66	−0.7	伪
23	伪云烟（紫）	82.03	−10.33	伪	53	红山茶（紫）	90.94	−1.42	伪
24	伪云烟（紫）	86.95	−5.41	伪	54	红山茶（紫）	90.72	−1.64	伪
25	伪云烟（紫）	80.55	−11.81	伪	55	红山茶（紫）	91.48	−0.88	伪
26	伪云烟（紫）	79.45	−12.91	伪	56	云烟（印象）	87.12	−5.24	伪
27	伪云烟（紫）	79.88	−12.48	伪	57	云烟（印象）	87.46	−4.9	伪
28	伪云烟（紫）	80.8	−11.56	伪	58	云烟（印象）	86.74	−5.62	伪
29	伪云烟（紫）	78.73	−13.63	伪	59	云烟（印象）	87.33	−5.03	伪
30	伪云烟（紫）	81.18	−11.18	伪	60	云烟（印象）	86.95	−5.41	伪

5. 结　论

应用 FT-NIR 光谱分析技术，结合数据分析软件中的相似度匹配的定性分析功能，可以精确、快速、无损、有效地对真伪卷烟烟支进行鉴别。通过对模型预测鉴别效果的检验表明，模型的鉴别准确率较高，可以作为卷烟生产企业和烟草执法监督部门鉴别卷烟真伪的一种补充手段，有别于依赖外包装上的印刷特征的传统辨假方法。

13 再造烟叶成分的近红外光谱法分析

20 世纪 40 年代，造纸法再造烟叶最早起源于奥地利、美国、法国和德国等国家，主要目的是回收利用烟草加工过程中产生的烟草废弃物，提高烟草原料利用率等，属于烟草资源再利用的一种产品。我国烟草行业从 1998 年开始研究与应用造纸法再造烟叶，国产造纸法再造烟叶在规模化生产、产品质量提升和规模化应用等方面也取得了突破性进展，逐步成为中式卷烟叶组配方中的重要原料，在卷烟降焦减害、强化产品风格等方面发挥了重要的不可替代作用。

造纸法再造烟叶是以水为溶剂，进行提取，将烟末、碎烟片等烟草原料的可溶性成分和不溶性成分进行固液分离，水溶性部分进行浓缩，不溶性部分进行打浆、抄造和成型等，然后将水溶性成分回涂到成型的片基上，最后经干燥等过程制成面积为 25 ~ 50 cm^2、厚度为 0.1 ~ 0.5 mm、水分含量为 10% ~ 20%、外形不规则的片状产品，这是一种可用于卷烟生产的人工制备的均质化烟叶。再造烟叶具有填充值高、燃烧性好、焦油释放量低等特性，添加在卷烟中不仅可以降低卷烟成本、节约原料，还可以改变烟气组分，降低卷烟的焦油量，是卷烟降焦的有效手段之一。

13.1 区分造纸法再造烟叶产品的近红外光谱法判别分析[61]

1. 材料、设备及仪器

162 个再造烟叶样品由国内再造烟叶企业提供，分别为 KM-13、YX-6 和 RSHN-113 三个型号的产品。其中 KM-13 优选云南清香型烟叶原料，产品清香、甜香风格突出、香气饱满圆润、清晰飘逸，杂气少，余味舒适，与卷烟配伍性好，能有效提升卷烟清香风格。RSHN-113 是针对一类卷烟开发的浓香型产品，产品具有烟气细腻、顺畅、润感好，香气饱满、浓郁、丰富，余味干净、杂气轻、刺激小的特点。样品测量前在温度 40 °C 下烘烤 6 h，研磨成粉，在干燥器中保存。MPA 近红外光谱仪（德国，Bruker），配备内径 10 cm 的镀金积分球采样附件，光斑向上，光斑直径 2 cm，用于水平测试样品，镀金背景，直径 51 mm 的样品杯，不锈钢压样制样器。光谱采集在数据分析软件中进行。

2. 样品预处理及近红外光谱的采集

取再造烟叶样品置于样品杯中，用压样器轻轻压平杯中样品，放到光谱仪旋转台上扫描。扫描时以积分球镀金内壁作背景。光谱采集的扫描范围：4 000 ~ 10 000 cm^{-1}；分辨率：8 cm^{-1}；扫描次数：72 次。

3. 分类方法

将再造烟叶产品 KM-13、YX-6 和 RSHN-113 分别赋值为 0、1 和 2，预测验证集样品。首先建立训练集样本的分类变量，建立分类变量和光谱数据间的 PLS-DA 模型，计算验证集的分类变量值（Ypre）。判定原则如下：（1）当 Ypre＜0.5、Ydev＜0.5，判定样本属于 KM-13；（2）当 1.5＞Ypre＞0.5，Ydev＜0.5，判定样本属于 YX-6；（3）当 Ypre＞2.0、Ydev＜0.5，判定样品属于 RSHN-113；（4）Ydev＞0.5，无法确定样本的归属。

4. 模型建立与验证

（1）光谱预处理。

近红外光谱包含一些与待测样品性质无关因素带来的干扰，如样品的状态、光的散射、杂散光以及仪器响应等的影响，导致近红外光谱的基线漂移和光谱的不重复。因此，在用化学计量学方法建立模型时，消除光谱数据无关信息和噪声的预处理方法显得尤为重要。常用的光谱预处理方法有数据中心化、平滑、导数、标准正态变量变换、多元散射校正等。

从表 13-1 中可以看出，不同光谱预处理方法对偏最小二乘判别分析（Partial Least Squares-Discriminant Analysis PLS-DA）建模结果有不同的影响，一阶导数效果较好，选择不同的平滑点数对建模结果亦有影响，点数过小，噪声会偏大从而影响所建分析模型的预测能力；点数过大，平滑过度又会失去大量的有用信息。当平滑点数为 5 时，效果最好，所以采用一阶导数 5 点平滑预处理。图 13-1、图 13-2 分别为再造烟叶产品的近红外漫反射原始光谱和光谱预处理图。

表 13-1　不同 3 光谱预处理下 PLS-DA 模型结果

预处理方法	Points	PCS	R^2	RMSECV
无预处理	-	4	0.930 3	0.357 7
均值中心化	-	6	0.922 0	0.232 9
一阶导数	3	5	0.988 1	0.148 0
	5	6	0.990 1	0.130 7
	9	6	0.985 8	0.161 4

续表

预处理方法	Points	PCS	R^2	RMSECV
均值中心化+一阶导数	3	5	0.972 1	0.139 3
	5	6	0.978 4	0.132 5
	9	6	0.968 0	0.149 1
MSC	-	3	0.909 7	0.387 5
SNV	-	3	0.915 3	0.394 5

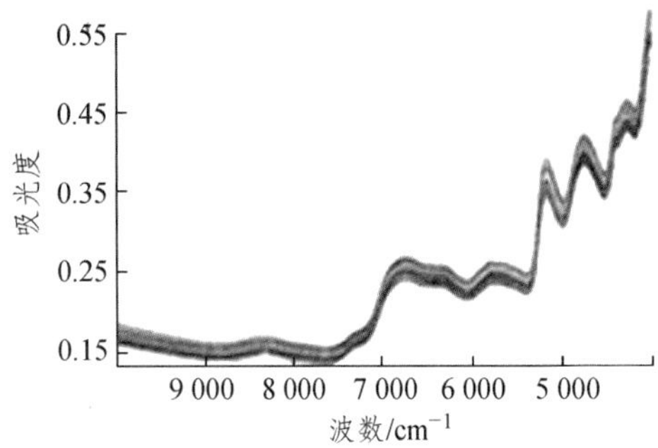

图 13-1 近红外光谱原始示意图

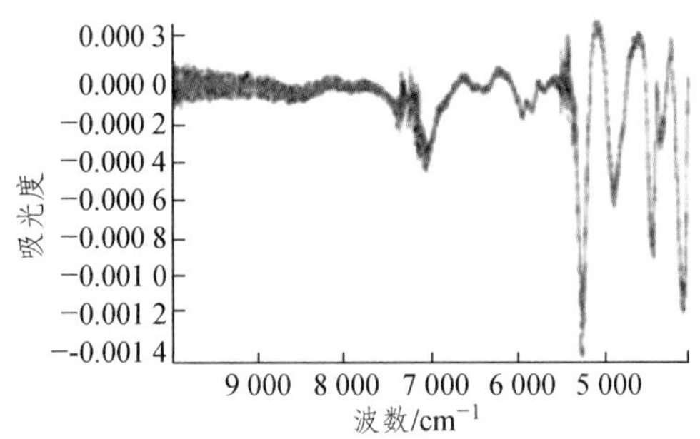

图 13-2 一阶导数光谱示意图

（2）模型的建立与验证。

① PCA 模型。

主成分分析（PCA）是一种最常用的信号特征提取和数据降维的多元统计分析技术，可对含有噪声和高度相关的测量数据进行冗余分析和特征提取。PCA 算法的特点是在各样本指标间的相关性比较高时，能消除样本指标间信息的重叠，而且能根据样本内各指标所提供的原始信息自动生成非人为的权系数；其缺陷是没有考虑样本间相互存在的重要度差异。利用传统 PCA 算法对再造烟叶产品进行分类，结果如图 13-3 所示，KM-13 出现在右下，RSHN-113 出现在左上，但 YX-6 分散，可见使用 PCA 及其衍生的分类方法 SIMCA 等无法准确区分三种产品。然而，PLS-DA 的优点在于光谱特征分解时考虑到校正集类别信息，所以在 PLS 的特征空间中可准确区分三类产品。

② PLS-DA 模型的建立。

PLS-DA 法基于 PLS 回归方法，利用校正样本的自变量矩阵 X 和分类变量 Y 建立回归模型，根据待分类样本的 PLS 预测值判断样本所属类别。PLS-DA 将回归分析中的 Y 变量设定为类别变量，对类别变量进行赋值，用类别变量和光谱矩阵进行线性回归。按照校正集和预测集样本数比例为 3∶1 的关系，选择 3/4 的样品共 117 个用于 PLS-DA 模型建立，剩余 45 个样品作为预测集。首先需确定适宜主成分数，在近红外光谱数据主成分分析过程中，增加主成分数可更多提取光谱数据矩阵信息，但过多的主成分数，易引入一些不必要的噪声，导致类模型预测能力下降。在进行光谱预处理和异常值检验之后，建立 PLS-DA 判别模型，选择 RMSECV 最小值对应的值为最佳主成分数，如图 13-3（a）所示确定模型的最佳维数为 6。模型结果如图 13-3（b），预测正确率为 100.0%。通过以上的实验数据表明，在这个模型下，能够快速准确地对再造烟叶的产品进行分类。

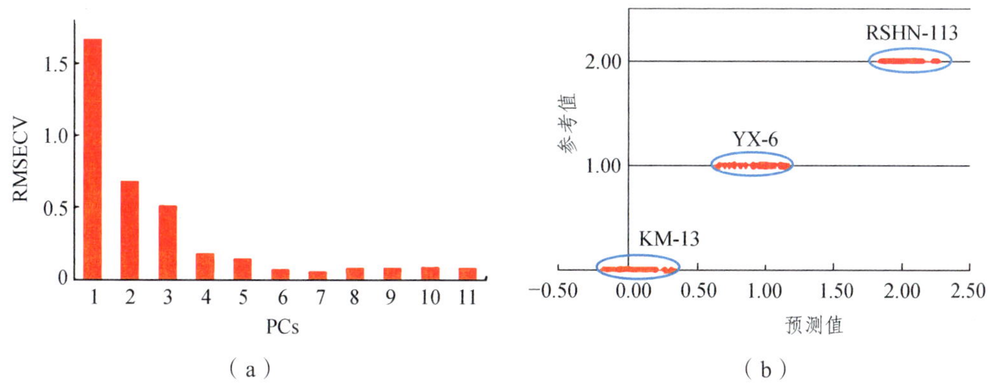

图 13-3　PLS-DA 模型结果

③ PLS-DA 模型的验证。

吴丽君等人使用随机挑选的 45 个样品作为预测集对所建立的分类模型进行外部验证，44 个样品的预测偏差均小于 0.5，说明模型的预测稳定性较好，有 1 个属于 KM-13 的样品（预测值 0.54）被错判为 YX-6 的样品，有 1 个样品的预测偏差大于 0.5，无法判别其归属，其余样品的分类均正确，模型预测正确率为 95.5%。利用 PLS-DA 建立的分类模型具有较高的预测准确度和预测稳定性。

④ 产品的质量监控。

从生产线取得不同牌号的再造烟叶样品 30 个（每个牌号样品各取 10 个），利用所建的 PLS-DA 模型进行预测，其中有一个样品被误判，有两个样品由于预测偏差大于 0.5，无法判别其归属。初步认为是产品质量波动导致的，进而按照标准测定样品的理化指标，其中一个样品的还原糖含量和总氮含量偏低导致被误判。所以，利用 PLS-DA 建立的不同牌号再造烟叶产品分类模型可初步检测产品质量的波动情况。

5. 结　论

吴丽君等人利用近红外漫反射光谱技术针对不同牌号的造纸法再造烟叶进行扫描获得光谱数据，采用化计量学模式识别方法对样品进行光谱定性判别分析。首先分析了不同光谱预处理方法对判别结果的影响，最终选择一阶导数 5 点平滑作为最优预处理方法，利用 PLS-DA 建立判别模型，结果表明，采用近红外光谱结合 PLS-DA 算法所建模型拟合性较好，训练集和预测集的正确率分别为 100.0%和 95.5%。

所建的分类模型具有很好的分类能力，可以用于再造烟叶产品分类。与 PCA 相比，PLS-DA 对不同牌号再造烟叶产品的分类具有更加良好的效果，方法简单易用、快速、易于推广，为不同牌号再造烟叶产品分类提供了一种新的快速鉴别分析的思路，对初步监测再造烟叶产品质量稳定性具有重要意义。

13.2 造纸法再造烟叶物理指标的近红外光谱法分析

13.2.1 近红外光谱分析法测定再造烟叶定量、厚度、抗张强度、填充值、热水可溶物[62]

1. 材料、设备及仪器

选取具有代表性的造纸法再造烟叶成品 1 000 个。仪器：烘箱、恒温恒湿箱、分析天平、厚度测定仪、填充料测定仪、电脑测控抗张强度试验机、通用萃取系统、液压型冲刀、MPA 近红外光谱仪。

2. 样品预处理及近红外光谱的采集

再造烟叶样品在 GB/T 16447—2004《烟草及烟草制品 调节和测试的大气环境》规定的环境下调节 48 h，按照企业标准测定。

光谱扫描范围为 4 000 ~ 10 000 cm^{-1}，分辨率为 4 cm^{-1}，扫描次数 72 次，参比采用仪器内置背景，测量过程中温度、湿度等环境条件尽量保持一致。

再造烟叶物理指标测定通常利用片状样品，为保证近红外采集光谱反应样品真实的物理性状，故采用片状样品进行光谱采集，每个样品 5 个平行样，每个平行样 10 ~ 15 片，制成与近红外光谱专用样品杯大小匹配的样品，将 10 ~ 15 片样品平铺于样品杯中平整放置并放置压样器，扫描光谱。

利用 PCA 对采集的光谱进行探索性分析，马氏距离大于 3 或超出 95%置信区间视为异常样品剔除，同时剔除重叠、相似样品，共 70 个。

近红外光谱由于信号重叠等因素，在一定程度上降低了光谱的可利用性，因此，有必要对采集得到的近红外光谱进行预处理，对常用预处理算法进行了筛选，采用归一化方法。

SVR 模型中需事先确定核函数类型、惩罚因子 c 及不敏感函数值 e 等参数。c 可以权衡分离超平面的“间隔”值与容错能力之间的关系。不敏感函数值控制拟合训练数据不敏感区的宽度，能够影响用于建立预测函数的支持向量数。试验中采用高斯径向基函数为核函数，根据 SVR 的不同输入量调整 c 和 g 两个参数以建立最佳 SVR 模型，试验中设置为在 $[2^{c_{min}},2^{c_{max}}]$ 范围内寻找最佳的惩罚参数 c，默认值为 $c_{min}=-8$，$c_{max}=8$，即默认惩罚参数 c 的变化范围是 $[2^{-8},\ 2^{8}]$；在 $[2^{g_{min}},2^{g_{max}}]$ 范围内寻找最佳的参数 g，默认值为 $g_{min}=-8$，$g_{max}=8$，即默认 RBF 核参数 g 的变化范围是 $[2^{-8},\ 2^{8}]$。物理指标确定的最佳参数列于表 13-2。热水可溶物 SVR 参数选择结果如图 13-4 所示。

表 13-2　物理指标模型最佳参数

参数	指标				
	定量	厚度	抗张强度	填充值	热水可溶物
c	256	48	84	147	256
g	0.329 9	0.574 3	1.741 1	0.574 3	0.189 4

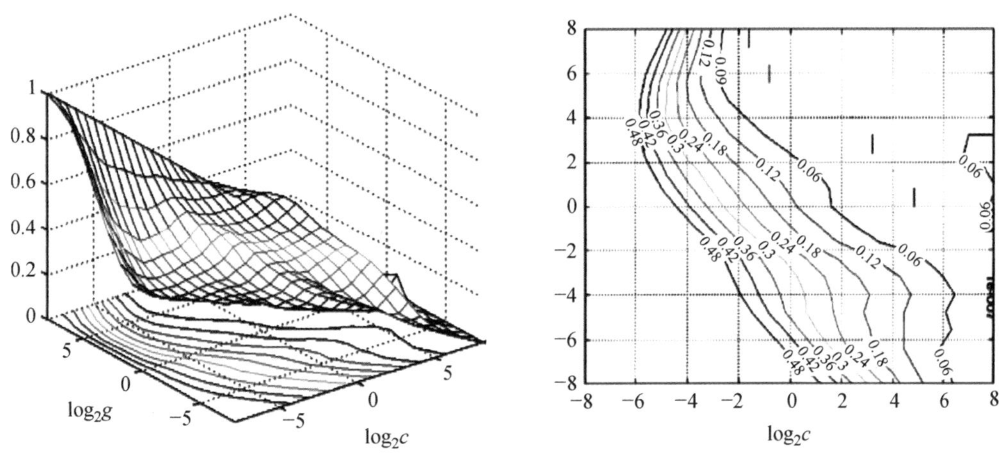

图 13-4　热水可溶物 SVR 参数选择结果

3. 模型的建立与验证

吴丽君等人利用最优的预处理方法和参数选择方法分别建立物理指标的模型，结果列于表 13-3。采用 SVR 建模过程中，物理指标校正集和验证集的相关系数均在 0.8 以上，预测五个指标结果均满足要求，利用 SVR 方法建立物理指标的定量模型是可行的。图 13-5 为热水可溶物及填充值真实值与预测值的相关关系图。采用 t 检验方法确定预测值与样品参考值是否有统计意义上的偏差。以热水可溶物为例，通过建立的热水可溶物模型预测验证样品结果与标准测定方法进行配对 t 检验，t 值根据 95%置信区间查出，$t_{0.05}(49)=2.009$，PLS 所建模型预测结果与标准参考方法测定值 $|t|=0.164<t0.05,\ 49$，$p>0.05$，两种方法的检测结果不存在显著性差异，利用此方法验证了用 PLS 所建定量校正模型预测的结果是可靠的。同样通过所建立的定量、厚度、抗张强度、填充值的定量模型预测验证样品结果与标准测定方法进行

配对 t 检验，均不存在显著性差异，利用 SVR 建立的模型具有较高的预测准确度和预测稳定性。

表 13-3　物理指标 SVR 定量模型

物理指标	定量		厚度		抗张强度		填充值		热水可溶物	
	校正集	验证集	校正集	验证集	校正集	验证集	校正集	验证集	校正集	验证集
样品数	450	90	400	70	500	100	360	60	450	90
R^2	0.8091		0.8112		0.8862		0.9453		0.9081	
RMSEC/%	1.0322		0.0059		0.0195		0.1124		0.7627	
RMSEP/%	1.1567		0.0062		0.0287		0.1069		0.8033	

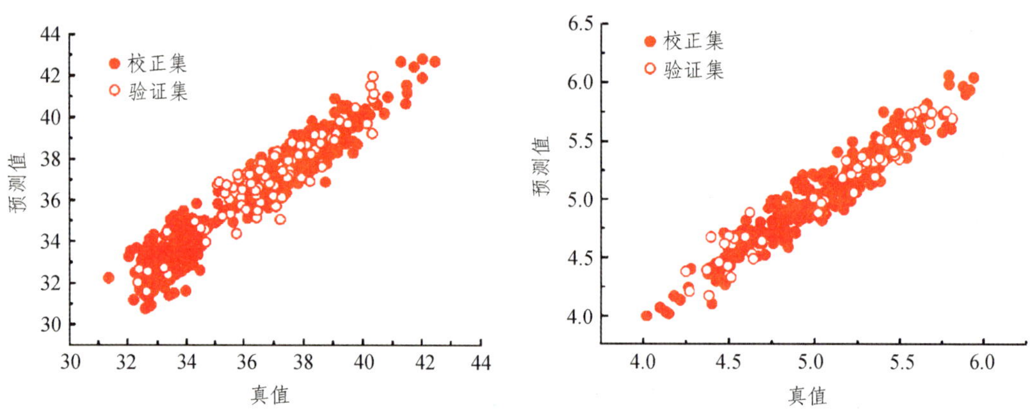

（a）热水可溶物　　（b）填充值

图 13-5　SVR 模型结果图

4. 结　论

吴丽君等人利用 SVR 算法建立全光谱校正模型，对光谱进行预处理，确定模型中核函数类型、c 以及 g，模型评价参数为 R^2 和 RMSE，近红外预测值与各物理指标之间具有很好的相关性，各模型均具有很好的预测准确性。建立的物理指标定量、厚度、抗张强度、填充值及热水可溶物模型的 RMSEP 分别为 1.156 7，0.006 2，0.028 7，0.106 9 和 0.803 3。通过对再造烟叶物理指标模型的验证表明该方法用于再造烟叶产品物理指标定量、厚度、填充值、抗张强度及热水可溶物快速测定是可行的。

13.2.2　近红外光谱分析法测定再造烟叶中的碳酸钙粒径分布和纯度[63]

1. 材料、设备及仪器

碳酸钙样品，收集一批不同厂家生产的食品级碳酸钙。

近红外光谱仪，德国布鲁克公司生产；BSA224S-CW 型电子天平，赛多利斯科学仪器有限公司生产；BT-9300ST 激光粒度分布仪，丹东百特仪器公司生产。

2. 样品预处理及近红外光谱的采集

采用激光粒度分布仪对碳酸钙粒径分布进行检测，加入纯水和适量焦磷酸钠分散剂，超时 30 s 后加入碳酸钙粉末直至遮光率在（10±5）%时，连续测定碳酸钙的中位粒径和低于中位粒径的比重。按照 GB1898—2007《食品添加剂 碳酸钙》进行碳酸钙的纯度检测。

打开近红外光谱仪，预热 30 min，去除背景干扰，采集方式为漫反射旋转扫描。将检测过粒径和含量的碳酸钙样品放入样品杯中，固定每一个扫描样品加入后的厚度，进行光谱采集，重复两次，得到每个样品的平均光谱。利用得到的光谱集，使用矢量归一法（MSC）和一阶导数法对其进行预处理。

3. 模型的建立与验证

将分布检测与纯度检测所得数据作为模型建立的参比数据，输入到软件中，并对应到相应的样品光谱中，建立中位粒径、低于中位粒径含量以及碳酸钙纯度三个组分。运用内部交互检验的方法对模型检验，剔除异常数据，直至模型检验显示通过。

收集新的一批碳酸钙样品，采用分布检测与纯检测的方法检测碳酸钙粒径和纯度的参考值，按照近红外光谱扫描的方法扫描样品光谱，用已经建立的粒径模型和含量模型对其进行预测，检验预测值与参考值的线性关系，考察线性决定系数 R^2、交互验证均方根误差（RMSECV）等。

4. 结果分析

（1）模型的建立和检验。

模型建立后，首先，确定碳酸钙的扫描方法。对于透光性差的物质（多为固体），应采用近红外漫反射光谱采集方法，并通过旋转台采集光谱和增加采集光谱的次数，以减弱光谱受碳酸钙样品不均匀性的影响，提高光谱的重现性和稳定性。其次，固定每次扫描样品的厚度为 2 cm，运用矢量归一法（MSC）和一阶导数法对光谱进行预处理，去除厚度影响，使得光谱峰变陡，易于辨认较小的特征峰。数据分析软件采用的定量回归方法为偏最小二乘法（PLS），当光谱数量充足时，可计算出最佳 PLS 维数。模型建立后，不断进行内部交互检验，剔除异常值。表 13-4 为碳酸钙定量分析模型参数。

碳酸钙虽然是无机物，但是在 5 000 cm^{-1} 左右和 4 000 cm^{-1} 左右波数存在吸收峰，其中前者较低且范围较宽，后者较为陡峭。不同的碳酸钙样品也呈现出了不同的吸收强度。可以寻找到谱图波动与粒径、纯度的关系。

表 13-4　碳酸钙定量分析模型参数

模型	预处理方法	光谱范围/cm^{-1}	PLS 隐变量数	检验方式
中位粒径	MSC+一阶导数	3 600 ~ 12 500	2	内部交互检验
低于中位粒径比重	MSC+一阶导数	3 600 ~ 12 500	2	内部交互检验
纯度	MSC+一阶导数	3 600 ~ 12 500	9	内部交互检验

注：本书中出现的 PLS，表述为隐变量数、主成分数、因子数、潜变量数均可。

图 13-6（a）是碳酸钙中位粒径模型参考值和预测值的线性相关图，决定系数 R^2 为 0.92，交互验证均方根误差（RMSECV）为 0.23，残留偏差 RPD 为 2.47。图 13-6（b）是碳酸钙低于中位粒径比重模型参考值和预测值的线性相关图，决定系数 R^2 为 0.90，交互验证均方根误差（RMSECV）为 0.89，残留偏差 RPD 为 2.12。R^2 均在 0.9 以上，均方根误差在指标允许误差范围内，残留偏差均大于 2，说明模型可用。图 13-7 是碳酸钙纯度模型参考值和预测值的线性相关图，决定系数 R^2 为 0.92，交互验证均方根误差 RMSECV 为 0.1，残留偏差 RPD 为 2.66，模型同样可用。

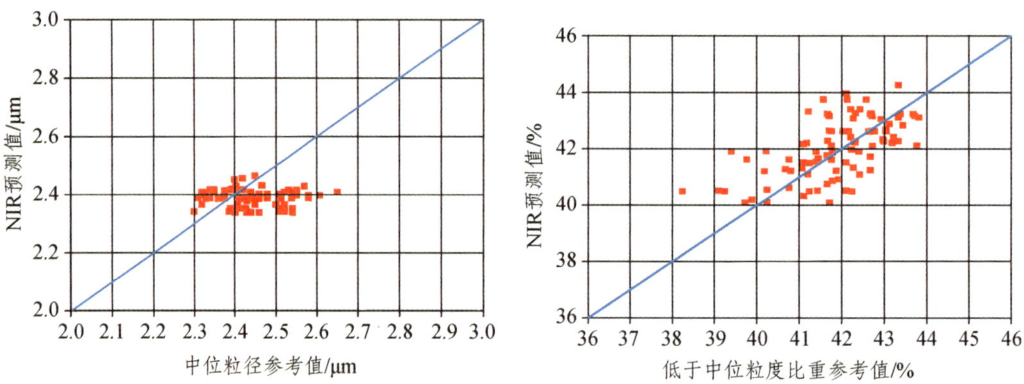

（a）中位粒径　　（b）低于中位粒径比重

图 13-6　碳酸钙中位粒径及低于中位粒径比重的检测值和预测值的散点图

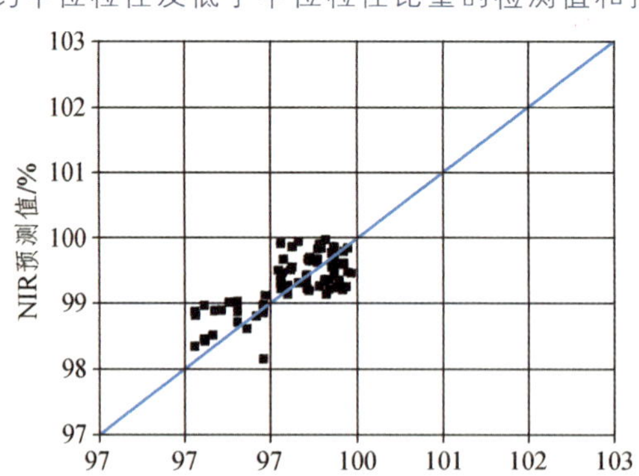

图 13-7　碳酸钙纯度模型参考值和预测值的散点图

（2）模型验证分析。

① 碳酸钙粒径模型验证。

按照粒径检测的方法，重新收集 25 个碳酸钙样品，对中位粒径和低于中位粒径比重进行检测得到参考值，采用模型进行预测得到预测值。根据碳酸钙中位粒径参考值和预测值对比，偏差范围在 0.00 ~ 0.21 μm，平均值偏差为 0.03 μm，低于企业要求的碳酸钙偏差范围，查表可知 $t_{0.05}(25)=2.06$，$P>0.05$，按 $\alpha=0.05$ 水准，两者的差别无统计学意义，即碳酸钙中位粒径参考值和预测值无显著差异。根据碳酸钙低于中位比重参考值和预测值对比，偏差范围在 0.07% ~ 2.26%，平均值偏差为 0.59%，在可接受范围内，且查表可知 $t<t_{(0.05,\ 25)}=2.06$，$P>0.05$，按 $\alpha=0.05$ 水准，两者的差别无统计学意义，即碳酸钙低于中位比重的参考值和预测值无显著差异。

② 碳酸钙纯度模型验证。

按照纯度检测的方法，对收集的 25 个碳酸钙样品纯度进行检测得到参考值，采用纯度模型进行预测得到预测值，偏差范围在 0.03% ~ 0.40%，平均值偏差为 0.01%，查表可知 $t<t_{(0.05,\ 25)}=2.06$，$P>0.05$，按 $\alpha=0.05$ 水准，两者的差别无统计学意义，即碳酸钙纯度的参考值和预测值无显著差异。

5. 结　论

刘静等人的方法对再造烟叶生产过程添加剂碳酸钙的中位粒径、低于中位粒径比重以及纯度的传统检测方法操作相对复杂。且粒径检测受到分散剂用量的影响，检测取样量较小，不具有整体代表性，且耗水量较大；但是近红外检测过程无需任何试剂，检测快速准确，检测使用的样品可重复利用，绿色环保。

13.3　造纸法再造烟叶化学指标的近红外光谱法分析

13.3.1　近红外光谱分析法测定再造烟叶中的烟碱、总糖、还原糖、总氮、钾、氯等含量[64]

1. 材料、设备及仪器

收集国内外生产的再造烟叶成品小片样品 311 个。称取样品 50 g 直接用密封袋保存备用。再称取样品 50 g 在 40 °C烘箱中干燥 2 h，取出后用旋风研磨仪粉碎后过 0.380 mm 筛，粉末用密封袋保存，备用。Matrix-I 型近红外光谱仪，配 Opus 6.5 光谱采集及分析集成软件；FED115 型烘箱；Cyclo-tecTM1093 型旋风研磨仪；孔径 0.380 mm 筛网。

2. 样品预处理及近红外光谱的采集

（1）粉末光谱采集：取再造烟叶样品粉末 15 ~ 20 g，置于近红外光谱专用样品杯中，用图章形压样器轻轻压平杯中样品后，放到光谱仪旋转台上扫描采集样品的近红外漫反射光谱。扫描时以积分球镀金内壁作背景，每个样品扫描一次背景。按仪器工作条件采集光谱，重复装样采集光谱 3 次，计算平均光谱作为样本光谱。单个样品分析时间为 50 min。

（2）小片光谱采集：取再造烟叶小片 15 ~ 20 g，逐层平铺于近红外光谱专用样品杯中，厚度在 2 ~ 3 cm 之间，保证最底 3 ~ 5 层样品放置平整、无褶皱、无空隙，用图章形压样器轻轻压平杯中样品后，放到光谱仪旋转台上扫描并采集近红外漫反射光谱。扫描时以积分球镀金内壁作背景，每个样品扫描一次背景。按仪器工作条件采集光谱，重复装样 5 次并采集光谱，计算平均光谱作为样本光谱。单个样品分析时间为 10 min。

3. 模型的建立与验证

从 311 个样本中随机挑选 241 个具有代表性的再造烟叶样品作为训练集，剩余 70 个样本作为验证集。以偏最小二乘回归法为建立模型的化学计量学方法，采用近红外光谱配备的分析软件 Opus 6.5 中的 Quant-2 程序进行模型构建。首先将训练集样品的小片（粉末）近红外光谱数据和其对应的化学成分数据输入 Quant-2 程序，然后选择交叉验证方法为“留一法”交互验证，并用程序自带的自动优化功能得到最佳的光谱预处理方法、建模谱区和因子数等参数，分别建立烟碱、总糖、还原糖、总氮、钾和氯等 6 种成分的近红外分析定量分析模型。最后对验证集中样品的化学成分含量进行预测，评价模型的预测效果。

4. 结果与讨论

（1）再造烟叶小片近红外漫反射光谱采集方法的建立及比较。

试验首先建立了再造烟叶小片的近红外漫反射光谱采集方法。再造烟叶成品小片通常是面积在 20 ~ 50 cm^2 之间、厚度在 0.1 ~ 0.5 mm 之间、水分含量在 10% ~ 20% 之间、外形不规则的纸片状产品。与粉末状样品相比，成品小片样品的均匀性相对下降，小片光谱的重现性必然会有所降低。但是，考虑到再造烟叶作为一种大规模工业化生产产品，与天然产品（如烟叶）相比，其均匀性已有很大改善。因此，可以考虑通过旋转台采集光谱和增加重复装样采集光谱的次数，以减轻小片形态样品的不均匀性的影响，提高小片光谱的重现性和稳定性，使其满足定性定量分析的要求。试验考察了小片光谱采集方法中重复装样采集光谱的次数对光谱重现性的影响，优化了小片光谱采集方法，并将优化的小片近红外光谱采集方法与粉末光谱采集方法进行了比较。选取同一个再造烟叶成品小片样品，按小片近红外光谱采集方法重复装样不同次数并采集相应光谱，将所得光谱平均后作为样品的光谱，重复以上步骤 5 次，获得同一样品在不同重复装样次数时测得的 5 条光谱，计算 5 条光谱在 4 000 ~ 7 000 cm^{-1} 范围内的平均方差和平均相对标准偏差，以评价在给定重复装样次数下的光谱重现性。分别考察了重复装样次数为 3，5，8，10 时，小片光谱重现性的变化，并与粉末光谱重现性进行了比较，结果见表 13-5。

表 13-5　重复装样次数对小片光谱重现性的影响（n=5）

样品	重复装样次数	光谱平均方差	光谱平均相对标准偏差/%
小片	3	0.006 3	1.294
	5	0.004 4	0.906 8
	8	0.003 9	0.832 6
	10	0.003 5	0.815 8
粉末	3	0.001 0	0.250 5

由表 13-5 可知：随重复装样次数的增加，小片光谱的整体变异方差逐步降低。当装样次数为 3 时，光谱平均方差与平均相对标准偏差明显大于其他情况。当装样次数为 5，8，10 时，小片光谱的平均方差和平均相对标准偏差变化不大。综合考虑样品分析效率，选择小片近红外光谱采集方法的最优重复装样次数为 5 次。与粉末光谱相比，重复装样 5 次时的光谱平均方差和平均相对标准偏差大约是粉末光谱的 4 倍，尚在可接收范围内，可以满足定性定量分析的要求。同一个再造烟叶样品粉末与小片的近红外光谱的对比如图 13-8 所示。

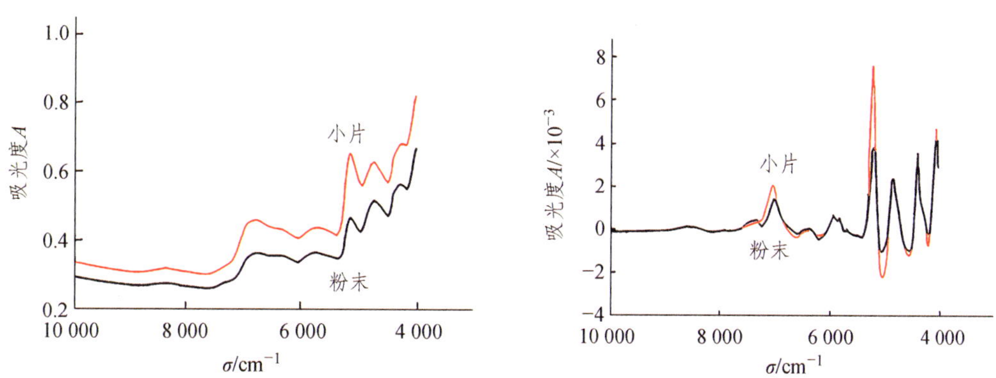

（a）原始近红外光谱　　（b）预处理后的光谱

图 13-8　再造烟叶成品小片与粉末的近红外原始光谱与预处理后的光谱

由图 13-8 可知：从原始光谱来看，小片的原始光谱吸光度整体比粉末要高，可能是由于小片与粉末的样品形态不同而带来的光谱漂移，通过光谱预处理后，这种漂移被大部分消除，说明样品形态带来的差异通过预处理可以在一定程度上得到克服。此外，从原始光谱和预处理后光谱中都可以看到，在 4 800 ~ 5 600 cm^{-1} 区域内，小片光谱的吸光度与粉末光谱有较大区别。由于粉末光谱采集方法在样品预处理阶段对样品进行了长时间干燥，其水分含量大大降低，因此粉末光谱的水分响应与小片光谱有明显差别是合理的。小片光谱采集方法未对样品进行任何预处理，应更能反映再造烟叶样品的真实水分情况。而在光谱的其他区域，小片光谱与粉末光谱在峰位、峰形与响应值等方面均基本接近，这说明直接采集再造烟叶成品小片近红外光谱也能有效获得被测样品内在化学成分的有关信息。综合以上，小片近红外光谱能与粉末光谱一样有效地表征待测样品中大量物质成分的含量与组成信息，此外，与粉末光谱相比，小片光谱能更加真实地反映待测样品中水分的含量情况。与传统常用的粉末光谱采集方法相比，直接采集再造烟叶成品小片近红外光谱的方法无需干燥、粉碎和过筛等预处理过程，一方面大大缩短了样品的分析时间，另一方面，对样品无破坏，不改变样品形态，所获得的近红外光谱能更真实地反映待测样品中物质成分的含量与组成信息，能很好地对待测样品化学成分进行表征。同时，该方法通过增加重复装样采集光谱次数，一定程度上消除了小片形态样品的不均匀性影响，提高了光谱的重现性，应能满足定性定量分析的要求。

（2）模型建立与预测。

用所建立的模型对验证集中 70 个再造烟叶样品的 6 种成分进行预测，结果见表 13-6 和表 13-7，其中 MSC 表示多元散射校正。

表 13-6　再造烟叶 6 种化学成分的粉末近红外光谱定量分析模型

化学成分	预处理方法	谱区范围（cm^{-1}）	主因子数	决定系数	交互验证误差	预测误差
烟碱	一阶导数	7 501.9 ~ 4 597.6	9	0.99	0.023 5	0.025 1
总糖	一阶导数+MSC	10 001.2 ~ 4 246.6	12	0.95	0.264 1	0.317 8
还原糖	一阶导数+减去直线	10 001.2 ~ 4 246.6	13	0.94	0.197 2	0.199 5
总氮	一阶导数+减去直线	7 501.9 ~ 4 597.6	18	0.88	0.043 1	0.058 2
钾	一阶导数+ MSC	10 001.2 ~ 4 246.6	12	0.98	0.018 6	0.029 5
氯	一阶导数+ MSC	7 501.9 ~ 4 246.6	13	0.93	0.052 5	0.055 3

表 13-7　再造烟叶 6 种化学成分的小片近红外光谱定量分析模型

化学成分	预处理方法	谱区范围（cm^{-1}）	主因子数	决定系数	交互验证误差	预测误差
烟碱	一阶导数+MSC	7 501.9 ~ 4 597.6	9	0.99	0.019 9	0.024 3
总糖	一阶导数+ MSC	7 501.9 ~ 5450	13	0.94	0.304 2	0.399 1

续表

化学成分	预处理方法	谱区范围（cm^{-1}）	主因子数	决定系数	交互验证误差	预测误差
还原糖	一阶导数+减去直线	7 501.9 ~ 6 097.9	12	0.89	0.261 3	0.270 3
总氮	一阶导数	6 101.8 ~ 4 597.6	17	0.84	0.050 2	0.059 9
钾	一阶导数+ MSC	10 001.2 ~ 4 246.6	11	0.91	0.060 5	0.050 3
氯	一阶导数	10 001.2 ~ 4 246.6	13	0.98	0.017 4	0.031 1

由表 13-6 和表 13-7 可知：所有模型最佳光谱预处理方法都包括了一阶导数，可能是对光谱进行一阶导数处理能大幅度减少光谱漂移和背景影响，从而提高模型的稳定性和准确性。除总氮外，其余 5 种成分的粉末光谱与小片光谱定量分析模型的相关系数均大于 0.90，同时每个模型的交互验证误差与预测误差相差不大，说明所建立的近红外光谱定量分析模型效果比较理想。对每个成分的两个模型进行比较分析，总糖、还原糖、总氮和钾等 4 个成分的粉末光谱模型略优于小片模型，而烟碱、氯的小片光谱模型结果略好，说明两类模型对不同的成分测定各有优势。总体而言，所建立的小片光谱定量分析模型效果与粉末光谱模型效果比较接近。

5. 结　论

袁大林等人建立了直接采集再造烟叶成品小片近红外漫反射光谱的方法，结合偏最小二乘（PLS）回归法建立了再造烟叶烟碱、总糖、还原糖、总氮、钾和氯等 6 种化学成分的近红外光谱定量分析模型，并对未知样本的化学成分的含量进行了预测。成品小片的近红外光谱能真实、有效地表征待测样品的化学成分组成与含量，所建立的近红外光谱定量分析模型能准确对待测样品化学成分进行测定。本方法无需样品预处理步骤能快速、准确地测定再造烟叶成品的常规化学成分含量，具有很好的应用前景。

13.3.2 近红外光谱分析法测定再造烟叶中的木质素含量[65]

1. 测试过程

为简单、易行、快速测定再造烟叶木质素，本发明提供一种近红外漫反射光谱测定造纸法再造烟叶木质素的方法，采用近红外光谱无损检测技术不仅能提高分析效率，节约成本，而且对于准确测定再造烟叶木质素，提高检测效率，客观反映产品质量，具有明显实用性

主要步骤如下：

（1）样品的收集：收集具有代表性的造纸法再造烟叶产品；

（2）采集原始光谱，采用近红外光谱漫反射的方式对步骤（1）收集的造纸法再造烟叶产品逐个进行光谱扫描，得到原始光谱；

（3）选择校正样品集和验证样品集：在步骤（2）所得原始光谱中采用标准GB/T 29858—2013的方法选出校正样品集和验证样品集；

（4）测定样品参考值：在标准条件下，利用标准方法对步骤（1）收集的造纸法再造烟叶产品逐个进行木质素的测定，得到样品参考值；

（5）预处理光谱：对步骤（3）中选出的校正样品集和验证样品集的光谱进行预处理，消除噪声和基线漂移的影响；

（6）建立PLS模型：将步骤（5）预处理后的校正样品集与步骤（4）所得样品参考值进行一一对应，应用偏最小二乘法把光谱数据与其对应的木质素测定数据进行拟合，建立定量模型，建模过程中进行检测及剔除异常值，对剔除异常值剩余的光谱数值，再次与步骤（4）所得样品参考值进行一一对应。应用偏最小二乘法把光谱数据与其对应的木质素测定数据进行拟合，建立得到木质素指标的定量模型；

（7）模型验证：利用步骤（5）处理后的验证样品集对步骤（6）所建立的木质素指标的定量模型进行外部预测；

（8）测定木质素：将待测造纸法再造烟叶样品的原始光谱输入步骤（6）建立的木质素指标的定量模型，即测定得到木质素。

2. 实际举例和建模测试

（1）实际测试步骤。

① 样品的收集：收集具有代表性的造纸法再造烟叶产品150～200个。

② 采集原始光谱：将步骤①收集的造纸法再造烟叶产品每个产品取三个平行样，每个平行样混匀的固体粉末放入样品杯中，轻压平整，厚度≥10 mm，放到光谱仪旋转台上，利用近红外光谱采用漫反射的方式在下列光谱条件下进行扫描并采集光谱：扫描范围为4 000～10 000 cm^{-1}、分辨率为8 cm^{-1}、扫描次数不低于72次，每个平行样扫一次光谱，每个产品对应3个平行光谱，再将3个平行光谱（用近红外光谱仪器的自带软件）进行求平均得到一个原始光谱，依次对每个产品采用相同的方法进行扫描并采集光谱，得到每个产品对应的原始光谱。

③ 选择校正样品集和验证样品集：在步骤②所得原始光谱中采用标准GB/T 29858—2013《分子光谱多元校正定量分析通则》的方法选出校正样品集和验证样品集；

④ 测定样品参考值：在标准条件GB/T 16447—2004《烟草及烟草制品 调节和测试的大气环境》规定的条件下，利用标准方法（行业标准YC/T 347—2010《烟草及烟草制品中性洗涤纤维、酸性洗涤纤维、酸洗木质素的测定洗涤剂法》）对步骤①收集的造纸法再造烟叶产品逐个进行木质素的测定，得到样品参考值：

⑤ 预处理光谱：对步骤③中校正样品集和验证样品集的光谱进行SNV+一阶+Savitzky-Golay（3，5）预处理，消除噪声和基线漂移的影响；

⑥ 建立 PLS 模型：选择全光谱范围内对校正集样品进行 PLS 回归并全交互验证，当模型的主成分数达到 5，模型的均方根交互验证误差 RISECV 最小选择模型的最适宜的主成分数为 5。将步骤⑤预处理后的校正样品集与步骤④所得样品参考值进行一一对应，应用偏最小二乘法把光谱数据与其对应的木质素测定数据进行拟合，建立定量模型，建模过程中采用检测杠杆值的方法进行检测及剔除异常值：

按下列公式计算样品杠杆值：

$$H_i = t_i^T (T^T T)^{-1} t_i \tag{13-1}$$

其中，H_i 为样品杠杆值，t_i 为样品的因子向量，$T^T T$ 为建模集的因子得分矩阵，$t^T{}_i$ 为 t_i 的转置。

当样品杠杆值大于 3 k/n，其中 k 为主成分数，n 为样品个数，其光谱对回归具有显著的影响，应剔除；通过计算得到所有步骤③中校正样品集和验证样晶集的光谱杠杆值都小于 3 k/n，没有异常样品需剔除：

对剔除异常值剩余的光谐数值，再次与步骤④所得样品参考值进行一一对应，应用偏最小二乘法把光谱数据与其对应的木质素测定数据进行拟合建立得到木质素指标的定量模型（见图 13-9），定量模型的相关系数为 0.851 5，RMSECV 为 0.403，可见光谱数据与样品的指标定量之间具有显著的线性关系。说明样品的近红外光谱包含有与指标定量密切相关的信息：

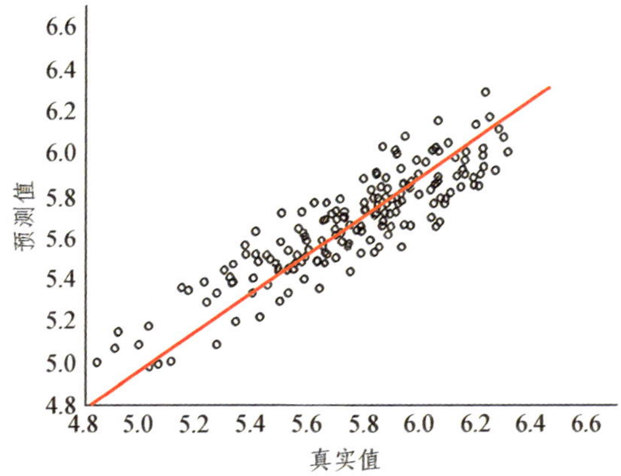

图 13-9　木质素指标的定量模型数据拟合散点图

⑦ 模型验证：利用步骤⑤处理后的验证样品集中的 50 个产品对步骤⑥所建立的木质素指标的定量模型进行外部预测。

吴丽君等人利用相关公式计算得到预测均方根误差 RMSEP 为 0.362 5，采用 t 检验方法确定验证样品集输入步骤⑥的定量模型所得的预测值与相应的步骤 4 所得样品参考值是否有统计意义上的偏差：即将步骤⑥所建立的木质素指标的定量模型

的预测值与步骤④的样品参考值 t 值与自由度 d.的临界值进行比较，取显著水平 a=0.05，t 值根据 95%置信区间查出，t（0.05，49）=2.009，则| t | < t（0.05，49）。概率 P>0.05 时，说明两种方法的检测结果不存在显著性差异，模型验证成功，该模型可用于测定造纸法再造烟叶的木质素，结果可靠。

⑧ 测定木质素：将待测造纸法再造烟叶样品 10 个的原始光谱输入步骤⑥建立的木质素指标的定量模型，即测定得到木质素；每个样品预测 5 次，同时应用步骤④的标准方法对样品木质素进行测定，其测定结果见表 13-8，由表 13-8 可看出在生产实践中应用近红外漫反射光谱对再造烟叶产品定量检测是完全可行的。

表 13-8　实际样品测定结果

序号	模型预测值	标准测定值	绝对偏差	序号	模型预测值	标准测定值	绝对偏差
1	3.11	2.59	0.52	6	2.38	2.34	0.04
2	2.98	2.56	0.42	7	2.05	2.06	0.01
3	2.59	2.56	0.03	8	2.52	2.50	0.02
4	2.86	2.37	0.49	9	2.42	2.69	0.27
5	2.20	2.35	0.15	10	2.73	2.16	0.57

另外，步骤⑤的预处理之所以采用 SNV+一阶+Savitzky-Giolay（3，5）预处理，是吴丽君等人通过不同光谱预处理下校正样品集的 PLS 模型结果见表 13-9，可见，不同光谱预处理方法对 PLS 建模结果有不同的影响，SNV+一阶+Savitzky-Golay（3，5）效果较好，最终采用 SNV+一阶+Savitzky-Golay（3，5）预处理。

表 13-9　不同光谱预处理下 PLS 模型结果

预处理方法	k	R^2	RMSEC	RMSECV
无预处理	9	0.699 6	0.313	0.364
MSC+一阶+Norris（3，5）	4	0.704 8	0.311	0.401
MSC+一阶+Norris（7，5）	3	0.551 3	0.366	0.404
MSC+一阶+Savitzky- Giolay（3，5）	3	0.789	0.27	0.405
MSC+一阶+Savitzky- Giolay（7，5）	3	0.817 1	0.253	0.409
MSC+二阶+Norris（3，5）	4	0.853	0.229	0.393
MSC+二阶+Norris（7，5）	4	0.756 6	0.287	0.402
MSC+二阶+Savitzky- Giolay（3，5）	2	0.905 5	0.186	0.457
MSC+二阶+Savitzky- Giolay（7，5）	2	0.882 7	0.206	0.462
SNV+一阶+Norris（3，5）	4	0.704 5	0.311	0.401
SNV+一阶+Norris（7，5）	3	0.553 4	0.365	0.404
SNV+一阶+Savitzky- Giolay（3，5）	3	0.851 5	0.268	0.403

续表

预处理方法	k	R^2	RMSEC	RMSECV
SNV+一阶+Savitzky-Giolay（7，5）	3	0.819 3	0.252	0.407
SNV+二阶+Norris（3，5）	4	0.853 3	0.229	0.392
SNV+二阶+Norris（7，5）	4	0.757 3	0.287	0.402
SNV+二阶+Savitzky- Giolay（3，5）	2	0.905 7	0.186	0.457
SNV+二阶+Savitzky- Giolay（7，5）	2	0.883	0.206	0.461

注：k 为隐变量数，RUISECV 为均方根交互验证误差，RMSEC 为校正均方根误差，MSC 为多元散射校正，SNV 为矢量归一化，Norris（a，b）为 Norris Derivative 滤波，a 是段长，b 是段间距，Savitzky-Golay（a，b）为多项式平滑方法，a 是平滑的数据点数，b 是多项式次方数。

3. 结　论

综上所述，利用此模型可快速、准确地测定再造烟叶成品的木质素，对实现现场分析、监测再造烟叶产品质量稳定性及质量的波动情况，具有重要意义。

13.3.3　近红外光谱分析法测定再造烟叶中的纤维素含量[66]

1. 纤维素含量测定方法

（1）测定步骤。

近红外漫反射光谱技术测定造纸法再造烟叶纤维素，其步骤如下：

① 样品的收集：收集一批具有代表性的造纸法再造烟叶产品；

② 采集原始光谱：采用近红外光谱漫反射的方式对步骤①收集的造纸法再造烟叶产品逐个进行光谱扫描，得到原始光谱。

③ 选择校正样品集和验证样品集：在步骤②所得原始光谱中采用标准 GB/T 29858—2013《分子光谱多元校正定量分析通则》的方法选出校正样品集和验证样品集。

④ 测定样品参考值：在标准条件下，利用标准方法对步骤①收集的造纸法再造烟叶产品逐个进行纤维素的测定，得到样品参考值；

⑤ 预处理光谱：对步骤③中选出的校正样品集和验证样品集的光谱进行预处理，消除噪声和基线漂移的影响。

⑥ 建立 PLS 模型：将步骤⑤预处理后的校正样品集与步骤④所得样品参考值进行一一对应，应用偏最小二乘法把光谱数据与其对应的纤维素测定数据进行拟合，建立定量模型，建模过程中进行检测及剔除异常值，对剔除异常值剩余的光谱数值，再次与步骤④所得样品参考值进行一一对应，应用偏最小二乘法把光谱数据与其对应的纤维素测定数据进行拟合，建立得到纤维素指标的定量模型。

⑦ 模型验证：利用步骤⑤处理后的验证样品集对步骤⑥所建立的纤维素指标的定量模型进行外部预测；

⑧ 测定纤维素：将待测造纸法再造烟叶样品的原始光谱输入步骤⑥建立的纤维素指标的定量模型，即测定得到纤维素。

（2）测定条件与注意事项。

步骤②的光谱采集条件为：扫描范围 4 000 ~ 10 000 cm^{-1}、分辨率 8 cm^{-1}、扫描次数不低于 72 次。

步骤②的原始光谱是通过下列方法获得的：将步骤①收集的造纸法再造烟叶产品，每个产品取三个平行样，每个平行样混匀的固体粉末放入样品杯中，轻压平整，厚度≥10 mm，放到光谱仪旋转台上，利用近红外光谱采用漫反射的方式进行扫描并采集光谱，每个平行样扫一次光谱，每个产品对应 3 个平行光谱，再将 3 个平行光谱（用近红外光谱仪器的自带软件）进行求平均得到一个原始光谱，依次对每个产品采用相同的方法进行扫描并采集光谱，得到每个产品对应的原始光谱。

步骤④的标准条件为 GB/T 16447—2004《烟草和烟草制品 调节和测试的大气环境》规定的条件；所述标准方法是指按行业标准 YC/T 347—2010《烟草及烟草制品中性洗涤纤维、酸性洗涤纤维、酸洗木质素的测定洗涤剂法》进行测试。

步骤⑤的预处理是指对原始光谱进行 SNV+一阶导数+Norris 预处理。

步骤⑥中检测及剔除异常值是采用检测杠杆值的方法，具体通过下列步骤：

按下列公式计算样品杠杆值：

$$H_i = t_i^T (T^T T)^{-1} t_i \tag{13-2}$$

其中，H_i 为样品杠杆值，t_i 为样品的因子向量，$T^{\mathrm{T}}T$ 为建模集的因子得分矩阵，t_i^T 为 t_i 的转置；当样品杠杆值大于 $3k/n$，其中 k 为主成分数，n 为样品个数，其光谱对回归具有显著的影响，应剔除。

步骤⑦的模型验证是采用 t 检验方法确定验证样品集输入步骤⑥的定量模型所得的预测值与相应的步骤④所得样品参考值是否有统计意义上的偏差：即，将步骤⑥所建立的纤维素指标的定量模型的预测值与步骤④的样品参考值 t 值与自由度 dv-1 的临界值 t（a，dv-1）进行比较，取显著水平 a=0.05，当$|t|<t$（a，dv-1），概率 P>0.05 时，说明两种方法的检测结果不存在显著性差异，模型验证成功，该模型可用于测定造纸法再造烟叶的纤维素。

2. 实例分析

表 13-10 为一实例的 PLS 模型预测及预测结果，将待测造纸法再造烟叶样品 10 个的原始光谱输入步骤⑥建立的纤维素指标的定量模型，即测定得到纤维素；每个样品预测 5 次，同时应用步骤④的标准方法对样品纤维素进行测定，其测定结果见表 13-10 所示，由表 13-10 可看出在生产实践中应用近红外漫反射光谱对再造烟叶

产品定量检测是完全可行的。

通过不同光谱预处理下校正样品集的 PLS 模型结果见表 13-11。可以看出不同光谱预处理方法对 PLS 建模结果有不同的影响，SNV+一阶导数+Norris 效果较好。

表 13-10　实际样品测定结果

序号	实际值	预测值	绝对偏差	序号	实际值	预测值	绝对偏差
1	33.69	33.57	0.12	**6**	35.02	35.58	0.56
2	36.26	35.08	1.18	**7**	35.74	35.83	0.09
3	32.94	33.39	0.45	**8**	38.57	38.09	0.48
4	35.52	36.65	1.13	**9**	34.43	35.38	0.95
5	36.13	36.90	0.77	**10**	38.05	38.00	0.05

表 13-11　不同光谱预处理下 PLS 模型结果

预处理方法	k	R^2	RMSEC	RMSECV
无预处理	7	0.864 1	1.450	1.62
MSC+一阶+Norris（3，5）	9	0.977 7	0.007	1.40
MSC+一阶+Norris（7，5）	5	0.897 1	1.280	1.50
MSC+一阶+Savinzky-Golay（3，5）	5	0.965 3	0.754	1.57
MSC+一阶+Saity-Golay（7，5）	4	0.949 2	0.909	1.60
MSC+二阶+Nors（3，5）	5	0.972 3	0.676	1.52
MSC+二阶+Noms（7，5）	5	0.943 8	0.955	1.48
MSC+二阶-Savitzky-Golay（3，5）	2	0.927 1	1.080	1.92
MSC+二阶+Savitzky-Golay（7，5）	2	0.909 8	1.200	1.88
SNV+一阶+Norris（3，5）	9	0.977 8	0.605	1.40
SNV+一阶+Nordis（7，5）	5	0.897 1	1.280	1.50
SNV+一阶+Savlzby-Golay（3，5）	5	0.965 2	0.755	1.57
SNV+一阶+Smilky-Golay（7，5）	4	0.949 5	0.906	1.60
SNV+二阶+Nonis（3，5）	5	0.972 3	0.674	1.52
SNV+二阶+Norrks（7，5）	5	0.939	0.993	1.49
SNV+二阶+Sailhy-Golay（3，5）	2	0.938 3	0.999	1.91
SNV+二阶+Saribzl-Golay（7，5）	2	0.931 7	1.050	1.88

3. 结　论

综上所述，云南中烟工业有限责任公司利用近红外漫反射光谱技术测定造纸法再造烟叶纤维素的方法对实现现场分析、监测再造烟叶产品质量稳定性及质量的波动情况，具有重要意义。

14　卷烟烟气成分的近红外光谱法分析

卷烟烟气是多种化合物组成的复杂混合物，目前已经鉴定出烟气中的化学成分已达数千种，并且有一部分对人类健康有害。在烟草燃烧过程中其内含的物质通过燃烧和热解等反应产生，通过吸烟者吸烟时被吸入人体后又排出。卷烟烟气的主要成分包括一氧化碳、二氧化碳、一氧化氮、氮氧化物、挥发性有机化合物、氨、甲醛、丙酮、重金属、苯并芘等，其中包括了焦油与烟碱。它是有机质在缺氧条件下，不完全燃烧的产物。是众多烃类及烃的氧化物、硫化物及氮化物的极其复杂的混合物，其中包括苯并芘、镉、砷、β萘、胺、亚硝胺以及放射性同位素等，多种致癌物质和苯酚类、富马酸等促癌物质作用的特点，虽其量极微，但具有经常、反复、长期的积累作用。卷烟烟气中的烟碱，即尼古丁，是一种有机化合物，化学式为 $C_{10}H_{14}N_2$，有毒且会使人成瘾在吸烟或使用烟草制品时，尼古丁会通过肺部迅速进入血液循环，然后传递到大脑，这是导致吸烟成瘾的主要原因之一。尼古丁可通过刺激中枢神经系统来产生一系列生理和心理效应，其中包括提神、改善注意力、增强情绪等。然而，由于其成瘾性，长期使用烟草制品可能导致身体和心理健康问题。在烟草燃烧过程中其内含的物质通过燃烧和热解等反应产生，然后通过吸烟时被吸入人体。卷烟烟气的成分对吸烟者和周围环境产生不良影响。

14.1　近红外光谱法预测原烟卷烟主流烟气中的焦油和烟碱[67]

1. 材料、设备及仪器

在我国主要种植烟草的省市（福建、云南、贵州、四川、重庆、湖南、河南、山东、黑龙江、吉林），分别选取上、中、下 3 个部位代表等级（X2F、C3F、B2F）烟叶样品作为研究材料，共选取烟叶样品 254 份。烟末建模样品 204 个，验证样品 50 个；烟丝建模样品 111 个。

Aataris Ⅱ FT-NIR 光谱仪（Thermo Fisher 公司），配有积分球漫反射采样系统，Result 操作软件，数据分析软件；KBF240 恒温恒湿箱（德国宾得）：SY-Ⅲ型实验用切丝机（河南富邦）：Hanui Baby 型卷烟机（德国 Hanui 公司）：RM20/CS 型 20 孔

道旋转吸烟机（德国 HB 公司）；HP6890N 型气相色谱仪（美国安捷伦公司）

2. 样品预处理及近红外光谱的采集

每一种样品经外观质量鉴定专家平衡后，选取代表等级烟叶 3 ~ 5 kg，将烟叶去除烟梗后，用切丝机切成（0.9±0.1）mm 宽的烟丝，取 100 g 烟丝烘干后制成 60 目粉末，其余烟丝用卷烟机卷制成单料卷烟，卷烟基本参数为：醋酸纤维滤嘴（无激光打孔），烟支规格（25+59）mm × 24.4 mm，烟纸[中烟摩迪（江门）纸业有限公司生产]定量 29 g/m^2，透气度 60 cu。卷制过程中，烟支单支重根据其烟丝填充值（根据行业标准 YC/T 152—2001《卷烟　烟丝填充值的测定》）进行调整。

烟丝光谱：将上述卷制单料烟的烟丝样品，放入恒温恒湿箱内，温度（22±1）°C，相对湿度（60±2）%的环境下平衡 48 h 取出。称取 4 g 烟丝，装入样品杯中，并用压样器压平，利用积分球漫反射采样系统采集其 NIR 光谱，每个样品做三次平行实验，取平均光谱，得到该样品的烟丝光谱。

烟末光谱：称取烟末样品 15 g，装入样品杯中，并用压样器压平，利用积分球漫反射采样系统采集 NIR 光谱，得到各样品的烟末光谱。

从烟丝和烟末原始光谱来看，烟草近红外吸收光谱在 4000 ~ 8000 cm^{-1} 区域信号较强，信息量丰富。由于 C-H、N-H、O-H、C-O 键在不同的谱区吸收峰不同，因此建模时针对不同化学成分选取不同的谱区范围，优化选择有效信息量高的建模谱区，并通过光谱求导和平滑的方式消除基线漂移和随机噪声等的干扰，从而更细致地反映样品的光谱特征，提高光谱分辨率和灵敏度。以仪器内置背景为参比，波数：10000 ~ 3800 cm^{-1}，扫描次数：64 次，分辨率：8 cm^{-1}。实验室温度控制在 20 ~ 24 °C。烟气焦油和烟碱释放量测定分别根据 GB/T 19609—2024《卷烟　用常规分析用吸烟机测定　总粒相物和焦油》、GB/T 23355—2009《卷烟　总粒相物中烟碱的测定　气相色谱法》测定。

3. 模型建立与验证

应用数据分析软件中的偏最小二乘（PLS）回归算法，把采集的近红外漫反射光谱数据与标准方法测定的烟气焦油和烟碱释放量的标准值，采用留一（leave-one-out）交互验证法进行建模，并以校正集样品的交互验证相关系数（R）和交互验证均方根误差（RMSECV）为指标优化光谱预处理方法和模型参数，确定最佳预测模型，相关系数（R）越接近 100%，交互验证均方根误差（RMSECV）越小，表示预测值越接近标准值，拟合效果更好，越有利于模型的预测。

4. 结果与分析

（1）校正模型的优化。

模型初步建立以后，需要剔除建模样品中的异常样品，提高建模数据的有效信息率，修改建模的谱区与其他参数，以提高模型的稳定性和可靠性，在剔除异常值的过程中进一步优化模型。另外，在建立定量校正模型过程中，为了充分利用光谱信号的有效信息，同时避免“过拟合”现象，需对主因子数进行合理选择。同时应用交互验证方法，通过最佳主因子数的选择，优化模型直到获得最佳预测模型。表14-1 为焦油和烟碱模型经数据分析软件优化得到的谱区范围、光谱预处理方法和PLS 最佳主因子数。

表 14-1 烟气中焦油和烟碱模型优化所选参数

指标	烟叶状态	光谱预处理方法	谱区范围/cm^{-1}	最佳主因子数
烟碱	烟末	一阶导数	7 544.10 ~ 3 952.04	9
	烟丝	一阶导数	8 927.62 ~ 3 972.02	10
焦油	烟末	一阶导数	7 450.05 ~ 3 981.74	10
	烟丝	一阶导数	7 639.74 ~ 6 807.59，6 153.26 ~ 3 820.42	10

（2）交互验证结果。

基于前述优化得到的参数，即可以建立焦油和烟碱的定量分析校正模型，然后分别对各个模型进行交互验证，通过考察交互验证相关系数（*R*）和交互验证均方根误差（RMSECV），检验模型的预测能力。交互验证时，模型校正均方根误差（RMSEC）和交互验证均方根误差（RMSECV）的值越接近，模型的预测能力越好。从表 14-2 焦油和烟碱校正模型的数理指标和图 14-1 模型的预测值和标准值的对比图，可以看出，烟气中焦油和烟碱均建立了较好的预测模型，得到了较高的相关系数和较低的均方差，其中，烟碱的校正模型要好于焦油的校正模型，其烟末模型的交互验证相关系数（*R*）为 0.970 06，交互验证均方根误差（RMSECV）为 0.211，烟丝模型 *R* 为 0.954 24，交互验证均方根误差为 0.257；焦油烟末模型的交互验证均方根误差（RMSECV）为 1.90，烟丝为 2.04。

表 14-2 焦油和烟碱校正模型的数理指标

模型	烟叶状态	相关系数（*R*）	校正均方根误差（RMSEC）	交互验证相关系数（*R*）	交互验证均方根误差（RMSECV）	预测范围/（mg/g）
烟碱	烟末	0.980 34	0.192	0.970 06	0.211	0.6 ~ 4.7
	烟丝	0.984 40	0.239	0.954 24	0.257	0.6 ~ 5.0
焦油	烟末	0.967 84	1.68	0.897 46	1.90	13.0 ~ 40.0
	烟丝	0.958 52	1.84	0.862 95	2.04	14.2 ~ 31.5

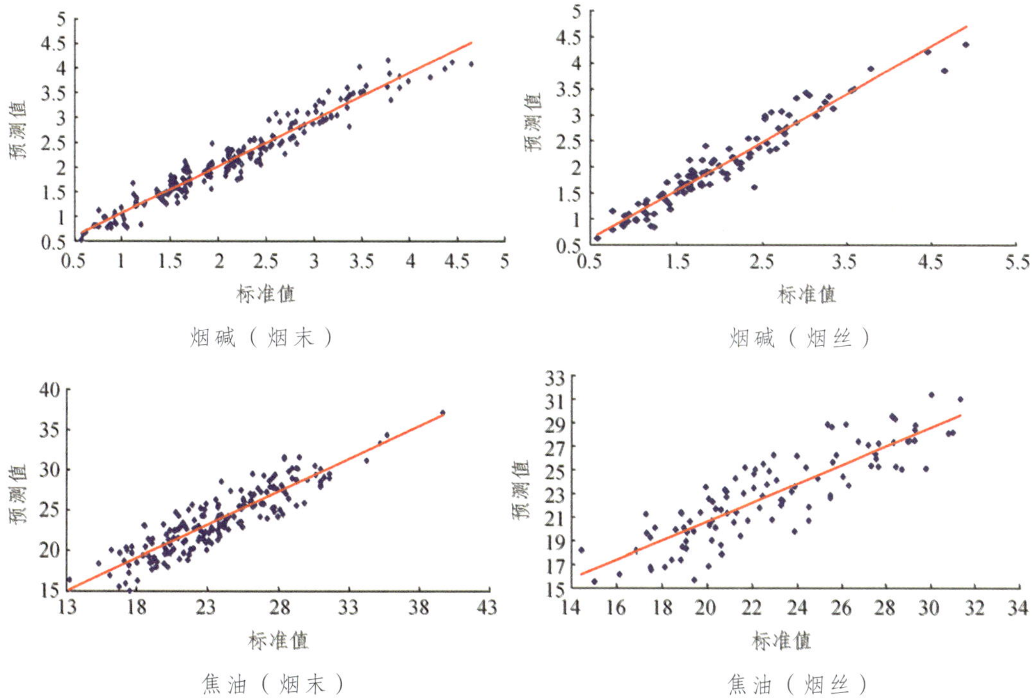

图 14-1　焦油和烟碱交叉验证模型标准值和预测值的散点图

从烟叶状态来看，用烟末建立的焦油和烟碱的校正模型要好于用烟丝建立的模型，可见颗粒度大小对近红外建模有一定影响，样品粒径越大，其光学表面越粗糙，从而影响检测系统对样品表面的反应，影响检测的灵敏度及准确度。

（3）外部验证。

本次试验粉末的样品量较大，因此选用未参与建模的 50 个样品对粉末模型作外部验证。结果显示，焦油和烟碱的烟末模型，其外部验证样品预测值与标准值之间的平均相对偏差分别为 5.13 和 5.93。两个模型的预测效果较好。

利用 DPSv7.05 统计分析软件，通过配对 t 检验进一步验证发现，焦油和烟碱模型的 P 值（双尾）分别为 0.420 和 0.714，均大于 0.05，说明两种方法不存在显著差异，即没有系统误差，模型都具有良好的预测能力。

（4）精密度实验。

任取一份待测样品按“样品预处理及近红外光谱的采集”的方法重复扫描 10 次 NIR 光谱，每次扫描都重新装样。烟气中焦油和烟碱的系统精密度 RSD 分别为 0.72% 和 1.35%，均小于 5%，可见精密度良好。

5. 结　论

用烟丝和烟末均能建立原烟卷烟烟气中焦油和烟碱释放量的近红外速测模型，用烟末建立的模型略好于用烟丝建立的模型，方法操作简便，结果准确、可靠。用烟丝建立的模型，由于本试验样品量相对较少，给模型的优化带来一定的限制，但通过建模的成功，今后进一步添加样品，优化模型，可进一步提高模型的预测准确性、稳定性和实用性，并有望在卷烟企业实现在线检测。

14.2 近红外光谱法预测烟气中苯酚、氨[68]

1. 材料、设备及仪器

卷烟单料烟样品（湖南中烟公司）。

MPA 型傅里叶变换型近红外光谱仪（FT-NIR，德国 Bruker Optics）；Waters 2695 高效液相色谱仪（配备自动进样器、荧光检测器 Multi-Wavelength Fluorescence Detector）；Fortis C18 色谱柱（150 μm × 4.6 μm，5 μm，英国）；戴安离子色谱 ICS-3000（配备电导检测器、梯度泵）；HY-6 双层振荡器（江苏金怡仪器科技有限公司）；KQ-600DE 型数控超声波清洗器（昆山市超声仪器有限公司）；Milli-Q50 超纯水仪（美国 Millipore 公司）；针筒式微孔过滤器及水相 0.45 μm 样品过滤膜（广州紫安科技有限公司）；RM45 单孔道吸烟机（德国 Borgwaldt 公司）；44 mm 剑桥滤片（德国 Borgwaldt 公司）；恒温恒湿箱、色谱瓶、BSA224S-CW 电子天平（德国 Sartious 公司）、数字移液器和移液枪（200 μL、1 mL、5 mL）。吸收瓶（使用前刻度经校正）。

酚类标样：邻、间、对-苯二酚，苯酚，邻、间、对-甲酚标准。氨标准液，100 μg/mL，由此稀释配备标准曲线（郑州烟草院）。

2. 样品预处理及近红外光谱的采集

卷烟烟气样本（校正集：105 个单料烟与叶组烟样品，验证集：10 个单料烟与叶组烟样品）是通过 SM450 吸烟机获得的。烟气样本中苯酚、氨的测定分别按照烟草行业标准 YC/T 255—2008《卷烟 主流烟气中主要酚类化合物的测定 高效液相色谱法》在 Waters 2695 高效液相色谱仪、YC/T 377—2019《卷烟 主流烟气中氨的测定 浸渍处理剑桥滤片捕集-离子色谱法》在离子色谱仪上完成。

卷烟粉末近红外光谱的采集是在 MPA 型傅里叶变换型近红外光谱仪上完成。具体实验条件如下：波段范围：8 994.6 ~ 3 999.7 cm^{-1}；光谱分辨率为：8 cm^{-1}；扫描次数：64 次。

苯酚在用 PLS 对卷烟粉末近红外光谱数据进行建模以前，首先用多元散射校正（Multiplicative Scattering Correction，MSC）方法对近红外光谱数据进行预处理。109 个样品，用 F-检验剔除异常样品 4 个，剩余 105 个样品用于校正集。

氨在用 PLS 对卷烟粉末近红外光谱数据进行建模以前，对近红外光谱数据没有进行任何预处理。

3. 模型预测性能评价参数

苯酚采用如下常用的模型评价参数来评价建立的校正模型的预测性能：

（1）残差平方和（Sum of Square Errors，SSE）

$$\mathrm{SSE} = \sum[Res_i]^2 \tag{14-1}$$

其中，Res 为拟合值与真实值残差，残差平方和越小，模型对数据的拟合越好。

（2）决定系数：R^2（Coefficient of Determination）

$$R^2 = 1 - \frac{SSE}{\sum(y_i - y_m)^2} \tag{14-2}$$

决定系数表示预测方差与真实数据方差的比值，R^2 越接近 1，表示校正模型预测值与真实值越接近；R^2=1，则说明预测值与真实值完全相符；当在 PLS 校正模型中所用隐变量数目较少时，拟合残差有可能大于真实值方差，此时 R^2 为负值，说明拟合效果很差。R^2 较小通常是由以下原因造成，如：模型参数选择不正确、待测组分参考值测量不准确，存在异常值等。

（3）交互验证均方根误差（Root Mean Square Error of Cross Validation，RMSECV）

$$\mathrm{RMSECV} = \sqrt{\frac{1}{M}\sum_{i=1}^{M}(Differ_i)^2} \tag{14-3}$$

其中 $Differ_i$ 为交互检验预测值与真实值之间的残差，RMSECV 越小，则模型的预测精密度。

（4）校正集均方差（Root Mean Square Error of Estimation，RMSEE）

$$\mathrm{RMSEE} = \sqrt{\frac{SSE}{M-R-1}} \tag{14-4}$$

其中 M 为样本数，R 为隐变量数。

（5）预测均方差（Root Mean Square Error of Prediction，RMSEEP）

$$\mathrm{RMSEP} = \sqrt{\frac{1}{M}\sum_{i=1}^{M}(y_i^{meas} - y_i^{pred})^2} \tag{14-5}$$

4. 结果与讨论

（1）PLS 校正模型中隐变量数的确定。

苯酚：当选择的隐变量数目为 14 的时候，此时的交互检验均方差和决定系数均比较令人满意（交互检验均方差：5.1 μg/cig，模型决定系数：86.6%）；进一步增加隐变量数目对交互检验均方差和决定系数没有明显的影响，故 PLS 校正模型的隐变量数选定为 14。

氨：PLS 校正模型使用的隐变量数达到 20 时，交互检验均方差和决定系数不再有明显的变化，因此在 PLS 校正模型使用 20 个隐变量是比较合理的。

（2）近红外光谱 PLS 预测模型的性能。

苯酚：所获得的苯酚近红外光谱 PLS 预测模型决定系数为 89.6%，交互检验均方根误差为 5.1 μg/cig，其对样本中苯酚含量的预测值与化学实测值比较吻合，预测结果的偏差分布在±13 μg 之间，预测结果的平均相对偏差为 6.7%，模型的线性预测范围为 37.0 ~ 101.1 μg/cig。

氨：氨近红外光谱 PLS 校正模型预测值与化学实测值的偏差分布在±10 μg/cig 之间。该校正模型的决定系数为 75.3%，交互检验均方方根误差为 4.2 μg/cig，线性预测范围为 5.6 ~ 39.7 μg/cig，预测平均相对偏差为 27.0%。由于样品量不是很充足，模型还不够稳健，因此预测误差较大。

（3）近红外光谱 PLS 预测模型对未知样品的预测结果。

苯酚：随机选取了 10 个卷烟粉末样本，重复装样，用 MPA 型傅里叶变换型近红外光谱仪扫描 3 次，然后用建立的 PLS 校正模型从所获得的近红外光谱数据中对样本中苯酚含量进行预测。该校正模型对大部分样本的预测平均偏差不超过 2 μg/cig，平均相对偏差为 1.35%，表明该校正模型具有很好的测量精度。

氨：随机选取了 10 个卷烟粉末样本，重复装样，用 MPA 型傅里叶变换型近红外光谱仪扫描 3 次，然后用建立的 PLS 校正模型从所获得的近红外光谱数据中对样本中氨含量进行预测，氨近红外光谱 PLS 校正模型对大部分样本中氨含量的预测平均偏差不超过 2 μg/cig，平均相对偏差为 7.2%，说明模型具有较好的预测精度。

5. 结　论

建立了烟气中苯酚、氨的近红外速测模型，考察了用 PLS 方法在卷烟烟气样本中酚类化合物和氨的含量建立稳健预测模型的可能性，以及所建立模型对卷烟烟气样本中苯酚和氨释放量的预测性能。

14.3　近红外光谱法测定卷烟主流烟气中的烟碱、焦油和一氧化碳释放量[69]

1. 材料、设备及仪器

建模样品和外部验证样品由贵州中烟所属各卷烟厂和贵州中烟质监站提供，样品类别主要包括贵州中烟在产牌号的约 30 多种不同类别的卷烟样品，产品覆盖市场主流的常规、中支和细支类卷烟。

Quas IR 3000 便捷式近红外光谱仪，Galaxy Scientific（银河科技）；Borgwaldt KC 200 吸烟机（Borgwaldt 公司，德国）；7890A 气相色谱仪（安捷伦公司，美国）；ME104E 电子天平[梅特勒—托利多仪器（上海）有限公司]。

2. 样品预处理及近红外光谱的采集

按 GB/T5606.1—2004《卷烟 第 1 部分：抽样》抽取实验室样品，制备试样。样品上机前，应将样品先置于温度（22±1）°C、相对湿度（60±2）%的恒温恒湿环境中平衡 48 h。根据吸烟机操作规范和流程，将卷烟样品进行上机、抽烟，按照标准方法（GB/T19609—2024《卷烟 用常规分析用吸烟机测定 总粒相物和焦油》）捕集主流烟气总粒相物，得到不同直径（92 和 44 mm）的烟气粒相物剑桥滤片。根据滤片直径大小，选择合适的样品旋转台和样品杯，将刚抽吸完的滤片迅速放入样品杯中，滤片上用等直径压样器垂直压实，然后旋转采集捕集了烟气粒相物一侧的滤片近红外光谱。近红外仪器参数设置为光谱采集范围 4 000 ~ 10 000 cm^{-1}、扫描数 64 次、仪器分辨率 8 cm^{-1}。

卷烟烟气指标烟碱检测参考国家标准 GB/T 23355—2009《卷烟 总粒相物中烟碱的测定 气相色谱法》；一氧化碳检测根据标准 GB/T 23356—2009《卷烟 烟气气相中一氧化碳的测定 非散射红外法》；卷烟总粒相物中水分检测参考国家标准 GB/T 23203.1—2013《卷烟 总粒相物中水分的测定 第 1 部分 气相色谱法》测定。

3. 模型建立及验证

为了对异常样品进行判别区分，采用主成分分析对 509 个卷烟滤片样品光谱进行主成分分析，并利用 Hotelling's T^2 检验剔除了 29 个异常样品，最后利用 Kennard-Stone 算法在余下 480 个样品中抽取 60 个样品作为验证样品，其余 420 个样品作为校正样品组成校正集。

应用 PLS 把校正集样品近红外光谱数据与卷烟主流烟气常规指标（烟碱、焦油和一氧化碳）化学检测数据进行关联建模，选择不同的预处理算法组合对模型进行逐步优化，得到表 14-3 所示的最优建模结果，模型的相关性较好。

表 14-3　烟气常规指标近红外校正模型的建模参数和建模结果

模型	校正集	决定系数（R^2）	最优主因子数	交互验证均方根差（RMSECV）	预测均方根误差（RMSEP）	预测范围/(mg/cig)
烟碱	413	0.944	17	0.024	0.043	0.65 ~ 1.17
焦油	407	0.948	15	0.323	0.461	6.05 ~ 12.50
一氧化碳	319	0.922	13	0.648	0.535	4.72 ~ 14.38

校正模型建立后，随机挑选 20 个独立外部样品对校正模型的预测能力进行验证，计算模型预测结果与国家标准方法测定结果的相对误差，通过统计分析表明 3 个模型的预测平均相对误差均小于 5%，并利用 t 检验对两组数据进行显著性分析，在 95%的置信水平上 $P>0.05$，说明各模型的预测值和化学检测值之间无显著差异，校正模型有效。

随机挑选 2 个代表性卷烟样品，上机抽烟采集捕集了烟气粒相物的剑桥滤片的近红外光谱，重复采集 20 次，采用建立的模型计算每个样品的平均值、标准偏差和相对标准偏差来表示预测值的精密度。统计结果表明，模型在测定不同含量的成分时具有良好的精密度。

4. 结　论

通过近红外光谱技术结合卷烟烟气剑桥滤片建立了卷烟烟气常规指标（烟碱、焦油和一氧化碳）的近红外预测模型，模型的决定系数均高于 0.9，外部验证的相对误差控制在 5%以内，与行业标准方法结果无显著差异，表明模型具有较强的实用性。

15　烟用材料成分的近红外光谱法分析

15.1　近红外光谱分析法测定卷烟纸中钠、钾、镁、钙、柠檬酸根含量[70]

1. 材料、设备及仪器

选取 163 个具有代表性的卷烟纸样品，从盘纸上取样，装入密封袋中，平衡水分，保存待测。随机选取其中 25 个作为模型验证集样品，15 个作为外部验证样品。

Bruker MPA 型傅里叶变换近红外光谱仪，配积分球漫反射采样系统；RT-PbS 型探测器；数据分析软件；SPSS 15.0 统计软件。

2. 样品预处理及近红外光谱的采集

钠、钾、镁、钙等元素的测定按文献[71]方法。样品经微波消解后，以 27 mmol/L 甲烷磺酸作为流动相，采用 Ion PAcCS16 阳离子交换柱进行分离，电导检测器测定。柠檬酸根的测定按文献[72]方法。样品经 pH=2 的硫酸溶液萃取后，以 pH=2 的硫酸溶液作为流动相，采用 Metacarb 色谱柱（300 mm × 7.8 mm，8μm）进行分离，高效液相色谱法测定。近红外光谱仪开机预热 2 h 后，将纸样置于采样窗口上轻压至平，即可采集近红外漫反射光谱数据。光谱扫描范围为 4 000 ~ 12 500 cm^{-1}，分辨率为 8 cm^{-1}，扫描次数为 128 次，温度为（23±1）°C，湿度为（50±2）%。

3. 结果与讨论

（1）近红外扫描条件的选择。

近红外光具有较强的穿透能力，试验考察了卷烟纸叠加张数为 1，5，10，15，20 张时（每种张数扫描 5 次）对扫描结果的影响，在 4 400，5 002，6 000 cm^{-1} 等 3 个特定波数下，相近叠加张数样品的吸光度的相对平均偏差越小，说明光谱之间差异越小，结果表明：5 张叠加与 1 张叠加的吸光度差异最大，相对平均偏差均大于 20%；10 张叠加与 5 张叠加的相对平均偏差在 1% ~ 4%之间；15 张叠加与 10 张叠加的相对平均偏差为 0.9% ~ 1.1%；当 20 张与 15 张叠加时，相对平均偏差分别为

0.3%，0.07%，0.01%，说明此时光谱基本无差异。所以卷烟纸叠加张数大于 15 张以后，采集到的近红外光谱数据信息稳定，无明显差异，光谱重复性好，适合进行下一步分析建模工作。

（2）建模谱区和预处理方法的选择。

试验选取了不同的谱区和光谱预处理方法，采用留一交互验证法，建立了钠的数学定量分析模型，结果见表 15-1。

表 15-1　不同谱区选择和预处理方法对钠模型的影响

预处理方法	RMSECV	主因子数	谱区范围/cm^{-1}	R^2
消除常数偏移	0.272	12	7 502.1 ~ 4 246.7	0.937 9
一阶导数	0.263	10	7 502.1 ~ 4 246.7	0.941 8
一阶导数+矢量归一化	0.254	10	7 502.1 ~ 4 597.7	0.946 0
一阶导数+多元散射校正	0.258	10	7 502.1 ~ 4 597.7	0.944 7
一阶导数+直线差值	0.266	9	7 502.1 ~ 4 597.7	0.940 7
最小-最大归一化	0.263	13	7 502.1 ~ 4 597.7	0.942 0
直线差值	0.245	14	7 502.1 ~ 4 597.7	0.949 6

由表 15-1 可知：当选择直线差值方法进行光谱预处理，谱区为 7 502.1 ~ 4 597.7 cm^{-1}时，钠模型的相关系数最大为 0.949 6，交互验证均方根误差（RMSECV）最小为 0.245，建立的数学定量模型效果最好，所以试验采用此预处理方法。

采用相同的处理过程，根据各谱区范围和预处理方法对钾、镁、钙、柠檬酸根数学定量分析模型的影响，选定了预处理方法，结果见表 15-2。

表 15-2　钾、镁、钙、柠檬酸根谱区选择和预处理方法

组分	预处理方法	RMSECV	主因子数	谱区范围/cm^{-1}	R^2
K	矢量归一法	0.415	16	7 502.1 ~ 4 246.7	0.982 5
Mg	一阶导数+矢量归一法	0.050 5	11	9 611.9 ~ 4 246.7	0.958 1
Ca	一阶导数	3.08	13	7 502.1 ~ 6 098.1，5 450.1 ~ 4 246.7	0.930 0
柠檬酸根	多元散射校正	0.533	13	9 611.9 ~ 7 498.2，6 101.9 ~ 4 246.7	0.987 9

（3）模型优化和外部验证。

光谱经过相应的预处理后，与卷烟纸中钠、钾、镁、钙、柠檬酸根的基础数据进行关联，采用偏最小二乘法，经过内部交互验证，剔除异常值光谱，建立校正模型。钠、钾、镁、钙、柠檬酸根的校正集交互验证相关系数分别为 0.950，0.983，

0.958, 0.930, 0.988；验证集验证相关系数分别为 0.941, 0.971, 0.945, 0.877, 0.979。模型校正集交互验证信息和验证集验证信息如图 15-1 所示。

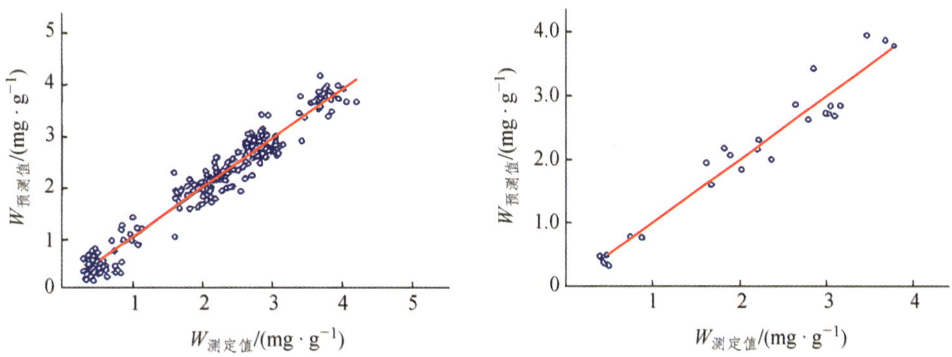

图 15-1　交互验证图

从近红外定量模型的结果可知：所建模型交互验证的相关系数大于 0.9，验证集验证只有钙的相关系数为 0.877，其他 4 种的相关系数均大于 0.9，因此，近红外定量模型与实际测定结果存在较好的相关性。

使用外部验证样品对建立的钠、钾、镁、钙、柠檬酸根数学定量模型进行外部验证，检验模型的预测能力，结果见表 15-3。

表 15-3　模型预测值与测定值的对比

组分	平均偏差 w/（$mg \cdot g^{-1}$）	平均相对偏差/%	t	p
Na	0.12	6.63	0.902	0.382
K	0.34	4.87	−1.264	0.227
Mg	0.05	6.03	1.019	0.325
Ca	2.78	2.31	1.595	0.133
柠檬酸根	0.52	4.58	−0.648	0.528

由表 15-3 可知：各模型预测值的平均偏差和平均相对偏差均较小；通过配对 t 检验，5 种被测组分的显著性水平均大于 0.05，说明化学检测方法和近红外预测方法并不存在显著性差异。

（4）模型精密度验证。

取同一个样品，重复扫描 10 次近红外光谱，用已建的钠、钾、镁、钙、柠檬酸根模型进行预测，考察精密度。结果表明：钠、钾、镁、钙、柠檬酸根的相对标准偏差（RSD）分别为 1.8%，1.5%，2.1%，0.86%，0.88%。

（5）样品分析。

按试验方法对卷烟纸样品进行测定，结果见表 15-4。

表 15-4 样品分析结果

组分	含量范围 $w/(\mathrm{mg \cdot g^{-1}})$	测定值 $w/(\mathrm{mg \cdot g^{-1}})$	标准偏差 $w/(\mathrm{mg \cdot g^{-1}})$
Na	0.31 ~ 4.18	2.02	1.09
K	1.64 ~ 11.94	6.67	3.15
Mg	0.39 ~ 1.66	0.79	0.25
Ca	95.07 ~ 143.06	114.90	11.66
柠檬酸根	4.72 ~ 24.80	15.30	4.66

4. 结　论

本工作采用近红外光谱法测定卷烟纸中钠、钾、镁、钙和柠檬酸根的含量。当卷烟纸重叠张数为 15 张及以上时，近红外漫反射扫描光谱无明显差异；各定量分析模型的相关系数较好，内部交互验证均方根误差较小，预测值与测定值不存在显著性差异，适用于对大量卷烟纸样品进行快速检测。

15.2　近红外光谱分析法测定滤棒中的三乙酸甘油酯含量[73]

1. 材料、设备及仪器

建模所用醋酸纤维滤棒样品在河南中烟工业有限责任公司滤棒车间制备：常规滤棒（圆周 24.1 mm）样品 80 个，丝束规格 3.0Y/35000，三乙酸甘油酯含量在 0% ~ 12%之间：中支滤棒（圆周 19.9 mm）样品 50 个，丝束规格 8.0Y/15000，三乙酸甘油酯含量在 0%-14%之间；细支滤棒（圆周 16.9 mm）样品 50 个，丝束规格 5.1Y/22000，三乙酸甘油酯含量在 0% ~ 13%之间。

Antaris II 傅里叶近红外光谱仪（美国 Thermo Fisher 公司）；Operation Results 操作软件和数据分析软件；Agilent7890A 气相色谱仪（配备 FID 检测器，美国 Agilent 公司）；DB-WAX（30m × 0.53mm × 1.0m）毛细管色谱柱；HY-8 数显调速振荡器（常州金坛晶玻实验仪器厂）。

2. 样品预处理及近红外光谱的采集

采用烟草行业标准 YC/T331—2010《醋酸纤维滤棒中三乙酸甘油酯的测定 气相色谱法》准确测定滤棒样品的三乙酸甘油酯含量。

随机抽取两份一定量的滤棒样品（常规滤棒 45 支，中支滤棒 65 支，细支滤棒

85 支），上、下各用一根橡皮筋扎紧后，直接放入样品杯中，分别采集每个样品两端（每端采集两次）的近红外光谱，取四次光谱的平均值。近红外仪器扫描参数为：光谱范围 6 000 cm^{-1} ~ 4 000 cm^{-1}，分辨率 8 cm^{-1}，扫描次数 64 次。

3. 模型的建立与验证

利用数据分析软件将滤棒样品的近红外光谱与相应的三乙酸甘油酯含量进行关联，采用偏最小二乘法建立近红外光谱与滤棒三乙酸甘油酯含量间的数学校正模型，对谱区范围、光谱预处理方法、主因子数等进行优化。

采用交互检验和外部检验对模型进行评价。交互检验：使用同一样品集进行建模和验证，主要考察预测值与测定值相关的相关系数（R）和交互验证均方根误差（RMSECV）。外部检验：使用不同的样品集进行建模和验证。较好的模型需要符合以下条件：交互检验，决定系数（R^2）接近 1，交互验证均方根误差（RMSECV）较小。外部检验，模型预测结果的相对误差较小。

4. 结果与讨论

（1）装样方式的优化。

在光谱采集过程中，装样条件的不同会引起近红外光谱的变化，进而影响分析结果。经前期研究和文献调研，滤棒样品近红外光谱的采集可采用直接扎把、去成型纸粉碎、去成型纸扎把等装样方式。不同装样方式采集光谱的重复性是模型稳定的前提，本研究首先从光谱重复性的角度，对不同装样方式进行对比。为了便于分析，对不同装样方式的近红外光谱进行降维处理，常用的降维方法有主成分分析法（PCA）和 Fisher 判别分析法（FDA）。采用 PCA 分析时，主成分不同维度之间的贡献率差异较大，不在同一个数量级上，导致投影图无法客观反映光谱与光谱之间的差异。FDA 是将每一类光谱的类内差异同时达到最小，而类间差异尽量最大化，所有类内差异同时达到最小化，比较每类光谱的重复性，结果更客观。因此，本研究采用 Fisher 判别法考察了直接扎把、去成型纸粉碎、去成型纸扎把三种装样方式下，同一样品反复装样扫描 10 次，近红外光谱的重复性。三种装样方式下，Fisher 判别投影的类内距离平均值分别为 7.14×10^{-4}、7.04×10^{-4}、2.63×10^{-3}。去成型纸扎把装样的近红外光谱重复性较差，这可能与滤棒去成型纸后扎把端面不易平整有关。直接扎把和去成型纸粉碎装样的近红外光谱重复性在同一水平，相比较而言，直接扎把的方式操作更加简单，效率更高，因此采用直接扎把的装样方式。

（2）滤棒三乙酸甘油酯近红外定量模型的建立。

采用偏最小二乘法建立近红外定量模型时，谱区范围、光谱预处理方法、主因子数等对模型预测结果的准确性均有影响，需要进行条件优化。采用制备的常规、中支、细支滤棒样品，分别建立常规、中支、细支滤棒近红外定量模型，采用制备的所有滤棒样品建立混合定量模型，并对光谱预处理方法进行优化。滤棒样品对近红外漫反射光谱的吸收特征一致，在 8 000 cm^{-1} ~ 4 000 cm^{-1} 范围内出现较强的吸收峰，通过优化最终选择谱区范围为 6 000 cm^{-1} ~ 4 000 cm^{-1}。表 15-5 为经过优化后的建模最佳光谱预处理方法，由表 15-5 可知，常规、中支、细支、混合滤棒定量模型采用相应的最佳光谱预处理方法时，决定系数（R^2）分别为 0.9986、0.9995、0.9972、0.9984，交互验证均方根误差（RMSECV）分别为 0.118、0.123、0.175、0.173。常规、中支、细支、混合滤棒近红外定量模型预测值与测定值相关性如图 15-2 所示，4 种模型预测值与测定均具有较好的相关性。

表 15-5　模型最佳光谱预处理方法

定量模型	光谱预处理方法	主因子数	R	RMSECV
常规滤棒	恒定光源+Norris 导数滤波+二阶导数	5	0.998 6	0.118
中支滤棒	多元散射校正+Norris 导数滤波+二阶导数	9	0.999 5	0.123
细支滤棒	恒定光源+Norris 导数滤波+二阶导数	4	0.997 2	0.175
混合滤棒	恒定光源+Norris 导数滤波+二阶导数	7	0.998 4	0.173

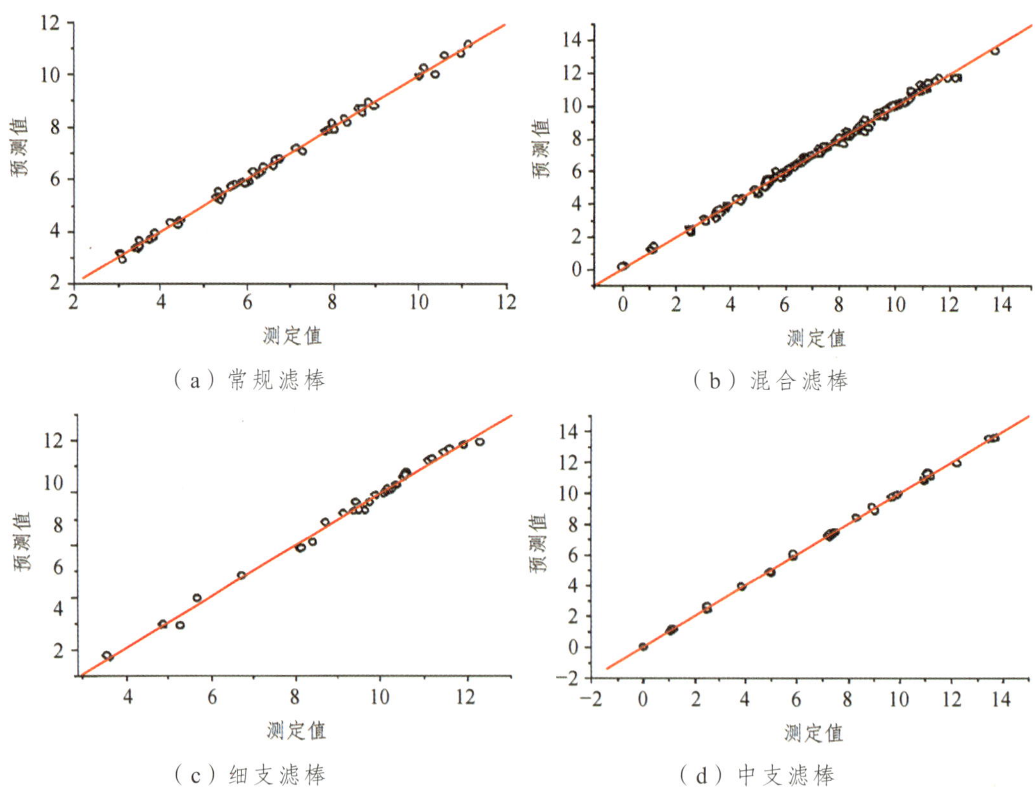

图 15-2　模型预测值与测定值的散点图

（3）模型外部验证及对比分析。

选取不同三乙酸甘油酯含量的常规、中支、细支滤棒样品各10个，分别采用建立的常规、中支、细支、混合定量模型进行结果预测，并将预测结果与标准方法测定值进行显著性配对t检验（α=0.05），具体结果见表15-6、表15-7、表15-8。由表15-6可知，常规滤棒样品采用常规模型和混合定量模型的预测结果与标准方法测定值相比，整体偏差较小，平均相对误差分别为1.86%、2.38%，概率P值分别为0.33、0.96，均大于显著性水平α，预测结果与测定结果无显著性差异。采用中支和细支定量模型预测时，部分滤棒样品预测结果的相对误差较大。

表15-6　常规滤棒不同模型预测结果

常规滤棒样品	测定值/%	常规模型		中支模型		细支模型		混合模型	
		预测值/%	相对误差/%	预测值/%	相对误差/%	预测值/%	相对误差/%	预测值/%	相对误差/%
1	7.89	7.92	0.38	7.94	0.63	7.36	6.72	8.04	1.90
2	8.60	8.51	1.05	8.43	1.98	7.86	8.60	8.55	0.58
3	8.97	8.91	0.67	8.82	1.67	8.36	6.80	9.06	1.00
4	6.09	5.92	2.79	6.06	0.49	5.36	11.99	6.00	1.48
5	4.91	4.94	0.61	4.90	0.20	4.52	7.94	4.96	1.02
6	5.00	5.30	6.00	5.39	7.80	5.17	3.40	5.40	8.00
7	3.544	3.46	2.26	3.44	2.82	3.18	10.17	3.43	3.11
8	7.96	7.96	0.00	9.02	13.32	8.25	3.64	8.03	0.88
9	8.66	8.44	2.54	9.63	11.20	8.49	1.96	8.30	4.16
10	10.94	10.69	2.29	11.97	9.41	10.65	2.65	10.76	1.65
平均相对误差		1.86		4.95		6.39		2.38	
概率P值		0.33		0.10		0.01		0.96	

由表15-7可知，中支滤棒样品采用中支模型和混合定量模型的预测结果与标准方法测定值相比，整体偏差较小，平均相对误差分别为1.68%、2.64%，概率P值分别为0.22、0.13，均大于显著性水平α，预测结果与测定结果无显著性差异。采用常规和细支定量模型预测时，部分滤棒样品预测结果的相对误差较大。由表15-8可知，细支滤棒样品采用细支模型和混合定量模型的预测结果与标准方法测定值相比，整体偏差较小，平均相对误差分别为2.18%、2.82%，概率P值分别为0.72、0.94，均大于显著性水平α，预测结果与测定结果无显著性差异。采用常规和中支定量模型预测时，部分滤棒样品预测结果的相对误差较大。对比分析发现，常规、中支、细支滤棒采用混合定量模型或对应的常规、中支、细支定量模型进行预测时，相对误

差较小，均无显著性差异。而采用与滤棒圆周不对应的定量模型进行预测时，部分滤棒样品预测值的相对误差较大，说明不同圆周滤棒的近红外光谱扫描存在一定差异，采用单一圆周规格滤棒所建的模型不完全适用于其他圆周规格滤棒三乙酸甘油酯含量的预测。考虑模型的普适性和准确性，确定混合定量模型为最终模型。

表 15-7 中支滤棒不同模型预测结果对比

中支滤棒样品	测定值/%	常规模型		中支模型		细支模型		混合模型	
		预测值/%	相对误差/%	预测值/%	相对误差/%	预测值/%	相对误差/%	预测值/%	相对误差/%
1	7.40	8.77	18.51	7.50	1.35	7.24	2.16	7.18	2.97
2	7.40	9.05	22.30	7.33	0.95	7.5	1.35	7.26	1.89
3	11.02	12.67	14.97	11.01	0.09	11.18	1.45	10.78	2.18
4	10.92	12.4	13.55	10.98	0.55	11.07	1.37	10.90	0.18
5	7.23	8.42	16.46	7.17	0.83	7.39	2.21	7.13	1.38
6	1.15	2.12	84.35	1.04	9.57	2.04	77.39	1.21	5.22
7	2.56	4.22	64.84	2.56	0.00	3.31	29.30	2.75	7.42
8	3.85	5.18	34.55	3.86	0.26	4.2	9.09	3.87	0.52
9	5.85	6.81	16.41	5.77	1.37	5.92	1.20	5.61	4.10
10	12.10	13.19	9.01	11.88	1.82	12.07	0.25	12.04	0.50
平均相对误差		29.50		1.68		12.58		2.64	
概率 P 值		0.00		0.22		0.05		0.13	

表 15-8 细支滤棒不同模型预测结果对比

细支滤棒样品	测定值/%	常规模型		中支模型		细支模型		混合模型	
		预测值/%	相对误差/%	预测值/%	相对误差/%	预测值/%	相对误差/%	预测值/%	相对误差/%
1	9.87	10.90	10.44	9.52	3.55	9.64	2.33	9.64	2.33
2	10.23	11.33	10.75	9.87	3.52	10.06	1.66	10.08	1.47
3	10.52	12.14	15.40	10.44	0.76	10.53	0.10	10.73	2.00
4	9.12	10.77	18.09	8.99	1.43	9.11	0.11	9.27	1.64
5	8.58	9.72	13.29	7.95	7.34	8.22	4.20	8.18	4.66
6	11.28	13.25	17.46	11.33	0.44	11.49	1.86	11.42	1.24
7	6.71	8.38	24.89	6.71	0.00	6.80	1.34	6.83	1.79
8	5.73	7.28	27.05	5.58	2.62	5.64	1.57	5.57	2.79

续表

细支滤棒样品	测定值/%	常规模型		中支模型		细支模型		混合模型	
		预测值/%	相对误差/%	预测值/%	相对误差/%	预测值/%	相对误差/%	预测值/%	相对误差/%
9	4.84	6.40	32.23	4.67	3.51	4.88	0.83	4.89	1.03
10	3.57	5.75	61.06	44.07	14.01	3.85	7.84	3.90	9.24
平均相对误差		23.07		3.72		2.18		2.82	
概率 P 值		0.00		0.20		0.72		0.94	

（4）模型适用性分析。

选取不同丝束规格、不同丝束生产厂家、不同成型纸、不同吸阻的滤棒样品 10 个，进行模型适用性研究，具体结果见表 15-9。模型预测结果相对误差不超过 10%，显著性配对 t 检验（α=0.05）概率 P 值为 0.22，大于显著性水平 α，两者不存在显著性差异，表明所建近红外定量模型对不同规格滤棒三乙酸甘油酯含量预测的准确性较高。

表 15-9　不同规格滤棒样品预测结果

样品编号	滤棒规格	丝束规格	成型纸	测定值/%	预测值/%	相对误差/%
1	24.1 mm*100 mm*2700pa 醋纤滤棒	3.0Y32000	普通成型纸	8.00	8.56	7.00
2	24.1 mm*100 mm*3000pa 醋纤滤棒	3.0Y35000	高透成型纸	7.50	8.02	6.93
3	19.9 mm*120 mm*2900pa 醋纤滤棒	5.1Y22000	普通成型纸	8.10	8.04	0.74
4	16.9 mm*120 mm*3600pa 醋纤滤棒	8.0Y15000	高透成型纸	8.70	8.66	0.46
5	16.9 mm*120 mm*3200pa 醋纤滤棒	8.0Y15000	高透成型纸	9.00	8.86	1.56
6	16.9 mm*120 mm*3200pa 醋纤滤棒	8.0Y15000	普通成型纸	9.40	9.33	0.74
7	24.1 mm*100 mm*3000pa 醋纤滤棒	3.0Y35000	高透成型纸	8.00	8.01	0.12
8	24.1 mm*100 mm*2800pa 醋纤滤棒	3.0Y32000	普通成型纸	8.60	8.64	0.47
9	24.1 mm*100 mm*2900pa 醋纤滤棒	3.0Y32000	普通成型纸	8.440	8.52	1.43
10	24.1 mm*100 mm*3000pa 醋纤滤棒	3.0Y35000	高透成型纸	8.20	8.27	0.85
概率 P 值				0.22		

5. 结　论

采用 Fisher 判别分析法考察了不同装样方式的重复性，结果发现，去成型纸扎把装样的近红外光谱重复性最差，去成型纸粉碎装样的重复性好但操作繁琐，直接扎把装样的重复性好且操作简单。采用常规、中支、细支滤棒分别建立常规、中支、细支及混合滤棒中三乙酸甘油酯的近红外定量模型，模型预测值与测定值均具有较好的相关性，决定系数（R^2）分别为 0.998 6、0.999 5、0.997 2、0.998 4，交互验证均方根误差（RMSECV）分别为 0.118、0.123、0.175、0.173。对比模型外部验证结果发现，常规、中支、细支滤棒采用混合定量模型和对应的常规、中支、细支定量模型进行预测时，相对误差较小，采用与滤棒圆周不匹配的定量模型进行预测时，部分滤棒样品预测值的相对误差较大，说明采用单一圆周规格滤棒所建的模型不完全适用于其他圆周规格滤棒三乙酸甘油酯含量的预测。因此，要建立准确性高的定量模型，建模集样品需尽可能多地涵盖不同规格的滤棒样品。考虑模型的普适性和可推广性，确定混合定量模型为最终模型。混合定量模型预测不同丝束规格、不同丝束生产厂家、不同成型纸、不同吸阻滤棒三乙酸甘油酯含量的相对误差不超过 10%，说明建立的混合定量模型准确性高、适用性强，可用于不同规格醋酸纤维滤棒三乙酸甘油酯含量的快速检测。

15.3　近红外光谱法用于烟用香精香料品质控制

1. 材料、设备及仪器

以甘草霜、薄荷脑及葡萄糖粉等 15 种固体香精香料为研究对象，取标准样品各 10 个作为建模样品，甲、乙、丙三个厂家的投标样品作为待测样品。Antaris FT-NIR 光谱仪，配备 InGaAs 探测器的漫反射积分球；直径为 5 cm 石英底采样杯和旋转台。数据分析软件。

2. 样品预处理及近红外光谱的采集

在室温条件下，相对湿度≤70%，光谱仪开机预热 2 h，诊断仪器性能，校验仪器正常。把混匀的固体粉末样品放入样品杯中，使用压样器轻压平整，样品厚度≥10 mm。粒度不均匀的样品，应预先粉碎样品。将装好样品的样品杯置于旋转台上，采集样品近红外漫反射光谱并保存。光谱扫描范围 4 000 ~ 10 000 cm^{-1}；分辨率 8 cm^{-1}；扫描次数不低于 64 次。

在采集每个样品光谱前，先采集一次背景光谱，每个样品需重新装样进行 3 次平行采集。每次光谱采集后，应清洁样品杯。采集建模样品（招标标样）和待测样品（投标样品）光谱的仪器设备、仪器参数设置、背景测量方法、制样方式、设施条件及环境条件应保持一致。

3. 模型建立及验证

采用数据分析软件，对样品光谱进行预处理，根据光谱数据的特征选定谱区和适宜的光谱预处理方法，以标准样品的光谱数据建立匹配类模型。用相同的设备和仪器参数采集各投标样品的光谱，再用类模型对甲、乙、丙三个厂家的投标样品光谱进行相似度计算，从而判断投标样品与标准样品的品质差异。

4. 结果与讨论

（1）香精香料样品 FT-NIR 光谱的预处理及类模型建立。

采用数据分析软件，对样品光谱进行微分、Karl Norris 导数平滑、SNV（标准变量变换）及 MSC（多元散射校正）等数学预处理来消除噪声，校正基线。通过比较，选择光谱特征明显的谱区和预处理方法，即采用二阶微分（SD）结合 Karl Norris 滤波器（段长 9，段间距为 2）处理光谱。采用选定的谱区和光谱预处理方法，分别建立 15 种香精香料标准样品的相似度匹配类模型，部分参数见表 15-10。

表 15-10　各类模型参数设置

模型名称	预处理	谱区选择/cm^{-1}
分子保湿胶囊	MSC+D2+Norris（13,2）	8 900 ~ 4 100
甘草霜	MSC+D2+Norris（13,2）	8 900 ~ 4 100
薄荷脑	MSC+D2+Norris（13,2）	9 917 ~ 4 089
葡萄糖粉	MSC+D2+Norris（13,2）	9 917 ~ 4 089
含锌葡萄糖	MSC+D2+Norris（13,2）	9 917 ~ 4 089
HXS256094	MSC+D2+Norris（13,2）	8 970 ~ 4 067
H04D078201	MSC+D2+Norris（13,2）	8 909 ~ 4 062
QY/HZ99004	MSC+D2+Norris（13,2）	9 917 ~ 4 089
WFZTJJ	MSC+D2+Norris（13,2）	9 917 ~ 4 089
1501	MSC+D2+Norris（9,2）	9 946 ~ 4 067
1502	MSC+D2+Norris（9,2）	8 970 ~ 4 067
1602	MSC+D2+Norris（9,2）	8 909 ~ 4 062
H04D038701	MSC+D2+Norris（9,2）	8 951 ~ 4 057
H04D098401	MSC+D2+Norris（9,2）	9 943 ~ 4 057
H/B16299	MSC+D2+Norris（15,2）	8 876 ~ 4 089

（2）投标样品相似度计算

采用相同的设备和仪器参数采集甲、乙、丙三个厂家投标样品的光谱数据，用建立的类模型对投标样品光谱进行相似度计算，计算结果如表 15-11 所示。

表 15-11 不同厂家投标样品相似度

样品名称	厂家	相似度	判定结果	样品名称	厂家	相似度	判定结果
分子保湿胶囊	甲	97.6	合格	WFZTJJ	甲	40.55	不合格
	乙	9.63	不合格		乙	61.73	不合格
	丙	7.55	不合格		丙	96.86	合格
甘草霜	甲	98.66	合格	1501	甲	97.97	合格
	乙	90.82	不合格		乙	60.25	不合格
	丙	90.76	不合格		丙	38.71	不合格
薄荷脑	甲	91.67	不合格	1502	甲	98.23	合格
	乙	99.48	合格		乙	87.06	不合格
	丙	90.65	不合格		丙	85.23	不合格
葡萄糖粉	甲	98.36	合格	1602	甲	99.34	合格
	乙	94.99	不合格		乙	68.89	不合格
	丙	92.89	不合格		丙	71.03	不合格
含锌葡萄糖	甲	90.15	不合格	H04D038701	甲	71.85	不合格
	乙	88.26	不合格		乙	97.67	合格
	丙	97.69	合格		丙	80.82	不合格
HXS256094	甲	70.07	不合格	H04D098401	甲	86.78	不合格
	乙	99.13	合格		乙	98.42	合格
	丙	42.56	不合格		丙	71.92	不合格
H04D078201	甲	82.64	不合格	H/B16299	甲	98.87	合格
	乙	95.08	合格		乙	66.35	不合格
	丙	80.66	不合格		丙	59.86	不合格
QY/HZ99004	甲	71.43	不合格				
	乙	90.37	不合格				
	丙	99.32	合格				

从表 15-11 结果得知，不同厂家招标样品与投标样品的相似度各不相同，当相似度越高时，说明招标样品的品质与投标样品越吻合，相似度≥95%的样品判定为合格样品，当相似度＜95%时，判定检测样品与建模样品存在差异，则判定为不合格样品，且相似度越低，差异越显著。相似度低于 95%的标准样品与投标样品的差

异程度在红外图谱上可以明显反映出来，如图 15-3 所示，原始光谱（左）及其二阶微分光谱示意图（右）。

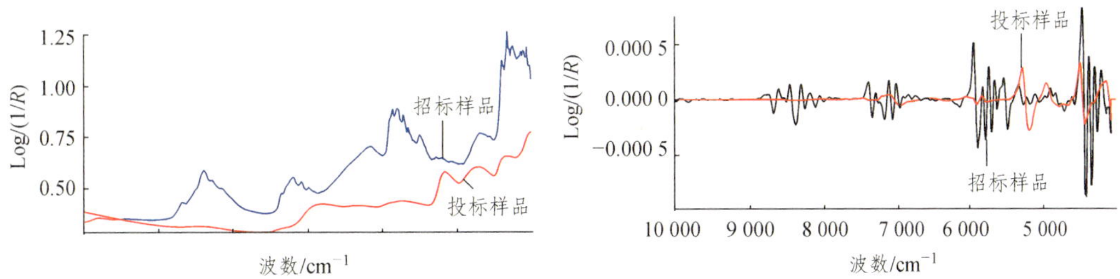

图 15-3　相似度低于 95%时标准样品与投标样品的原始光谱示意图（左）及其二阶微分光谱示意图（右）

5. 结　论

基于 FT-NIR 技术采集 15 种固态香精香料的光谱数据,建立相似度匹配类模型，对每个样品的三个厂家的投标样品进行相似度计算并作判定，相似度≥95%的样品判定为合格香精样品，反之则判定为不合格香精样品。该技术已作为烟用香精香料招标技术评价不可或缺的一个环节。在实际生产中，应用于烟用香精质量控制也具有较好的实用价值。

参考文献

[1] 黄凌凌，胡蕊. 样品的常规仪器分析：电位分析法，紫外-可见吸收光谱法[M]. 北京：化学工业出版社，2023.

[2] 翟秀静，周亚光. 现代物质结构研究方法[M]. 合肥：中国科学技术大学出版社，2014.

[3] 张凤秀. 有机化学[M]. 北京：科学出版社，2020.

[4] 黄君礼，鲍治宇. 紫外吸收光谱法及其应用[M]. 北京：中国科学技术出版社，1992.

[5] 葛葆安. 光的概念与本质[J]. 大学物理，2022，41（5）：3.

[6] 赵英源，张胜梦，李一帆，等. 基于荧光及紫外光谱法对虾青素与乳清蛋白相互作用的研究[J]. 食品工业科技，2022，43（2）：126-134.

[7] 任维义. 双原子分子能级结构及其研究方法[M]. 北京：科学出版社，2022.

[8] 张友杰. 有机化合物及药物波谱分析[M]. 2 版. 武汉：华中师范大学出版社，2012.

[9] 黄君礼，鲍治宇. 紫外吸收光谱及其应用[M]. 北京：中国科学技术出版社，1992.

[10] 谢卫. 现代仪器分析技术在烟草中的应用[M]. 武汉：华中科技大学出版社，2016.

[11] 王运，胡先文. 无机及分析化学[M]. 5 版. 北京：科学出版社，2019.

[12] 李昌厚. 紫外-可见分光光度计及其应用[M]. 北京：化学工业出版社，2010.

[13] 邵利民. 分析化学[M]. 2 版. 北京：科学出版社，2020.

[14] 吕玉光，高晓燕. 仪器分析[M]. 北京：中国医药科技出版社，2021.

[15] 杜一平. 现代仪器分析方法[M]. 上海：华东理工大学出版社，2015.

[16] 李志刚. 光谱数据处理与定量分析技术[M]. 北京：北京邮电大学出版社，2017.

[17] 褚小立. 现代光谱分析中的化学计量学方法[M]. 北京：化学工业出版社，2022.

[18] 马雷克·特罗扬诺夫伊茨. 流动分析技术 第 1 卷 方法与设备[M]. 北京：中国

轻工业出版社，2023.
[19] 马雷克·特罗扬诺夫伊茨. 流动分析技术 第 2 卷 应用与进展[M]. 北京：中国轻工业出版社，2023.
[20] 李春丽，毛绍春。烟叶化学成分及分析[M]. 昆明：云南大学出版社，2007.
[21] YC/T 159—2002 烟草及烟草制品 水溶性糖的测定 连续流动法[S]. 北京：中国标准出版社，2002.
[22] YC/T 468—2013 烟草及烟草制品 总植物碱的测定 连续流动（硫氰酸钾）法[S]. 北京：中国标准出版社，2013.
[23] YC/T 162—2011 烟草及烟草制品 氯的测定 连续流动法[S]. 北京：中国标准出版社，2011.
[24] 李宇，张克灿，彭丽娟，等. 偏最小二乘辅助紫外-可见光谱法同时测定烟草中的葡萄糖与木糖含量[J].光谱学与光谱分析，2024，44（01）：103-110.
[25] 毕琮，李臻，刘倩，等. 紫外分光光度法测定转基因烟草叶片中白藜芦醇的含量[J]. 山东农业科学，2011,（01）：93-96.
[26] YC/T 185—2004 卷烟 侧流烟气中焦油和烟碱的测定[S]. 北京：中国标准出版社，2004.
[27] 高淑琴. 荷移反应偶合介质作用光谱法测定烟碱和三聚氰胺[D]. 衡阳：南华大学，2024.
[28] 洪华俏. 卷烟主流烟气中香气成分的研究[D]. 长沙：湖南农业大学，2008.
[29] 黄君礼. 柴外分光光度法测定水中的煤焦油[J]. 环境科学丛刊，1981.
[30] 何亮. 纤维素纤维纯化与溶解过程中的参数检测方法及传质与反应行为研究[D]. 广州：华南理工大学，2017.
[31] 郭欣，侯鑫，李党国. 分光光度法测试卷烟用纸中淀粉的含量[J]. 中华纸业，2019，40（16）：34-37.
[32] 钱建华，金明石，李福帅，等. 卷烟纸中柠檬酸含量测定的离子色谱法和紫外比色法比较[J]. 中华纸业，2012，33（16）：18-21.
[33] 孔维松，崔柱文，金永灿，等. 固相萃取-光度法测定卷烟材料中镉[J]. 理化检验：化学分册，2011，47（12）：4.
[34] 黄怡，范晓东. β-环糊精与尼古丁的包结配位作用[J]. 化学研究与应用，2003，15（4）：3.
[35] 唐杰，朱玲，许嘉东，等. 紫外-可见光谱技术在烟用爆珠内液化学成分稳定性分析中的应用[J]. 烟草科技，2019，52（3）：7.
[36] 王婷. 柠檬黄酮在提取、纯化及其在烟草中的应用[D]. 长沙：湖南农业大学，2015.
[37] 刘红星，陈福北，黄初升，等. 紫外分光光度法在姜黄素类化合物提取中的应

用[J]. 广西师范学院学报（自然科学版），2008，25（003）：68-72.

[38] 蔡永柱. 一种甘草提取物中甘草酸含量的测定方法[J]. 化学分析计量，2015，24（6）：97.

[39] 陈琳. 紫外分光光度法测定对羟基苯甲酸乙酯醇溶液含量[J]. 药学与临床研究，1997（3）：2

[40] 国家环境保护总局. 水和废水监测分析方法[M]. 4 版. 中国环境科学出版社，2002.

[41] 赵文斌. 基于紫外分光光度法的地下水中硝酸盐氮含量测定[J]. 地下水，2024（001）：046.

[42] HJ/T 346—2007 水质 硝酸盐氮的测定 紫外分光光度法（试行）[S]. 北京：中国环境科学出版社，2007.

[43] HJ 636—2012 水质 总氮的测定 碱性过硫酸钾消解紫外分光光度法[S]. 北京：中国环境科学出版社，2012.

[44] HJ 671—2013 水质 总磷的测定 流动注射-钼酸铵分光光度法[S]. 北京：中国环境科学出版社，2013.

[45] HJ-T 399—2007 水质 化学需氧量的测定 快速消解分光光度法[S]. 北京：中国环境科学出版社，2007.

[46] 李卫军，覃鸿，于丽娜. 近红外光谱定性分析原理、技术及应用[M]. 北京：科学出版社，2020.

[47] 中华人民共和国国家质量监督检验检疫总局，中国国家标准化管理委员会. 分子光谱多元校正定量分析通则：GB/T 29858—2013 [S]. 北京：中国标准出版社，2013.

[48] 李瑞丽，张保林，毛多斌，等. 近红外光谱法测定烤烟的填充值[J]. 烟草科技，2015，48（1）：82-85.

[49] 付秋娟，杨斌，葛炯，等. 烤烟主要物理指标的近红外模型研究[J]. 烟草科技，2014，（5）：5-8.

[50] 沈欢超. 基于人工智能与近红外光谱技术的烟草质量控制研究[D]. 杭州：浙江大学，2023.

[51] 罗琼，李青，于小红，等. 近红外光谱法快速测定烟草中淀粉含量[J]. 安徽农业科学，2016，44（30）：72-73.

[52] 周淑平，李卫红，程贵敏，等.运用近红外光谱法测定烤烟中蛋白质含量的数学模型[J]. 贵州农业科学，2004，32（6）：25-26.

[53] 周淑平，程贵敏，李卫红，等. 应用近红外光谱法测定烤烟中部分无机元素含量的研究[C]// 当代中国近红外光谱技术——全国第一届近红外光谱学术会议论文集. 北京：全国第一届近红外光谱学术会议，2006.

[54] 于洁，熊骏威，沙云菲，等.近红外光谱法快速定量检测青烟叶及烤烟叶中的生物碱[J]. 济南大学学报（自然科学版），2019，33（2）：150-155.

[55] 褚小立. 化学计量学方法与分子光谱分析技术[M]. 北京：化学工业出版社，2011：77.

[56] 夏骏，陆扬，苏燕，等.烟草水溶性糖近红外定量模型中光谱范围选择方法的研究[J]. 中国烟草学报，2015，21（2）：19-22.

[57] 陶晓秋，黄玫，白川. 近红外光谱法快速检测烟草中的石油醚提取物[J]. 光谱实验室，2011，28（3）：1267-1271.

[58] 柯文林，黄朝章，马林. 近红外光谱技术测定烤烟中 NNK 的含量[J]. 广州化工，2019，47（1）：75-79.

[59] 刘秀明，段焰青，彭丽娟，等. 基于 PLS-DA 的卷烟品质特征差异的二维化学指纹图谱表征[J]. 云南大学学报（自然科学版），2019，41（3）：583-589.

[60] 段焰青，李青青，者为，等. 近红外光谱相似度匹配分析方法鉴别烟支真伪[J]. 云南大学学报（自然科学版），2010，32（4）：453-459.

[61] 吴丽君，殷沛沛，殷艳飞，等. 近红外光谱结合偏最小二乘判别分析区分造纸法再造烟叶产品[J]. 分析科学学报，2015，31（6）：809-814.

[62] 吴丽君，白晓莉，王毅，等. 近红外光谱结合 SVR 测定造纸法再造烟叶物理指标[J]. 食品工业，2017，38（8）：262-264.

[63] 刘静，朱婷，王保兴，等. 近红外光谱法同时测定再造烟叶填充剂碳酸钙的粒径分布及纯度[J]. 工业技术创新，2018，05（01）：72-77.

[64] 袁大林，王萝萍，汤建国，等. 近红外光谱法快速测定再造烟叶成品小片中主要化学成分[J]. 理化检验（化学分册），2015，（51）：61-65.

[65] 云南中烟工业有限责任公司. 近红外漫反射光谱技术测定造纸法再造烟叶木质素的方法[P]. CN 104596975 A，2015.05.06.

[66] 云南中烟工业有限责任公司. 近红外漫反射光谱技术测定造纸法再造烟叶纤维素的方法[P]. CN 104596979 A，2015.05.06.

[67] 付秋娟，王晓婷，葛炯，等. NIR 法预测原烟卷烟主流烟气中的焦油和烟碱[J]. 红外技术，2014，36（3）：249-254.

[68] 王淑霞. 近红外光谱结合化学计量学用于烟气有害成分和卷烟工艺参数的研究[D]. 湖南大学，2011.

[69 李阳阳，张辞海，彭黔荣，等. 近红外光谱快速测定卷烟烟气中烟碱·焦油和一氧化碳释放量[J]. 安徽农业科学，2022，50（17）：175-178.

[70] 郑健，朱立军，李军，等. 近红外光谱法测定卷烟纸中钠、钾、镁、钙和柠檬酸根的含量[J]. 理化检验-化学分册，2015，51：1076-1079.

[71] 冯广林，李力，朱立军，等. 微波消解样品-离子色谱法测定卷烟纸中钠、钾、镁、钙的含量[J]. 理化检验-化学分册，2012，48（4）：449-451，455.

[72] 薛芳，朱立军，施丰成，等. 高效液相色谱法测定卷烟纸中的 6 种有机酸根[J]. 烟草科技，2010，（5）：34-37.

[73] 艾丹，李怀奇，黄沛，等. 基于近红外光谱技术的滤棒中三乙酸甘油酯含量的快速检测[J]. 轻工科技，2023，39（5）：123-127，152.